21世纪数学规划教材

数学基础课系列

近世代数初步

Preliminary Modern Algebra

徐竞 徐明曜 编著

图书在版编目 (CIP) 数据

近世代数初步 / 徐竟，徐明曜编著. —北京：北京大学出版社，2020. 7
ISBN 978-7-301-31369-5

Ⅰ. ①近… Ⅱ. ①徐… ②徐… Ⅲ. ①抽象代数 Ⅳ. ① O153

中国版本图书馆 CIP 数据核字 (2020) 第 103950 号

书　　名 近世代数初步
JINSHI DAISHU CHUBU
著作责任者 徐　竟　徐明曜　编著
责任编辑 尹照原
标准书号 ISBN 978-7-301-31369-5
出版发行 北京大学出版社
地　　址 北京市海淀区成府路 205 号　100871
网　　址 http://www.pup.cn　新浪微博：@ 北京大学出版社
电子信箱 zpup@pup.cn
电　　话 邮购部010-62752015　发行部010-62750672　编辑部010-62752021
印 刷 者 三河市博文印刷有限公司
经 销 者 新华书店
890 毫米 ×1240 毫米　A5　8.125 印张　242 千字
2020 年 7 月第 1 版　2024 年 1 月第 3 次印刷
定　　价 39.00 元

作者简介

徐竞 北京大学数学学院数学专业本科毕业，西澳大利亚大学获博士学位. 现任首都师范大学数学科学学院副教授，从事教学科研工作. 曾多次为本科生讲授“高等代数”“近世代数”等代数类基础课程以及相关后续课程. 研究方向为置换群与代数图论，在国内外核心期刊上发表论文十余篇.

徐明曜 1941年9月生，1965年毕业于北京大学数学力学系数学专业，1980年在北京大学数学系研究生毕业，获硕士学位，并留校任教. 1985年晋升为副教授，1988年破格晋升为教授，博士生导师.

徐明曜长期从事本科生及研究生代数课程的教学以及有限群论的研究工作，讲授过多门本科生和研究生课程，著有《有限群导引》(下册与他人合作)；科研方面自20世纪60年代起进行有限 p 群的研究工作，80年代中期又开创了我国“群与图”的研究领域，至今已发表论文80多篇，多数发表在国外的重要杂志上. 曾获得国家教委优秀科技成果奖(1985)，国家教委科技进步二等奖(1995)，周培源基金会数理基金成果奖(1995).

序　言

代数学是数学的一个重要分支，它的概念和方法已经渗透到数学的其他分支以及现代科学的很多领域之中. 因此，高等院校的数学系都会开设代数学的基础课程，先是“高等代数”，然后是“近世代数”. 本书就是为高等院校本科数学专业“近世代数”课程编写的教材.

学习本书的先修课程是“高等代数”和初步的“数学分析”，因此“近世代数”课程可以在数学系的本科二年级或以后开设. 作者曾在首都师范大学数学学院以本书初稿为讲义给本科二年级学生授课. 讲授本书内容建议用 64 课时.

本书共有 6 章，第 1 章讲述集合论的基本知识. 这一章大部分内容都已经在先修课程中出现过，授课教师可以根据学生的具体情况做简单的讲解，也可以让学生自学. 第 2 章讲述群、环、域等代数结构的基本定义和若干重要例子. 这一部分内容为后续章节展开讨论各个代数结构做了必要的准备. 第 3 章讲述群论的基本知识，其中注重具体群的例子的讲解与应用，着重引导学生运用所学的知识去解决一些简单的群同构分类问题. 希望在学完这一章后，学生可以完成一些小阶数群的同构分类问题. 第 4 章和第 5 章讲述环论最基本的一些知识以及整环的因子分解理论. 这些既是环论中最为经典的基础理论，也是最后一章域扩张理论的准备知识. 在第 6 章中，我们开始讲述域扩张理论，并应用该理论证明了古希腊三大几何作图不能问题.

综上，本书的内容都是近世代数的最基本的理论，内容的选择也是最低限度的. 如果学生将来还要进一步学习代数学，这些都是必须掌握的. 为避免学生在学习“近世代数”课程中感到过于抽象、沉闷，我们尽量用通俗易懂的语言来详细讲解这些内容，并配以大量的例子，力图做到中等水平的学生都可以自学书中大部分内容. 另外，本书各节配备了大量习题. 多数习题都是基础题，比较容易. 学生应该独立地完成大部分习题, 这对于真正理解所学的代数概念和理论是绝对必要的.

本书的另一个特点是, 介绍了相关的数学史知识. 我们对在代数学中提出了重要概念和证明了重要定理的数学家做了简短的介绍, 以使得学生了解他们的贡献. 同时, 我们也撰写了 5 节加星号 “*” 的内容, 比较集中地介绍了与本书相关的三位代数学家和代数发展的两大重要事件. 这三位数学家是群论创始人法国数学家伽罗瓦、对近世代数发展起重要作用的德国女数学家诺特和最早把近世代数引进中国的我国代数学家曾炯. 两个重要事件是有限单群分类的完成和平面几何中尺规作图可能性的判定. 前者深奥莫测, 只给出最简单的介绍; 后者则给出了严格的数学证明. 这 5 节内容中除了尺规作图的内容需由教师讲解外, 其余 4 节内容都是供学生自行阅读的.

在编写这本书时, 我们参考了北京大学赵春来教授和本书第二作者合著的《抽象代数 I》中的部分内容, 在此特向赵春来教授致以诚挚的谢意.

本书作者

2020 年 5 月于北京

目　录

第 1 章 预 备 知 识

"近世代数" 是 "高等代数" (或 "线性代数") 课程的后续课程, 因此我们假定读者已经熟悉 "高等代数" 课程的内容, 特别是在该课程中引入的概念. 本章讲述 "近世代数" 课程需要的一些预备知识, 为了本书的完整, 也为了固定符号的使用, 我们介绍时对于已经学过的一些内容会有所重复.

§1.1 集合、映射、等价关系

1.1.1 集合

集合的概念在中学数学中就已经学过, 要点是要弄清 S 是一个集合, a 是 S 的一个元素 (a 属于 S, 记作 $a \in S$), a 不是 S 的元素 (a 不属于 S, 记作 $a \notin S$) 的含义. 还要弄清另一集合 T 是 S 的子集或真子集的含义. 我们用符号 $T \subseteq S$ 表示 T 是 S 的子集, 而以符号 $T \subset S$ 表示 T 是 S 的真子集. 如果两个集合 S,T 满足 $S \subseteq T$ 且 $T \subseteq S$, 则称集合 S 与 T 相等, 记为 $S = T$. 我们以符号 $\varnothing$ 表示空集, 它是任何一个集合的子集. 集合 S 所包含的元素个数叫作集合 S 的势, 记作 $|S|$. 有限集合的势是一个自然数, 空集的势是 0.

例 1.1.1 n 元集合有 2^n 个子集.

证明 设 S 是一个 n 元集合, 则 S 有 $n = \mathrm{C}_n^1$ 个 1 元子集, C_n^2 个 2 元子集, C_n^3 个 3 元子集 $\cdots\cdots$ C_n^{n-1} 个 $n-1$ 元子集, $\mathrm{C}_n^n = 1$ 个 n 元子集, 再加上 $\mathrm{C}_n^0 = 1$ 个空子集, 共有

$$\begin{aligned}&\mathrm{C}_n^0 + \mathrm{C}_n^1 + \mathrm{C}_n^2 + \mathrm{C}_n^3 + \cdots + \mathrm{C}_n^{n-1} + \mathrm{C}_n^n \\ &= (1+1)^n = 2^n\end{aligned}$$

个子集. □

设 S 和 T 是两个集合, 我们用 $S\cap T, S\cup T, S\setminus T$ 分别表示 S 和 T 的交、并、差, 它们定义为

$$S\cap T=\{a\,|\,a\in S \text{ 且 } a\in T\},$$
$$S\cup T=\{a\,|\,a\in S \text{ 或 } a\in T\},$$
$$S\setminus T=\{a\,|\,a\in S \text{ 但 } a\notin T\}.$$

由 S 中的元素与 T 中的元素组成的所有有序对的集合称为 S 与 T 的一个**笛卡儿积**, 记为 $S\times T$, 即

$$S\times T=\{(a,b)\,|\,a\in S, b\in T\}.$$

注意到集合的笛卡儿积中的元素是有序对, 若 $S\neq T$, 则 $S\times T\neq T\times S$.

对于集合的交、并和笛卡儿积, 我们可以推广到有限多个甚至无限多个集合的情况. 设 $S_i(i=1,2,\cdots)$ 是集合, 我们用

$$\bigcap_{i=1}^{n} S_i,\quad \bigcup_{i=1}^{n} S_i,\quad \prod_{i=1}^{n} S_i$$

和

$$\bigcap_{i=1}^{\infty} S_i,\quad \bigcup_{i=1}^{\infty} S_i,\quad \prod_{i=1}^{\infty} S_i$$

分别表示这些推广, 并用 S^n 简记 $\underbrace{S\times S\times\cdots\times S}_{n\text{个}}$.

本节的最后, 我们给出本书中使用的数集的符号: 以 $\mathbb{N}$ 表示正整数集合, 即 $\mathbb{N}=\{1,2,\cdots\}$ 是全体正整数组成的集合; 以 $\mathbb{Z}, \mathbb{Q}, \mathbb{R}, \mathbb{C}$ 分别表示整数集合、有理数集合、实数集合、复数集合; 用 $\mathbb{Q}^*, \mathbb{R}^*, \mathbb{C}^*$ 分别表示非零数集 $\mathbb{Q}\setminus\{0\}, \mathbb{R}\setminus\{0\}, \mathbb{C}\setminus\{0\}$. 在本书中, 我们也用 $\mathbb{Z}^+$ 表示正整数集合, 有 $\mathbb{Z}^+=\mathbb{N}$; 用 $\mathbb{Z}_{\geqslant 0}$ 表示非负整数集合.

1.1.2 映射

设 S, T 是两个非空集合, 从 S 到 T 的一个**映射** $(\varphi: S\to T)$, 指的是一个对应法则 φ, 通过这个法则, 对于 S 中的**每个**元素 a, 都有 T

中**唯一**确定的一个元素与之对应, 这个元素通常记为 $\varphi(a)$, 称之为 a (在 φ 下) 的**像** ($\varphi: a \mapsto \varphi(a) \in T$), 并称 a 为 $\varphi(a)$ (在 φ 下) 的一个**原像**或**反像**.

注意到映射定义中的对应法则把 S 中的任何一个元素都对应到 T 中的唯一一个元素, 所以当 S 中的元素的表示法不唯一时, 映射的对应法则不能依赖元素的表示法, 这时映射对应的唯一性常被称为这个映射定义是**良定义 (well defined) 的**.

例 1.1.2 (1) 如下规定 $\mathbb{Q}$ 到 $\mathbb{Z}$ 的对应法则 φ: 对于 $r \in \mathbb{Q}$, 如果 $r = \dfrac{a}{b}$, $a, b \in \mathbb{Z}$, 则规定 $\varphi(r) = a$. 此时, $r = \dfrac{a}{b} = \dfrac{2a}{2b}$ 表示法不唯一, 在此对应下上述两个表示法分别对应了两个不同的值 $a, 2a$, 这个法则 φ 不是良定义的, 所以 φ 不是映射.

(2) 如下规定 $\mathbb{Q}$ 到 $\mathbb{Q}$ 的对应法则 φ: 对于 $r \in \mathbb{Q}$, 如果 $r = \dfrac{a}{b}$, $a, b \in \mathbb{Z}$, 则规定 $\varphi(r) = \dfrac{a^2}{b^2}$. 请自行验证良定义性, 即若 $r = \dfrac{a_1}{b_1} = \dfrac{a_2}{b_2}$, 则 $\dfrac{a_1^2}{b_1^2} = \dfrac{a_2^2}{b_2^2}$. 所以, 这个对应法则 φ 是映射.

一个映射 φ 可以用语言来给定, 也可以用下面的符号来给定:

$$
\begin{aligned}
\varphi:\ & S \to T, \\
& s \mapsto \varphi(s), \quad \forall s \in S,
\end{aligned}
$$

其中第一行表示映射的定义域和值域, 第二行表示元素的对应规律. 设 X 为 S 的任一子集, 则 $\{\varphi(a) \mid a \in X\}$ 称为 X (在 φ 下) 的**像集合**, 常记为 $\varphi(X)$; 设 Y 为 T 的任一子集, 则 $\{a \in S \mid \varphi(a) \in Y\}$ 称为 Y (在 φ 下) 的**原像集合**, 常记为 $\varphi^{-1}(Y)$.

设 $\varphi: S \to T$ 是一个映射. 如果对于 S 中任意两个不同元素 x_1, x_2, 都有 $\varphi(x_1) \neq \varphi(x_2)$, 则称 φ 为**单射**. 如果 T 中任一元素在 S 中都有原像, 则称 φ 为**满射**. 既单又满的映射称为**双射**或**一一映射**.

如果 $S = T$, 则 S 到 S 的映射 ($\varphi: S \to S$) 称为集合 S 的一个**变换**; 如果 φ 还是双射, 则称 φ 是集合 S 的一个**一一变换**. 把 S 的每个

元素都变到自身的映射

$$\mathrm{id}_S : a \mapsto a, \quad \forall a \in S$$

叫作 S 的**恒等变换**.

设 $\varphi : S \to T$ 和 $\psi : T \to W$ 是映射, 称把 φ 和 ψ 连续施加得到的映射叫作 φ 和 ψ 的**合成**, 记作 $\psi\varphi$, 它是 S 到 W 的映射, 满足

$$\psi\varphi(a) = \psi(\varphi(a)), \quad \forall a \in S.$$

我们在 "高等代数" 课程中已经知道, 映射的合成满足结合律, 但一般不满足交换律.

设 $\varphi : S \to T$ 是映射, 如果存在映射 $\psi : T \to S$ 满足 $\psi\varphi = \mathrm{id}_S$ 且 $\varphi\psi = \mathrm{id}_T$, 则称 φ 是**可逆的**, 并称 ψ 是 φ 的**逆映射**. 若还有 $\sigma : T \to S$ 也是 φ 的逆映射, 则 $\sigma = \sigma(\varphi\psi) = (\sigma\varphi)\psi = \psi$. 这说明逆映射如果存在, 必定是唯一的. 通常, 可逆映射 φ 的逆映射也记为 φ^{-1}. (请区分取原像集合的符号 $\varphi^{-1}(T)$).

命题 1.1.1 设 $\varphi : S \to T$ 和 $\psi : T \to S$ 是映射, 如果 $\psi\varphi = \mathrm{id}_S$, 则 φ 是单射, ψ 是满射.

证明 设 $x_1, x_2 \in S$ 且 $x_1 \neq x_2$, 则 $\psi\varphi(x_1) = x_1 \neq x_2 = \psi\varphi(x_2)$. 由此可推出 $\varphi(x_1) \neq \varphi(x_2)$, 所以 φ 是单射.

对于任意 $x \in S$, 我们有 $x = \psi(\varphi(x))$, 即 $\varphi(x)$ 是 x 在 ψ 下的一个原像. 这说明 ψ 是满射. □

命题 1.1.2 映射 $\varphi : S \to T$ 可逆当且仅当 φ 是双射.

证明 *必要性* 设映射 $\varphi : S \to T$ 可逆, 则存在逆映射 $\psi : T \to S$, 满足 $\psi\varphi = \mathrm{id}_S$ 且 $\varphi\psi = \mathrm{id}_T$. 由命题 1.1.1, φ 是双射.

充分性 设映射 $\varphi : S \to T$ 是双射. $\forall y \in T$, 都存在 φ 下的唯一的原像 $x \in S$, 满足 $\varphi(x) = y$. 定义映射 $\psi : T \to S$, $y \mapsto x$. 由 φ 的单满性, ψ 是良定义的. 易验证 $\psi\varphi = \mathrm{id}_S$ 且 $\varphi\psi = \mathrm{id}_T$, 所以 ψ 是 φ 的逆映射, φ 是可逆的. □

当 S 和 T 是有限集合时, 我们还有下述常用结果:

命题 1.1.3 设 S 和 T 是有限集合, $|S| = |T|$, $\varphi : S \to T$ 是一个映射, 则 φ 是单射当且仅当 φ 是满射.

证明 必要性 设 φ 是单射, 那么当 $x_1 \neq x_2$ 时, $\varphi(x_1) \neq \varphi(x_2)$, 于是 $|\varphi(S)| = |S| = |T|$. 由于 $\varphi(S) \subseteq T$, 比较元素个数, 有 $\varphi(S) = T$, 即 φ 是满射.

充分性 设 φ 是满射, 即 $\varphi(S) = T$. 我们有 $|\varphi(S)| = |T| = |S|$. 若存在 $x_1, x_2 \in S$, $x_1 \neq x_2$, 但 $\varphi(x_1) = \varphi(x_2)$, 则 $|\varphi(S)| < |S|$, 矛盾. 所以 φ 是单射. □

例 1.1.3 以 $\mathbb{R}^+$ 表示正实数的集合, 定义映射 $\varphi : \mathbb{R}^+ \to \mathbb{R}^+$ 使得 $a \mapsto a^{-1}, \forall a \in \mathbb{R}^+$. 证明: φ 是双射, 并求 φ 的逆映射.

证明 因 $\varphi\varphi = \mathrm{id}_{\mathbb{R}^+}$, 由可逆映射的定义知 φ 可逆, 且 $\varphi^{-1} = \varphi$. 由命题 1.1.2, φ 是双射. □

此题也可分别验证 φ 是 $\mathbb{R}^+$ 到 $\mathbb{R}^+$ 上的单射和满射, 留给读者作为练习.

1.1.3 等价关系

设 S 是一个非空集合. 笛卡儿积 $S \times S$ 的一个子集 R 定义了集合 S 的一个**二元关系** R.

详细来说, 对于 S 中的两个 (有顺序的) 元素 a, b, 如果 $(a, b) \in R$, 则称 a 和 b 有二元关系 R, 记作 $a\mathrm{R}b$; 如果 $(a, b) \notin R$, 则称 a 和 b 不符合二元关系 R, 记作 $a\not\mathrm{R}b$. 由这个定义, 对于 S 中的任意两个元素 a 和 b, 要么 $a\mathrm{R}b$, 要么 $a\not\mathrm{R}b$, 二者必居其一.

例 1.1.4 令 S 是全体三角形组成的集合, 定义二元关系

$$\mathrm{R} = \{(A, B) \mid A \text{ 与 } B \text{ 全等}\} \subseteq S \times S.$$

于是, 任取两个三角形 A, B, 如果 A, B 全等, 称它们有二元关系 R, 即 $A\mathrm{R}B$; 否则, 称 A 与 B 不符合二元关系 R.

二元关系 R 也可看成是关于集合 S 的一个条件. 任取 S 中的一个有序对 (a, b), 若我们总能确定 a 与 b 是否满足条件 R, 就可称 R 为 S 的一个二元关系. 在上述例子中, 所定义的三角形集合上的二元关系即为我们熟悉的是否全等的条件, 即两个三角形 $A\mathrm{R}B \iff A$ 与 B 全

等. 又比如, 我们熟悉的实数集合的大于关系 ($a\mathrm{R}b \Longleftrightarrow a > b$)、整数集合的整除关系 ($a\mathrm{R}b \Longleftrightarrow a \mid b$) 等都是相应集合上的二元关系.

定义 1.1.1 设 R 是非空集合 S 上的一个二元关系, 如果 R 满足:

(1) 反身性: $\forall a \in S$, 有 $a\mathrm{R}a$;

(2) 对称性: 若 $a\mathrm{R}b$, 则 $b\mathrm{R}a$ $(a, b \in S)$;

(3) 传递性: 若 $a\mathrm{R}b$ 且 $b\mathrm{R}c$, 则 $a\mathrm{R}c$ $(a, b, c \in S)$,

则称 R 为 S 上的一个**等价关系**, 通常记为 "$\sim$"; 称 $a\mathrm{R}b$ 为 a **等价于** b, 记作 $a \sim b$.

例 1.1.5 (1) 对有理数域上全体 n 阶方阵组成的集合 $M(n, \mathbb{Q})$ 如下规定关系 "$\sim$": $\boldsymbol{A} \sim \boldsymbol{B} \Longleftrightarrow \boldsymbol{A}$ 与 $\boldsymbol{B}$ 相似, 则 "$\sim$" 是 $M(n, \mathbb{Q})$ 上的等价关系.

(2) 对正整数集合 $\mathbb{Z}^+$, 整除关系不是等价关系 (因为整除关系不满足对称性).

(3) 对实数集合 $\mathbb{R}$ 如下规定关系 "$\sim$": $a \sim b \Longleftrightarrow a - b \in \mathbb{Q}$. 则 "$\sim$" 是 $\mathbb{R}$ 上的等价关系.

设 "$\sim$" 是非空集合 S 上的一个等价关系, $a \in S$. 令

$$\overline{a} = \{x \in S \mid a \sim x\} \subseteq S,$$

称 $\overline{a}$ 为元素 a 所在的**等价类**, 并称 a 为这个等价类的一个**代表元**. 元素 a 所在的等价类 $\overline{a}$ 是 S 的一个子集合. S 中所有等价类组成的集合记为 $S/\sim$, 叫作 S 关于等价关系 "$\sim$" 的**商集合**, 即

$$S/\sim = \{\overline{a} \mid \forall a \in S\}.$$

引理 1.1.1 设 "$\sim$" 是非空集合 S 上的一个等价关系, 则:

(1) $\forall a \in S$, 有 $a \in \overline{a}$;

(2) 若 $b \in \overline{a}$, 则 $\overline{b} = \overline{a}$ $(a, b \in S)$;

(3) $\forall a, b \in S$, 或者 $\overline{a} = \overline{b}$, 或者 $\overline{a} \cap \overline{b} = \varnothing$.

证明 (1) 显然.

(2) $\forall x \in \overline{b}$, 有 $b \sim x$. 又因为 $b \in \overline{a}$, 所以有 $a \sim b$. 由等价关系的对称性和传递性, 有 $x \sim a$, 所以 $x \in \overline{a}$. 这就证明了子集合 $\overline{b} \subseteq \overline{a}$. 同理可证, $\overline{a} \subseteq \overline{b}$. 于是 $\overline{b} = \overline{a}$.

(3) 如果 $\overline{a}\cap\overline{b}\neq\varnothing$, 可取 $x\in\overline{a}\cap\overline{b}$. 由 (2), 有 $\overline{x}=\overline{a}$, $\overline{x}=\overline{b}$, 于是 $\overline{a}=\overline{b}$. □

事实上, 由引理 1.1.1 (2) 可推出下述重要结论:

$$\overline{a}=\overline{b}\Longleftrightarrow b\in\overline{a}\Longleftrightarrow a\in\overline{b}\Longleftrightarrow a\sim b,$$

即等价类中的任意元素都可作为这个等价类的一个代表元来表示这个等价类, 所以等价类 $\overline{a}$ 的代表元不唯一.

引理 1.1.1 (1) 说明

$$S=\bigcup_{a\in S}\overline{a}$$

是所有等价类的并, 而引理 1.1.1 (3) 说明, 任意两个等价类要么相等, 要么其交为空集, 因此上述并集是一个无交并 (无交指这些等价类之间两两交为空集).

定义 1.1.2 设 $\{S_i\,|\,i\in I\}$ 为集合 S 的一个子集族, 满足

$$S=\bigcup_{i\in I}S_i \quad 且 \quad S_i\cap S_j=\varnothing,\quad \forall i,j\in I, i\neq j,$$

则称子集族 $\{S_i|i\in I\}$ 是 S 的一个**划分**, 称子集族 $\{S_i|i\in I\}$ 的并集是 S 的一个**无交并**.

引理 1.1.2 集合 S 的一个等价关系确定 S 的一个划分; 反之, S 的一个划分也确定 S 的一个等价关系.

证明 引理 1.1.1 (1), (3) 说明了集合 S 上的一个等价关系给出 S 的一个划分, 即为 S 的全体等价类组成的子集族.

反过来, 给定集合 S 的一个划分 $\{S_i\,|\,i\in I\}$, 定义 S 上的一个二元关系 R 为

$$a\mathrm{R}b\Longleftrightarrow \exists i\in I, a,b\in S_i.$$

可验证二元关系 R 为等价关系, 且若 $a\in S_i$, 则 a 所在的等价类 $\overline{a}=S_i$. 证明留给读者. □

例 1.1.6 设 $S=\{1,2,3,\cdots,9,10\}$, $S_1=\{1,2,3,5\}$, $S_2=\{4,6,10\}$, $S_3=\{7,8,9\}$, 则

$$S=S_1\cup S_2\cup S_3$$

是 S 的一个划分. 规定 $a \sim b \Longleftrightarrow a,b$ 属于同一子集 S_i $(i=1,2,3)$. 则 "$\sim$" 是 S 上的一个等价关系.

证明 验证等价关系应该满足的 3 个条件, 从略. □

下面的例子在本课程中是很重要的.

例 1.1.7 设 $S=\mathbb{Z}$, n 是一个正整数. 对于任意 $a,b\in\mathbb{Z}$, 规定 $a\sim b \Longleftrightarrow n\,|\,a-b$, 则 "$\sim$" 是 S 上的一个等价关系, 称为模 n 同余关系.

请读者自行验证.

上例中包含正整数 m 的等价类是

$$\overline{m}=\{\cdots,m-2n,m-n,m,m+n,m+2n,\cdots\},$$

即是 "初等数论" 课程中学过的整数 m 所属的模 n 剩余类, 而

$$\mathbb{Z}=\overline{0}\cup\overline{1}\cup\cdots\cup\overline{n-1}.$$

所以商集合 $\mathbb{Z}/\sim=\{\overline{0},\overline{1},\cdots,\overline{n-1}\}$ 是包含 n 个元素的有限集合.

格奥尔格 · 康托尔

历史的注 进入 20 世纪, 集合论已经成为现代数学的基础, 这使我们怀念集合论的创始人格奥尔格 · 康托尔 (Georg Cantor, 1845—1918). 康托尔是出生于俄国的德国数学家, 他于 1862 年入苏黎世大学学工, 翌年转入柏林大学攻读数学和神学, 受教于著名数学家库默尔 (Ernst Eduard Kummer, 1810—1893)、魏尔斯特拉斯 (Karl Theodor Wilhelm Weierstrass, 1815—1897) 和克罗内克 (Leopold Kronecker, 1823—1891) 等人, 1867 年在库默尔指导下获博士学位, 1869—1913 年在哈雷大学任教. 毕业后受魏尔斯特拉斯的直接影响, 他将研究方向由数论转向严格的分析理论, 曾证明了复变函数三角级数展开的唯一性, 继而用有理数列极限定义无理数. 1872 年成为该校副教授, 1879 年任教授.

他对数学的主要贡献是创立了集合论和超穷数理论. 1888—1893 年康托尔任柏林数学会第一任会长; 1890 年, 他领导创立了德国数学家联合会并任首届主席.

他是认识到无限集合的势可以不相同的第一人, 并证明了没有最大的无限势. 他证明了有理数集是可数的, 后来又证明了所有的代数数的集合也是可数的. 至于实数集是否可数的问题, 1873 年康托尔给戴德金 (Julins Wilhelm Richard Dedkind, 1831—1916) 的一封信中提出过, 但不久他自己得到回答: 实数集是不可数的. 他提出的连续统问题被希尔伯特 (David Hilbert, 1862—1943) 在 1900 年第二届国际数学家大会上列为 20 世纪初有待解决的 23 个重要数学问题之首. 对于这个问题, 1938 年哥德尔证明了它与集合论中包含选择公理的策梅洛–弗兰克尔 (Zermelo-Fraenkel) 公理系统 (ZFC) 是协调的, 而 1963 年, 科恩 (P. J. Cohen) 证明它对 ZFC 公理系统是独立的, 是不可能判定真假的. 这是 20 世纪 60 年代集合论的最大进展之一. 近年来, 关于连续统问题的研究又有了一些新的进展, 就不在这里赘述了.

康托尔的晚年一直病魔缠身. 1918 年 1 月 6 日在德国哈雷–维滕贝格大学附属精神病院去世.

习　　题

1.1.1 完成例 1.1.7 的证明.

1.1.2 给定集合 S 的一个划分 $\{S_i \mid i \in I\}$, 定义 S 上的一个二元关系 R 为

$$a\mathrm{R}b \Longleftrightarrow \exists i \in I, \quad a, b \in S_i.$$

验证: 二元关系 R 为等价关系, 且若 $a \in S_i$, 则 a 所在的等价类 $\overline{a} = S_i$.

1.1.3 设 S 是集合, $f:\ S \to S$ 是双射, $g:\ S \to S$ 是 f 的逆映射. 证明 $g^{-1} = f$.

1.1.4 设 S, T 为非空集合, $f:\ S \to T$ 是映射. 如下规定 S 上的二元关系 "$\sim$": $s \sim s' \Longleftrightarrow f(s) = f(s')$. 证明: "$\sim$" 是 S 上的等价关系, 并求其等价类.

1.1.5 设集合 $S=\{(a,b)\,|\,a,b\in\mathbb{Z},b\neq 0\}$, 在集合 S 上规定二元关系 "$\sim$" 如下:

$$(a,b)\sim(c,d)\Longleftrightarrow ad=bc.$$

证明: "$\sim$" 是 S 上的一个等价关系.

1.1.6 找出下面证明中的错误:

若 S 上的二元关系 R 有对称性和传递性, 则 R 必有反身性. 这是因为, 对于任意 $x\in S$, 由对称性, 若 $x\mathrm{R}y$, 则 $y\mathrm{R}x$. 再由传递性得 $x\mathrm{R}x$, 故 R 有反身性.

1.1.7 举例说明等价关系定义中的三个条件是相互独立的 (即由任意两个不可推出剩下的一个).

§1.2 代数运算、代数系

我们在 "中学数学" 和 "高等代数" 课程中已经学过很多种代数运算, 比如整数、有理数、实数、复数的加法、减法和乘法, 向量的加法和减法, 矩阵的加法和乘法等. 每种代数运算都有两个要素, 即一个集合和该集合上的一个运算. 比如整数加法, 集合是 $\mathbb{Z}$, 运算则是规定了一对元素到该集合上的一个映射, 如 $3+2=5$ 就是该运算把整数的有序元偶 $(3,2)$ 对应到 5. 如果用 f 表示这个映射, 就是 $f(3,2)=5$. 因此, 如果集合是 S, 运算就是 $S\times S$ 到 S 上的一个映射. 抽象地说, 我们有如下定义:

定义 1.2.1 设 S 是一个非空集合, $S\times S$ 到 S 上的一个映射 f 称作 S 上的一个**二元代数运算**, 简称**二元运算**.

在上述定义中, 任意一个 $S\times S$ 到 S 上的映射 f 都可以叫作 S 上的一个二元运算. 这里要注意运算的封闭性, 即运算 f 的像集合要封闭在 S 上. 通常集合 $\mathbb{Z},\mathbb{Q},\mathbb{R},\mathbb{C}$ 上数的加法、乘法都是相应集合上的二元运算, 但除法不是 $\mathbb{Z}$ 上的二元运算. 这是因为两个整数相除不一定还是整数, 所以除法在 $\mathbb{Z}$ 上不封闭.

事实上, 这样宽泛的运算定义是没有实际意义的. 我们学过的运算都不只是一般的映射, 它们通常还要满足一些额外的性质. 这些性

质叫作运算规律. 比如, 数的加法和乘法都要满足交换律、结合律等. 我们通常碰到的运算规律有以下这些:

(1) **交换律**: 比如整数加法, 交换律就是说

$$a+b=b+a, \quad \forall a,b\in\mathbb{Z}.$$

我们在表示运算时, 通常不用二元映射的表示法, 即不用 $f(a,b)=f(b,a)$ 来表示交换律, 而是如上面那样, 以 $a+b$ 代替 $f(a,b)$, 把运算符号加在两个被做运算的元素中间. 同样, 两个元素做乘法我们表示成 $a\times b$ 或 $a\cdot b$. 对于熟悉的乘法, 我们还常常把运算符号省掉, 直接写作 ab.

另一条我们熟悉的运算规律是结合律.

(2) **结合律**: 对于集合 S 上的运算 "·" (通常读作乘法) 来说, 就是

$$(a\cdot b)\cdot c=a\cdot(b\cdot c).$$

有了结合律, 三个元素的乘积 $a\cdot b\cdot c$ 才有意义. 更进一步, 多个元素的乘法也才有意义, 详见 §2.1 中的广义结合律.

除了我们比较熟悉的交换律、结合律之外, 本书中常用的运算规律还有:

(3) **有单位元素**: 对于集合 S 上的运算 "·" 来说, 有单位元素即指存在元素 e, 满足对于每个 $s\in S$, 有 $e\cdot s=s\cdot e=s$. 这时 e 称为**单位元素** (简称为**单位元**).

例如, 对于有理数集 $\mathbb{Q}$ 上的乘法, 数 1 就是单位元素, 因为对于任何有理数 x, 都有 $1\cdot x=x\cdot 1=x$.

再如, 对于整数集合 $\mathbb{Z}$ 上的加法, 数 0 就是单位元素, 因为对于任何整数 x, 都有 $0+x=x+0=x$.

为了与通常的习惯相一致, 对加法而言, 我们把单位元素叫作**零元素** (简称为**零元**), 记作 0. 这条运算规律也称作**有零元素**.

例 1.2.1 证明: 如果集合 S 对于其上的运算 "·" 来说有单位元, 则单位元是唯一的.

证明 设 e, e' 是集合 S 对于运算 "$\cdot$" 的单位元, 则

$$e = e \cdot e' = e'. \qquad \square$$

在一个运算有单位元的前提下, 还有一个运算规律也是在本书中常用的, 即 "有逆元素".

(4) **有逆元素**: 设集合 S 对于运算 "$\cdot$" 有单位元 e. 如果对任一元素 s 来说, 都存在一个元素 t, 使得 $t \cdot s = s \cdot t = e$, 则称该运算对单位元素 e 来说**有逆元素**, 而上式中的 t 叫作 s 的**逆元素** (简称为**逆元**).

例 1.2.2 设集合 S 对于运算 "$\cdot$" 有单位元 e, 且有结合律. 若该运算 (对单位元 e 来说) 有逆元, 则逆元唯一. 也就是说, 对于任一元素 s, 若存在元素 t_1, t_2, 使得 $t_1 \cdot s = s \cdot t_1 = e = t_2 \cdot s = s \cdot t_2$, 则必有 $t_1 = t_2$. 此时 s 的逆元可记为 s^{-1}.

证明 $t_1 = t_1 \cdot e = t_1 \cdot (s \cdot t_2) = (t_1 \cdot s) \cdot t_2 = e \cdot t_2 = t_2$. $\square$

我们也常常研究那样的运算, 其中一部分元素有逆元, 另一部分元素没有逆元.

对于加法的情形, 逆元素常被称作**负元素** (简称为**负元**).

(5) 乘法对加法的**分配律**: 这是联系两种运算的规律. 首先, 我们假定集合 S 具有两种运算加法 "$+$" 和乘法 "$\cdot$", 则乘法对加法的分配律指的是:

$$(a+b) \cdot c = a \cdot c + b \cdot c, \qquad c \cdot (a+b) = c \cdot a + c \cdot b.$$

上面两式分别叫作左分配律和右分配律.

定义 1.2.2 若非空集合 S 上有一种或几种二元运算, 满足若干给定的运算规律, 则 S 连同其上的二元运算叫作一个**代数系**.

例如, 非负整数集合 $\mathbb{Z}_{\geqslant 0}$ 对于数的加法组成代数系, 并且满足交换律和结合律, 有零元, 但没有负元. 数集 $\mathbb{Z}$、$\mathbb{Q}$、$\mathbb{R}$、$\mathbb{C}$ 对于数的加法都组成代数系, 并且满足交换律和结合律, 有零元和负元. 同样, 这些数系对于数的乘法也都组成代数系, 并且满足交换律和结合律, 有单位元, 但没有逆元 (因为零元没有逆元). 而对非零数集 $\mathbb{Q}^*$, $\mathbb{R}^*$, $\mathbb{C}^*$, 关于数的乘法也都组成代数系, 并且满足交换律和结合律, 有单位元和逆元.

范德瓦尔登

历史的注 与初等代数不同, 抽象代数是以研究代数系作为中心课题的. 具体地, 就是研究群、环、域等代数系的结构与运算. 从 19 世纪中叶开始, 群、环、域等代数系的理论获得了长足的进步, 但是它们只是数学研究的前沿课题, 并未能走进大学的课堂. 直到 1930 年, 范德瓦尔登 (Bartel van der Waerden, 1903 — 1996) 用德文出版了著名的《近世代数学 I》(*Moderne Algebra* I) 之后, 情况才逐渐改变. 次年, 他又出版了《近世代数学 II》. 这两部书籍无疑是抽象代数学的经典著作. 当然, 他本人在代数学上也做出了卓越的研究工作.

习　　题

1.2.1 整数集 $\mathbb{Z}$ 对于数的减法组成代数系, 问: 它是否满足交换律和结合律, 是否有单位元和逆元?

1.2.2 在实数集 $\mathbb{R}$ 上定义运算 "$\cdot$": $a\cdot b=a+b+ab$, 则 $(\mathbb{R},\cdot)$ 组成代数系, 问: 它是否满足交换律和结合律, 是否有单位元和逆元?

1.2.3 以 $M(2,\mathbb{R})$ 表示所有 2×2 实矩阵组成的集合. 令 $\boldsymbol{A}=\begin{pmatrix}1&1\\1&0\end{pmatrix}$, $\boldsymbol{X}=\begin{pmatrix}a&b\\c&d\end{pmatrix}$. 找出 $\boldsymbol{X}$ 与 $\boldsymbol{A}$ 乘法可交换的条件.

1.2.4 接上题, 令 $S=\{\boldsymbol{X}\in M(2,\mathbb{R})\,|\,\boldsymbol{XA}=\boldsymbol{AX}\}$. 证明: S 对于矩阵乘法组成代数系, 并检查这个代数系是否满足交换律和结合律, 是否有单位元和逆元.

§1.3 整 数 系

整数集合 $\mathbb{Z}$ 是我们在中学代数中最熟悉的集合, 它有两种基本运算: 加法和乘法. 通过上一节的分析, 整数集 $\mathbb{Z}$ 对于加法满足交换律和结合律, 有零元和负元; 而对于乘法满足交换律和结合律, 有单位元, 而且乘法对加法的分配律成立. 以后我们会知道 $\mathbb{Z}$ 对于加法和乘法组成一个环, 但本节中我们还用不到这个术语.

整数整除理论的基础是下面的带余除法, 证明可参见任意一本初等数论的教材, 例如文献 [4].

定理 1.3.1 (带余除法) 设 $a, b \in \mathbb{Z}$, $b \neq 0$, 则存在唯一的整数 $q, r \in \mathbb{Z}$, 满足

$$a = qb + r, \quad 0 \leqslant r < |b|,$$

其中 q 称为 a 被 b 除所得的**商**, r 称为 a 被 b 除所得的**余数**.

设正整数 $p > 1$, 若 p 的正因子只有 1 和 p, 我们就称正整数 p 为**素数**. 下面的定理即所谓的 "算术基本定理".

定理 1.3.2 (算术基本定理) 任一大于 1 的正整数 n 都可分解为有限个素因子的连乘积, 即

$$n = p_1^{\alpha_1} p_2^{\alpha_2} \cdots p_s^{\alpha_s}, \quad p_1 < p_2 < \cdots < p_s, \quad \alpha_1, \cdots, \alpha_s \in \mathbb{Z}^+.$$

并且分解式是由 n 唯一确定的, 称为 n 的**标准分解式**.

两个整数 a, b 的最大公因数记作 $\gcd(a, b)$, 简记为 (a, b). 如果 $(a, b) = 1$, 则称整数 a, b **互素**. 两个整数 a, b 的最小公倍数记作 $\operatorname{lcm}[a, b]$, 也简记为 $[a, b]$. 在 "高等代数" 及 "初等数论" 课程中, 已证明了下述重要命题, 故本书略去证明, 感兴趣的读者可参见文献 [4].

命题 1.3.1 给定整数 a, b, 则存在整数 m, n, 使得 $ma + nb = (a, b)$. 且整数 a, b 互素的充要条件是存在整数 m, n, 使得 $ma + nb = 1$.

下面我们简单介绍整数同余的概念.

取定一个正整数 n, 如果两个整数 a, b 满足 $n \mid a - b$, 则称整数 a, b 模 n 是**同余的**, 记作 $a \equiv b \pmod{n}$. 下面是同余式的若干简单性质.

命题 1.3.2 设 $n \in \mathbb{Z}^+$, $a, b, c, d \in \mathbb{Z}$.

(1) 若 $a \equiv b \pmod{n}$, $c \equiv d \pmod{n}$, 则

$$a + c \equiv b + d \pmod{n}, \quad ac \equiv bd \pmod{n};$$

(2) 若 $a \equiv b(\bmod n)$, 则 $(a,n)=(b,n)$.

证明 (1) 由条件有 $n \mid a-b$, $n \mid c-d$, 于是 $n \mid (a+c)-(b+d)$, 故得 $a+c \equiv b+d(\bmod n)$. 同样, 由条件 $n \mid a-b$, $n \mid c-d$, 有 $n \mid (ac-bc)$ 和 $n \mid (bc-bd)$, 故 $n \mid (ac-bc)+(bc-bd)$, 即 $n \mid ac-bd$, 得 $ac \equiv bd(\bmod n)$.

(2) 由条件, 存在 $k \in \mathbb{Z}$, 使得 $a=b+nk$, 于是

$$(a,n)=(b+nk,n)=(b,n). \qquad \square$$

由例 1.1.7 我们知道, 模 n 的同余关系 "$\equiv$" 是 $\mathbb{Z}$ 上的一个等价关系. 设 $m \in \mathbb{Z}$, m 所在的等价类

$$\overline{m}=\{\cdots, m-2n, m-n, m, m+n, m+2n, \cdots\}$$

称为模 n 的一个**剩余类**, 而 m 称为剩余类 $\overline{m}$ 的一个**代表元**, 显然, 剩余类的代表元是不唯一的. 我们称 $\mathbb{Z}$ 对于这个同余关系 "$\equiv$" 的商集合为整数集合 $\mathbb{Z}$ 模 n 的**剩余类集**, 通常记作

$$\mathbb{Z}/n\mathbb{Z}=\{\overline{0}, \overline{1}, \cdots, \overline{n-1}\}.$$

我们会在后面给出这个符号的完整解释, 其中 $n\mathbb{Z}$ 表示所有 n 的倍数构成的 $\mathbb{Z}$ 的子集. 于是

$$\mathbb{Z}=\overline{0} \cup \overline{1} \cup \cdots \cup \overline{n-1}.$$

$\mathbb{Z}$ 上的加法和乘法自然诱导出商集合 $\mathbb{Z}/n\mathbb{Z}$ 上的加法和乘法, 这种定义方式也称为代表元定义法, 严格地说, 我们有下面的命题:

命题 1.3.3 设 $\mathbb{Z}/n\mathbb{Z}$ 是 $\mathbb{Z}$ 模 n 的剩余类集, 并设 $\overline{i}, \overline{j} \in \mathbb{Z}/n\mathbb{Z}$.

(1) $\overline{i}=\overline{j} \Longleftrightarrow i \equiv j(\bmod n)$;

(2) 规定 $\overline{i}+\overline{j}:=\overline{i+j}$, 则它是 $\mathbb{Z}/n\mathbb{Z}$ 上的一个二元运算, 叫作剩余类加法;

(3) 规定 $\overline{i} \cdot \overline{j}:=\overline{ij}$, 则它是 $\mathbb{Z}/n\mathbb{Z}$ 上的一个二元运算, 叫作剩余类乘法.

证明 (1) 由定义直接推出.

(2), (3) 只需证明上面规定的运算与剩余类的代表元的选取无关, 即证明上述定义是良定义的. 设 $\bar{i}_1 = \bar{i}_2, \bar{j}_1 = \bar{j}_2$, 证良定义即是要证

$$\overline{i_1 + j_1} = \overline{i_2 + j_2} \quad 和 \quad \overline{i_1 j_1} = \overline{i_2 j_2},$$

而这就是命题 1.3.2 (1). □

继续前面的讨论, 设 $\bar{a} \in \mathbb{Z}/n\mathbb{Z}$. 若 $\bar{b} = \bar{a}$, 由命题 1.3.2 (2), 有 $(a, n) = (b, n)$. 有了上面的事实, 如果 $(a, n) = 1$, 我们就称剩余类 $\bar{a}$ 与 n **互素**, 并称 $\bar{a}$ 为模 n 的一个**简化剩余类**, 所有与 n 互素的剩余类组成的集合称为模 n 的**简化剩余类集**, 记作

$$(\mathbb{Z}/n\mathbb{Z})^{\times} = \{\bar{a} \,\big|\, (a, n) = 1, 1 \leqslant a < n\}.$$

特别地, $\bar{1} \in (\mathbb{Z}/n\mathbb{Z})^{\times}$.

命题 1.3.4 设 $(\mathbb{Z}/n\mathbb{Z})^{\times}$ 是整数模 n 的简化剩余类集, 则对于任一简化剩余类 $\bar{a}$, 存在 $\bar{b} \in (\mathbb{Z}/n\mathbb{Z})^{\times}$, 使得 $\bar{a}\bar{b} = \bar{b}\bar{a} = \bar{1}$, 这里 $\bar{b}$ 称为 $\bar{a}$ 的乘法逆元.

证明 由于 $(a, n) = 1$, 存在整数 b, m, 使得 $ab + mn = 1$. 于是 $(b, n) = 1$, 所以 $\bar{b} \in (\mathbb{Z}/n\mathbb{Z})^{\times}$, 且

$$\bar{1} = \overline{ab + mn} = \overline{ab} + \overline{mn} = \bar{a}\bar{b}.$$ □

模 n 的简化剩余类的个数叫作集合 $(\mathbb{Z}/n\mathbb{Z})^{\times}$ 的势, 记作 $\varphi(n)$, 称之为**欧拉 (Euler) 函数**.

下面给出欧拉函数的性质及求法. 这些结果可在任一本初等数论的教材上找到.

命题 1.3.5 设正整数 n 和 m 互素, 则 $\varphi(nm) = \varphi(n)\varphi(m)$.

命题 1.3.6 设 p 是素数, k 是正整数, 则 $\varphi(p^k) = p^k - p^{k-1}$.

证明 由 0 到 $p^k - 1$ 中共有 p^{k-1} 个数是 p 的倍数, 得证. □

由上述两个命题, 我们有下面的命题:

推论 1.3.1 设 n 是任一正整数, 且 n 的标准分解式是

$$n = p_1^{\alpha_1} p_2^{\alpha_2} \cdots p_s^{\alpha_s},$$

则

$$\begin{aligned}\varphi(n) &= \varphi(p_1^{\alpha_1})\varphi(p_2^{\alpha_2})\cdots\varphi(p_s^{\alpha_s})\\ &= (p_1^{\alpha_1-1}(p_1-1))(p_2^{\alpha_2-1}(p_2-1))\cdots(p_s^{\alpha_s-1}(p_s-1)).\end{aligned}$$

习　题

1.3.1　设 $n\in\mathbb{Z}^+$, $a,b,c,d\in\mathbb{Z}$. 证明:

(1) 若 $ac\equiv bc(\operatorname{mod} n)$, 且 $(c,n)=1$, 则 $a\equiv b(\operatorname{mod} n)$;

(2) 若 $a\equiv b(\operatorname{mod} n)$, 则对于任意正整数 k, 有 $ak\equiv bk(\operatorname{mod} nk)$;

(3) 若 $a\equiv b(\operatorname{mod} n)$, $d\,\big|\,a$, $d\,\big|\,b$, $d\,\big|\,n$, 则 $\dfrac{a}{d}\equiv\dfrac{b}{d}\left(\operatorname{mod}\dfrac{n}{d}\right)$.

1.3.2　(1) 在 $\mathbb{Z}/2\mathbb{Z}$ 中计算 $\overline{1}+\overline{1},\overline{3}\cdot\overline{5},\overline{2}+\overline{5}$;

(2) 在 $\mathbb{Z}/3\mathbb{Z}$ 中计算 $\overline{1}+\overline{1},\overline{3}\cdot\overline{5},\overline{2}+\overline{5}$;

(3) 在 $\mathbb{Z}/7\mathbb{Z}$ 中计算 $\overline{1}+\overline{1},\overline{3}\cdot\overline{5},\overline{2}+\overline{5}$.

1.3.3　(1) 在 $\mathbb{Z}/5\mathbb{Z}$ 中计算 $\overline{2}+\overline{3},\overline{2}\cdot\overline{2},\overline{2}\cdot\overline{3}$. 问: $\overline{2}$ 在 $\mathbb{Z}/5\mathbb{Z}$ 中有关于乘法的逆元吗?

(2) 在 $\mathbb{Z}/4\mathbb{Z}$ 中计算 $\overline{2}+\overline{3},\overline{2}\cdot\overline{2},\overline{2}\cdot\overline{3}$. 问: $\overline{2}$ 在 $\mathbb{Z}/4\mathbb{Z}$ 中有关于乘法的逆元吗?

(3) 在 $\mathbb{Z}/2\mathbb{Z}$ 中计算 $\overline{2}+\overline{3},\overline{2}\cdot\overline{2},\overline{2}\cdot\overline{3}$. 问: $\overline{2}$ 在 $\mathbb{Z}/2\mathbb{Z}$ 中有关于乘法的逆元吗?

1.3.4　写出 $(\mathbb{Z}/12\mathbb{Z})^\times$ 的所有元素, 并求每个元素的乘法逆元.

1.3.5　写出 $(\mathbb{Z}/7\mathbb{Z})^\times$ 的所有元素, 并求每个元素的乘法逆元.

1.3.6　计算 $\varphi(n)$, $1\leqslant n\leqslant 30$.

第 2 章　群、环、体、域

§2.1　半 群 与 群

定义 2.1.1　如果一个非空集合 G 上定义了一个二元运算 "·", 满足结合律, 即

$$(a \cdot b) \cdot c = a \cdot (b \cdot c), \quad \forall\, a, b, c \in G,$$

则称集合 G 关于运算 "·" 构成一个**半群**, 记为 $(G, \cdot)$.

如果半群 $(G, \cdot)$ 有单位元, 即存在 $e \in G$, 使得

$$e \cdot a = a \cdot e = a, \quad \forall a \in G,$$

则称 $(G, \cdot)$ 为一个**有单位半群**, 其中 e 叫作**单位元**.

如果有单位半群 $(G, \cdot)$ 有逆元, 即对于每个元素 a, 存在 $b \in G$, 使得

$$b \cdot a = a \cdot b = e,$$

则称 b 为 a 的**逆元**, 称 $(G, \cdot)$ 为一个**群**.

如果群 $(G, \cdot)$ 中还满足交换律, 即

$$a \cdot b = b \cdot a, \quad \forall\, a, b \in G,$$

则称 G 为**交换群**或**阿贝尔 (Abel) 群**.

在不致引起混淆的情况下, 运算符号 "·" 经常略去不写.

由例 1.2.1, 有单位半群的单位元唯一; 由例 1.2.2, 群 G 中元素 a 的逆元也唯一, 记作 a^{-1}.

注　代数结构 (半) 群 G 的定义 2.1.1 中有三个要素: 一是集合 G; 二是 G 上要有一个二元运算, 即映射 $G \times G \to G$ (这通常要求验证运算的封闭性, 可参见例 2.1.1 (2)); 三是 (半) 群所要满足的运算规律.

例 2.1.1 (1) 我们常用的数集 $\mathbb{Z}, \mathbb{Q}, \mathbb{R}, \mathbb{C}$ 对于通常意义下数的加法 (在 §1.2 中已验证其是这些集合上的二元运算) 都构成群, 且是交换群, 其中单位元是 0, 任意元素 a 的逆元是其负元 $-a$. 它们对于通常意义下数的乘法 (验证其是二元运算) 都构成半群, 而且还是有单位半群, 单位元是数 1; 但都不构成群, 因为数 0 在上述任意集合中都没有逆元.

(2) 对于任意负整数 n, 集合 $S=\{n,n+1,n+2,\cdots\}$ 对于数的乘法不是半群.

这是因为 -1 与正整数 $-n+1$ 属于 S, 但它们的乘积 $n-1\notin S$, 即数的乘法在集合 S 上不封闭, 所以数的乘法不是 $S\times S\to S$ 的映射, 即不是 S 上的二元运算.

(3) 对于任意正整数 n, 集合 $S=\{n,n+1,n+2,\cdots\}$ 对于数的加法封闭, 即数的加法限制在 S 上构成二元运算, 易验证 $(S,+)$ 是半群, 但不是有单位半群, 因为 0 不属于 S.

(4) 我们常用的正数集合 $\mathbb{Z}^+, \mathbb{Q}^+, \mathbb{R}^+, \mathbb{C}^+$ 对于数的乘法封闭, 构成半群, 而且是有单位半群 (单位元是 1). 除了集合 $\mathbb{Z}^+$ 外, 其他所有集合对乘法都组成群.

下面我们专注于群的研究, 总假设 $G=(G,\cdot)$ 为群.

命题 2.1.1 设 G 为群, $\forall a,b,x,y\in G$, 有

(1) $(a^{-1})^{-1}=a$, $(ab)^{-1}=b^{-1}a^{-1}$;

(2) 群 G 中有**消去律**, 即由 $ax=ay$ 可推出 $x=y$ (左消去律), 由 $xa=ya$ 可推出 $x=y$ (右消去律);

(3) 若 $ab=e$, 则 $a=b^{-1}, b=a^{-1}$.

证明 (1) 由于 $aa^{-1}=a^{-1}a=e$, 由定义有 $(a^{-1})^{-1}=a$. 可验证 $(ab)(b^{-1}a^{-1})=(b^{-1}a^{-1})(ab)=e$, 由定义有 $(ab)^{-1}=b^{-1}a^{-1}$.

(2) 设 $ax=ay$. 两端左乘 a 的逆元 a^{-1}, 得 $a^{-1}ax=a^{-1}ay$. 而 $a^{-1}a=e$, 故有 $x=y$. 同样可证右消去律.

(3) 由于 $b=a^{-1}ab=a^{-1}e$, 推出 $b=a^{-1}$. 同理知 $a=b^{-1}$. □

由群定义中运算的结合律可以推出下面的广义结合律:

广义结合律 对于任意有限多个元素 $a_1, a_2, \cdots, a_n\in G$, 乘积

$a_1a_2\cdots a_n$ 在任何一种 "有意义的加括号方式" (即给定的任何一种乘积的顺序) 下都得出相同的值. 因而这 n 个元素的乘积 $a_1a_2\cdots a_n$ 是有意义的.

广义结合律的证明用到对 n 的数学归纳法, 本书略去, 可参看文献 [5] 的第一章.

特别地, 由广义结合律我们可以规定群 G 中元素 a 的整数次方幂如下: 设 n 为正整数, 则像通常一样, 令

$$a^n := \underbrace{aa\cdots a}_{n\text{个}}, \qquad a^0 := e, \qquad a^{-n} := (a^{-1})^n.$$

因为 $a^na^{-n} = \underbrace{aa\cdots a}_{n\text{个}}\underbrace{a^{-1}a^{-1}\cdots a^{-1}}_{n\text{个}} = e$, 由命题 2.1.1 (3) 可推出

$$a^{-n} = (a^n)^{-1}.$$

在群 G 中, 显然有下列指数运算法则: $\forall a \in G, \forall\ m, n \in \mathbb{Z}$,

$$a^ma^n = a^{m+n}, \qquad (a^m)^n = a^{mn}.$$

如果群 G 中有 $ab = ba$, 则还有 $(ab)^n = a^nb^n$.

注 对于群中的运算, 我们一般采用乘法符号. 但是, 在熟悉的一些加法群例中 (如数的加群), 我们按照常规称加群的单位元为零元, (加法的) 逆元为负元. 这时乘法群中的元素连乘对应着加法群中的元素连加, 即 $\forall a \in (G, +), \forall n \in \mathbb{Z}^+$, 可同上定义元素的倍数:

$$na := \underbrace{a + a + \cdots + a}_{n\text{个}}, \qquad 0a := 0, \qquad (-n)a := n(-a). \tag{2.1}$$

此时, 指数运算法则变为相应的倍数运算法则, 见习题 2.1.8.

群作为集合时的势称为群的**阶**. 群 G 的阶记为 $|G|$. 如果 $|G| < \infty$ 是正整数, 则称 G 为**有限群**; 否则, 称 G 为**无限群**.

现在我们列举一些常见的群的例子. 首先看由数组成的群.

例 2.1.2 (1) 在例 2.1.1 (1) 中已经看到整数集合 $\mathbb{Z}$、有理数集合 $\mathbb{Q}$、实数集合 $\mathbb{R}$、复数集合 $\mathbb{C}$ 关于加法都构成交换群, 这些群分别记作 $(\mathbb{Z},+), (\mathbb{Q},+), (\mathbb{R},+), (\mathbb{C},+)$.

(2) 非零有理数集合 $\mathbb{Q}^*$、非零实数集合 $\mathbb{R}^*$、非零复数集合 $\mathbb{C}^*$ 关于乘法都构成交换群, 分别记作 $(\mathbb{Q}^*,\cdot), (\mathbb{R}^*,\cdot), (\mathbb{C}^*,\cdot)$. 但非零整数集合 $\mathbb{Z}^*$ 关于乘法不构成群, 因为除 ± 1 外都没有逆元.

例 2.1.3 设 n 是一个正整数, 如果复数 ρ 满足 $\rho^n = 1$, 则称 ρ 为一个 n **次单位根**. 证明: 全体 n 次单位根组成的集合 $\{\mathrm{e}^{\mathrm{i}\frac{2\pi k}{n}} | k = 1, 2, \cdots, n\}$ 关于复数乘法构成交换群. 这个交换群称为 n **次单位根群**, 记为 μ_n.

证明 $\forall \rho_1, \rho_2 \in \mu_n, (\rho_1\rho_2)^n = \rho_1^n \rho_2^n = 1$, 所以集合 μ_n 对于复数乘法封闭, 复数乘法限制在集合 μ_n 上是二元运算, 自然满足结合律、交换律. $1 \in \mu_n$ 是单位元, 且对于任意 $\rho \in \mu_n$, $\rho^{n-1} = \rho^{-1} \in \mu_n$. 由群的定义, 集合 μ_n 关于复数乘法构成交换群. □

设 n 是一个正整数. 在命题 1.3.3 中, 我们由整数的加法和乘法诱导定义了模 n 的剩余类集 $\mathbb{Z}/n\mathbb{Z}$ 上的加法和乘法. 我们有下面这个重要的群的例子, 参见 §1.3.

例 2.1.4 设 n 是一个正整数.

(1) 证明: 整数集合 $\mathbb{Z}$ 模 n 的剩余类集 $\mathbb{Z}/n\mathbb{Z}$ 关于剩余类加法 $(\overline{i} + \overline{j} := \overline{i+j})$ 构成交换群, 它包含 n 个元素.

(2) 模 n 的简化剩余类集 $(\mathbb{Z}/n\mathbb{Z})^\times$ 关于剩余类乘法 $(\overline{i}\,\overline{j} := \overline{ij})$ 构成交换群, 它包含 $\varphi(n)$ 个元素, 其中 φ 为欧拉函数.

证明 (1) 命题 1.3.3 中已证明这个加法定义是良定义的, 的确是 $\mathbb{Z}/n\mathbb{Z}$ 上的二元运算. 由于整数加法满足结合律、交换律, 我们容易验证得到: $\forall i, j, k \in \mathbb{Z}$, 有

(i) 结合律: $(\overline{i} + \overline{j}) + \overline{k} = \overline{(i+j)+k} = \overline{i+(j+k)} = \overline{i} + (\overline{j} + \overline{k})$;

(ii) 交换律: $\overline{i} + \overline{j} = \overline{i+j} = \overline{j+i} = \overline{j} + \overline{i}$;

(iii) $\overline{0}$ 是零元, 即 $\overline{0} + \overline{i} = \overline{0+i} = \overline{i+0} = \overline{i} + \overline{0} = \overline{i}$;

(iv) $\overline{i}$ 存在负元 $\overline{-i}$, 因为 $\overline{i} + \overline{-i} = \overline{-i} + \overline{i} = \overline{0}$.

综上, $(\mathbb{Z}/n\mathbb{Z}, +)$ 构成交换群.

(2) 命题 1.3.3 中已证明这个乘法定义是良定义的, 的确是 $\mathbb{Z}/n\mathbb{Z}$ 上的二元运算. 设 $\bar{i},\bar{j}\in(\mathbb{Z}/n\mathbb{Z})^{\times}$, 则有 $(i,n)=(j,n)=1$. 于是有 $(ij,n)=1$, 所以 $\bar{i}\,\bar{j}=\overline{ij}\in(\mathbb{Z}/n\mathbb{Z})^{\times}$. 这说明 $\mathbb{Z}/n\mathbb{Z}$ 上的乘法限制在简化剩余类集 $(\mathbb{Z}/n\mathbb{Z})^{\times}$ 上是封闭的, 确是 $(\mathbb{Z}/n\mathbb{Z})^{\times}$ 上的二元运算.

由于整数乘法满足结合律、交换律, 我们容易验证得到: $\forall\,\bar{i},\bar{j},\bar{k}\in(\mathbb{Z}/n\mathbb{Z})^{\times}$, 有:

(i) 结合律: $(\bar{i}\,\bar{j})\bar{k}=\overline{(ij)k}=\overline{i(jk)}=\bar{i}(\bar{j}\,\bar{k})$;

(ii) 交换律: $\bar{i}\,\bar{j}=\overline{ij}=\overline{ji}=\bar{j}\,\bar{i}$;

(iii) $\bar{1}\in(\mathbb{Z}/n\mathbb{Z})^{\times}$ 是单位元, 即 $\bar{1}\bar{i}=\bar{i}\bar{1}=\bar{i}$;

(iv) 由命题 1.3.4, $(\mathbb{Z}/n\mathbb{Z})^{\times}$ 中任意元素都有乘法逆元.

综上, $(\mathbb{Z}/n\mathbb{Z})^{\times}$ 关于剩余类乘法构成交换群. □

上面给出的由数组成的群都是交换群. 容易验证我们学过的数域 F 上的 n 维线性空间 $V(n,F)$ 关于向量加法也构成了加法交换群. 下面给出一些非交换群的例子, 验证留给读者.

例 2.1.5 设 M 是一个非空集合, M 到自身的双射的全体对于映射的乘法 (即合成) 构成一个群, 叫作 M 的**全变换群**, 记为 S_M. 这里, M 可以是无穷集合. 若 M 是有限集合, M 的全变换群也称为**对称群** (详见 §3.1).

例 2.1.6 设 M 是全体满秩的 $n\times n$ 实矩阵组成的集合 $(n\geqslant 2)$, 则 M 对于矩阵的乘法构成群. 这个群常用符号 $\mathrm{GL}\,(n,\mathbb{R})$ 表示, 称为**一般线性群**, 它是非交换群.

例 2.1.7 设 $\mathrm{SL}\,(n,\mathbb{R})$ 是全体行列式等于 1 的 $n\times n$ 实矩阵组成的集合 $(n\geqslant 2)$, 则 $\mathrm{SL}\,(n,\mathbb{R})$ 对于矩阵的乘法也构成非交换群. 这个群称为**特殊线性群**.

在上面两个例子中, 实数集合 $\mathbb{R}$ 换成有理数集合 $\mathbb{Q}$ 或复数集合 $\mathbb{C}$, 都可以得到矩阵群的例子, 即群 $\mathrm{GL}\,(n,\mathbb{Q})$ 和 $\mathrm{SL}\,(n,\mathbb{Q})$, 以及群 $\mathrm{GL}\,(n,\mathbb{C})$ 和 $\mathrm{SL}\,(n,\mathbb{C})$.

变换群中有一类重要的例子是欧氏空间中几何图形的对称组成的群. 精确地说, 设 T 是 n 维欧氏空间的一个子集, 则将 T 映成自身的正交变换的全体关于变换的乘法构成一个群 (请读者自行验证). 这个

群叫作 T 的对称群. 这里要解释两点: 一是 "将 T 映成自身" 指的是把 T 作为整体映到自身, 并不是把 T 的每个点都映到自己; 二是变换的乘法指的是变换作为映射的合成.

定义 2.1.2 设 T 是实平面上的正 $n(n \geqslant 3)$ 边形 (中心置于平面的原点), T 的对称群包含所有将 T 映为自身的正交变换, 称为 T 的**二面体群**, 记为 D_{2n} (这里 $2n$ 表示这个群是 $2n$ 阶的, 见命题 2.1.2).

命题 2.1.2 二面体群 D_{2n} 的阶是 $2n$.

证明 将实平面上的正 n 边形 T 的顶点集合记为 $\{1,2,\cdots,n\}$. 对于任意 $\sigma \in D_{2n}$, 可知 σ 由其在顶点集的取值唯一决定. 首先, $\sigma(1) \in \{1,\cdots,n\}$ 有 n 种可能. $\sigma(1)$ 确定后, 因为 $\sigma(2)$ 与 $\sigma(1)$ 相邻, $\sigma(2)$ 至多有两种可能. 边 $\sigma(1)\sigma(2)$ 确定后, 由于 $\sigma(3)$ 与 $\sigma(2)$ 相邻, 可推知此时 $\sigma(3)$ 唯一确定. 同理, $\sigma(4),\cdots,\sigma(n)$ 均唯一确定. 所以 $|D_{2n}| \leqslant 2n$.

另外, D_{2n} 显然包含 n 个旋转和 n 个反射 (沿 n 条不同的对称轴), 所以 $|D_{2n}| = 2n$. □

下面我们给出 D_{2n} 的一个代数表示. 若以 a 表示绕这个正 n 边形的中心沿逆时针方向旋转 $\dfrac{2\pi}{n}$ 的变换, 则 D_{2n} 中所有旋转构成的子集为

$$S = \{a^i \mid i = 0,1,\cdots,n-1\}.$$

再以 b 表示沿某一预先指定的对称轴 l 所做的反射变换, 令

$$F = \{ba^i \mid i = 0,1,\cdots,n-1\} \quad (\text{或 } F = \{a^ib \mid i = 0,1,\cdots,n-1\}),$$

由群对乘法的封闭性知 F 是 D_{2n} 的子集. 若 $i \neq j$, 则 $ba^i \neq ba^j$, 所以 $|F| = n$. 其次对于任意 $i \in \{0,1,\cdots,n-1\}$, 几何上易知 $ba^i \notin S$, 即 ba^i 不是旋转, 所以它必为反射. 这就证明了 F 恰包含 n 个反射. 于是有

$$\begin{aligned} D_{2n} &= \{e,a,a^2,\cdots,a^{n-1},b,ba,ba^2,\cdots,ba^{n-1}\} \\ &= \{e,a,a^2,\cdots,a^{n-1},b,ab,a^2b,\cdots,a^{n-1}b\}. \end{aligned} \tag{2.2}$$

图 2.1 是 $n=4$ 的情形, 变换 a 为把 A 变到 B, B 变到 C, C 变

到 D, 最后把 D 变到 A 的变换, b 是沿对称轴 $\ell = AC$ 的反射变换, 容易算出 ba, ba^2, ba^3 分别是沿对称轴 ℓ_3, ℓ_2, ℓ_1 的反射变换.

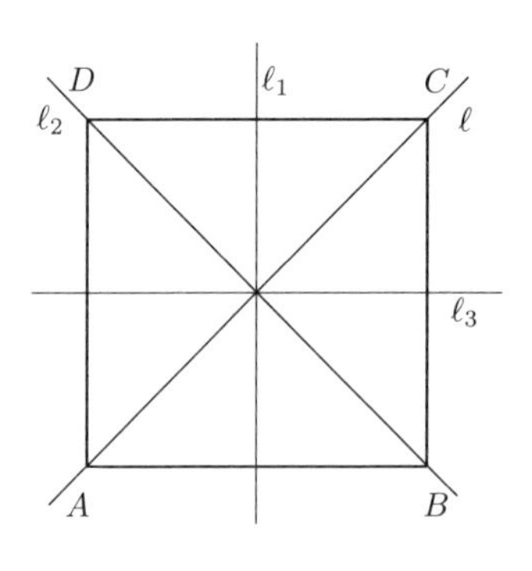

图 2.1

对于 $n = 4$ 的情形, 上例中的元素 a, b 满足关系 $a^4 = 1$ 和 $b^2 = 1$. 另外, 几何上还可验证得到关系式 $bab^{-1} = a^{-1}$. 事实上, 这三个运算关系就决定了二面体群 D_8 中的乘法运算. 详言之, 有两层含义: 其一, 由 a, b 两个元素做有限多次乘法可以得到群 D_8 的所有元素, 见式 (2.2). 这两个元素 a, b 叫作群 D_8 的生成元 (定义详见 §3.2), 记作 $D_8 = \langle a, b\rangle$. 其二, 由这三个关系可以得到群中的乘法规律: $b^j a^i \cdot b^s a^t = b^{j+s} a^{(-1)^s i+t}$ (请读者自己推导). 这三个关系称作群 D_8 的定义关系, 记作

$$D_8 = \langle a, b \,|\, a^4 = 1, b^2 = 1, bab^{-1} = a^{-1}\rangle. \tag{2.3}$$

对于一般的 n, 容易从几何上验证

$$a^n = 1, \quad b^2 = 1, \quad bab^{-1} = a^{-1}. \tag{2.4}$$

如同 $n = 4$ 的情形, 式 (2.4) 也称为 D_{2n} 的定义关系, 记作

$$D_{2n} = \langle a, b \,|\, a^n = 1, b^2 = 1, bab^{-1} = a^{-1}\rangle. \tag{2.5}$$

以上只是对二面体群的生成元、定义关系的一个说明, 如要给出严格定义, 需要自由群的知识, 本书略去. 现阶段我们只需要学会运用二面体群的定义关系来研究二面体群, 详细说明可见下一章的例 3.2.7.

最后我们介绍群的同构概念.

代数是研究运算的学科, 因此在研究群以及研究一般的代数系时, 我们关注的只是基础集合上的运算, 而对于集合的元素究竟由什么组成并不关心. 若两个群, 虽然其元素截然不同, 但其中运算的性质完全相同, 我们则认为这两个群是一样的.

例 2.1.8 考查平面上的正交矩阵:

$$\boldsymbol{A}=\begin{pmatrix}0 & -1\\ 1 & 0\end{pmatrix},\quad \boldsymbol{B}=\begin{pmatrix}0 & 1\\ 1 & 0\end{pmatrix},$$

则

$$\boldsymbol{A}^4=\boldsymbol{B}^2=\begin{pmatrix}1 & 0\\ 0 & 1\end{pmatrix},\quad \boldsymbol{BA}=\boldsymbol{A}^{-1}\boldsymbol{B},$$

且集合 $\{\boldsymbol{A}^i,\boldsymbol{BA}^i \mid i=0,1,2,3\}$ 在矩阵的乘法下组成一个 8 阶群 G (请读者自行验证成群).

我们说, 上面例子中的群 G 和式 (2.2) 给出的二面体群

$$D_8=\{a^i,ba^i \mid i=0,1,2,3\}$$

从运算角度看是一样的. 也就是说, 如果建立由 D_8 到 G 的映射

$$\begin{aligned}\varphi:\ & D_8\to G,\\ & b^ja^i\mapsto B^jA^i,\quad j=0,1;\ i=0,1,2,3,\end{aligned}$$

则满足: 若在 D_8 中有 $b^ja^i\cdot b^ta^s=b^\ell a^k$, 则在 G 中也有 $B^jA^i\cdot B^tA^s=B^\ell A^k$, 这对于任意 j,i,t,s 均成立.

事实上, 如果在实平面上取一个直角坐标系, 以坐标原点为中心画一个正方形, 则矩阵 $\boldsymbol{A}$ 对应的变换就是使正方形逆时针方向旋转 $\pi/2$, 而矩阵 $\boldsymbol{B}$ 对应的变换就相当于使正方形以过原点且与 x 轴正方向成 $\pi/4$ 角的直线为反射轴做反射变换.

我们有下面的定义:

定义 2.1.3 设 G 和 G_1 是群. 如果映射 $\varphi: G\to G_1$ 是双射, 并且保持群的运算, 即对于所有的 $a,b\in G$, 都有 $\varphi(ab)=\varphi(a)\varphi(b)$, 则称

φ 为由 G 到 G_1 的一个**群同构** (简称为**同构**), 并称群 G 与 G_1 **同构**, 记作 $G \cong G_1$. 若 $G = G_1$, 则称同构 φ 为群 G 的一个**自同构**.

群的同构是全体群组成的类上的等价关系 (请读者自己证明), 决定 n 阶群或某类具有一定性质的群有多少个同构类型这样的分类问题是代数学研究的中心问题. 在下一章中, 我们将解决一些小阶数群及一些比较简单的群的分类问题.

下面我们给出一些群同构的例子. 一个平凡的例子是群 G 的恒等映射, 称之为 G 的**平凡自同构**.

例 2.1.9 设 m 是一个正整数. 令 $m\mathbb{Z} = \{mk \mid k \in \mathbb{Z}\}$, 证明: $m\mathbb{Z}$ 关于数的加法构成加法交换群, 且 $(\mathbb{Z}, +) \cong (m\mathbb{Z}, +)$.

证明 请读者自行验证 $m\mathbb{Z}$ 关于数的加法构成加法交换群. 设

$$\begin{aligned} \varphi:\ & \mathbb{Z} \to m\mathbb{Z}, \\ & k \mapsto mk, \quad \forall k \in \mathbb{Z}. \end{aligned}$$

容易验证 φ 是 $\mathbb{Z} \to m\mathbb{Z}$ 的双射, 且

$$\varphi(k_1 + k_2) = (k_1 + k_2)m = k_1 m + k_2 m = \varphi(k_1) + \varphi(k_2),$$

所以 φ 是群 $(\mathbb{Z}, +)$ 到群 $(m\mathbb{Z}, +)$ 的同构映射, 因而

$$(\mathbb{Z}, +) \cong (m\mathbb{Z}, +). \qquad \square$$

例 2.1.10 令 $G = \{2^i \mid i \in \mathbb{Z}\}$, 证明: G 对于数的乘法构成一个群, 并且 $G \cong (\mathbb{Z}, +)$.

证明 首先, 因为两个 2 的整数次方幂相乘仍为 2 的整数次方幂, G 在数的乘法下是封闭的. 又显然数的乘法满足结合律, G 有单位元 1, 任意元素 2^n 有逆元 2^{-n}, 于是 G 对于数的乘法成为一个群. 令

$$\begin{aligned} \varphi:\ & \mathbb{Z} \to G, \\ & n \mapsto 2^n, \quad \forall n \in \mathbb{Z}, \end{aligned}$$

则 φ 是由 $\mathbb{Z}$ 到 G 的双射, 并且满足

$$\varphi(m + n) = 2^{m+n} = 2^m \cdot 2^n = \varphi(m)\varphi(n).$$

由定义 2.1.3, φ 是由 $(\mathbb{Z},+)$ 到 G 的群同构. □

这个例子中, 虽然群 $\mathbb{Z}$ 的运算是加法而群 G 的运算是乘法, 但并不妨碍两个群是同构的, 因为我们在代数学中研究的是运算的性质, 与运算是叫乘法还是叫加法没有关系. 两个群, 只要它们之间可以建立一个双射, 并且保持运算, 就是同构的, 在只研究运算时就可认为是一样的. 所以, 从抽象的角度来看, 两个同构的群没有区别.

特别的, 若有两个群 G, G', 且 $G \cong G'$, 则必有 $|G| = |G'|$; 若还有 G 是交换的, 则 G' 也是交换的.

历史的注 亚瑟 · 凯莱 (Arthur Cayley, 1821—1895) 是著名的数学家、英国纯粹数学的近代学派带头人. 他在群论上有两个贡献是值得称道的: 一是他首次提出抽象群的概念. 以前人们理解的群都是置换群. 二是他提出了凯莱定理, 说明抽象定义的群和置换群有相同的外延. 这两个工作都发表在下列论文中: Cayley. *On the theory of groups as depending on the symbolic equation* $\theta^n = 1$, Philosophical Magazine, 1854, 7 (42): 40–47.

亚瑟 · 凯莱

习　　题

2.1.1 证明: 所有形如 $\begin{pmatrix} a & b \\ 0 & a \end{pmatrix}$ $(a \neq 0, a, b$ 是复数) 的矩阵组成的集合对于矩阵的乘法构成群.

2.1.2 在整数集合 $\mathbb{Z}$ 上, 定义二元运算 "$\oplus$":

$$a \oplus b := a + b - 2, \quad \forall a, b \in \mathbb{Z}.$$

证明: $\mathbb{Z}$ 关于运算 $\oplus$ 是群.

2.1.3　在集合 $\mathbb{R}\times\mathbb{R}$ 上定义乘法:

$$(a,b)\cdot(c,d)=(ad+bc,bd).$$

问: $(\mathbb{R}\times\mathbb{R},\cdot)$ 是否为群?

2.1.4　设 G 为群, $\forall a,b\in G$, 证明: 方程 $ax=b$ 及 $ya=b$ 在 G 中有唯一解.

2.1.5　设 G 是群, $a_1,a_2,\cdots,a_n\in G$, 证明:

$$(a_1a_2\cdots a_n)^{-1}=a_n^{-1}\cdots a_2^{-1}a_1^{-1}.$$

2.1.6　设 G 是群, $a,b\in G$, 证明: $aba^{-1}=b\Longleftrightarrow ab=ba$.

2.1.7　设 G 是群, $a,b\in G$, 且 $aba^{-1}=b^n$, $n\in\mathbb{Z}$. 证明: 对于任意正整数 i, 有 $a^iba^{-i}=b^{n^i}$.

2.1.8　设 $(G,+)$ 是加法交换群, 证明: 如式 (2.1) 规定倍数, 则有如下倍数运算法则: $\forall a,b\in G,\forall n,m\in\mathbb{Z}$, 有

$$na+ma=(n+m)a;\quad m(na)=(mn)a;\quad n(a+b)=na+nb.$$

2.1.9　设 G 是群. 如果对于任意 $a,b\in G$, 都有 $(ab)^2=a^2b^2$, 证明: G 是交换群.

2.1.10　设群 G 的每个元素 a 都满足 $a^2=e$, 证明:

(1) $a=a^{-1}$; (2) G 是交换群.

2.1.11　设 $n\geqslant 3$, D_{2n} 是正 n 边形的二面体群, a 为逆时针旋转 $\dfrac{2\pi}{n}$ 的变换, b 为某一反射. 我们有定义关系

$$a^n=1,\quad b^2=1,\quad bab^{-1}=a^{-1}.\tag{$*$}$$

利用式 $(*)$ 证明:

(1) $a^{n-1}=a^{-1}$, $b=b^{-1}$;

(2) $ab\neq ba$, 所以 D_{2n} 不是交换群;

(3) 设 $i,j\in\{1,\cdots,n-1\}$, 则

$$(a^ib)a(a^ib)^{-1}=a^{-1},\quad (a^ib)(a^jb)=a^{i-j};$$

(4) 设 $i \in \{1, \cdots, n-1\}$, 则 $ba^ib^{-1} = a^{-i}$, 即 $ba^i = a^{-i}b$.

2.1.12 证明:

(1)$(\mathbb{Z}, +) \not\cong (\mathbb{Z}/n\mathbb{Z}, +)$;

(2) $D_6 \not\cong (\mathbb{Z}/6\mathbb{Z}, +)$;

(3) $\mu_4 \cong (\mathbb{Z}/4\mathbb{Z}, +)$;

(4) $\mu_4 \cong (\mathbb{Z}/5\mathbb{Z})^{\times}$.

2.1.13 证明: 群 G 为交换群当且仅当 $x \mapsto x^{-1}$ $(x \in G)$ 是同构映射.

§2.2 环

定义 2.2.1 如果一个非空集合 R 上定义了两个二元运算 "+" 和 "·" (分别称为加法和乘法), 满足:

(1) $(R, +)$ 构成交换群;

(2) **乘法结合律**: $(a \cdot b) \cdot c = a \cdot (b \cdot c)$, $\forall a, b, c \in R$;

(3) **乘法对加法的分配律**:

$$(a+b) \cdot c = a \cdot c + b \cdot c, \quad c \cdot (a+b) = c \cdot a + c \cdot b, \quad \forall a, b, c \in R,$$

则称 R 关于运算 "+" "·" 构成一个**环**, 记为 $(R; +, \cdot)$, 简记为 R. 环中的乘法运算符号 "·" 经常略去不写.

若环 R 中的运算满足**乘法交换律**: $a \cdot b = b \cdot a$, $\forall a, b \in R$, 则称 R 为**交换环**.

若环 R 中存在乘法单位元, 即存在 $1 \in R$, 使得对于任意 $a \in R$, 恒有

$$1 \cdot a = a \cdot 1 = a,$$

则称 R 为**有单位环**. 此时, 单位元唯一, 见例 1.2.1.

在环 R 中, 加法群 $(R, +)$ 的零元通常记为 0, 乘法单位元 (若存在) 通常记为 1. 元素 a 对加法的负元记作 $-a$, 因此派生出环的减法运算 $a - b := a + (-b)$.

如果一个环只有一个元素 (必为 0), 则称之为**零环**.

环中零元和负元关于乘法有如下简单性质:

命题 2.2.1 设 R 是环, 则 $\forall a, b \in R$, 有

(1) $0a = a0 = 0$;

(2) $(-a)b = a(-b) = -(ab)$;

(3) $-(-a) = a$;

(4) $(-a)(-b) = ab$.

证明 (1) $0a + 0a = (0+0)a = 0a = 0 + 0a$, 故 $0a = 0$. 同样可证 $a0 = 0$.

(2) $ab + (-a)b = (a + (-a))b = 0b = 0$, 故 $(-a)b = -(ab)$. 同样可证 $a(-b) = -(ab)$.

(3) 因为 $-a$ 是 a 的负元, 所以 a 也是 $-a$ 的负元, 即 $a = -(-a)$.

(4) 由 (2), 有 $(-a)(-b) = -(a(-b)) = -(-(ab)) = ab$. □

推论 2.2.1 设 R 是有单位环, 且不是零环, 则 $1 \neq 0$.

证明 因 R 不是零环, 故 R 至少有两个元素. 取 $x \in R, x \neq 0$. 则由命题 2.2.1 (1), 有 $0x = 0$. 由单位元的定义, 有 $1x = x$, 即 $0x \neq 1x$, 当然 $0 \neq 1$. □

在环的定义中, 对于乘法只要求它满足结合律, 并没有要求它有单位元和逆元. 即使对于有单位环, 我们也没要求每个元素都有逆元.

定义 2.2.2 假定 R 是有单位环, $a \in R$. 如果存在 $b \in R$, 使得 $ba = ab = 1$, 则称 b 为 a 的一个**逆元**, 而称 a 为**可逆元**.

同例 1.2.2 中证明可知, 如果 a 有逆元, 则逆元必唯一. a 的逆元记作 a^{-1}.

例 2.2.1 设 R 是有单位环, 令 $R^\times$ 表示 R 的所有可逆元组成的集合. 证明: $R^\times$ 对于环的乘法组成一个群.

证明 R 的单位元 1 一定是可逆元, 因此 $R^\times$ 是非空集合. 设 $a, b \in R^\times$, 则 $(ab)(b^{-1}a^{-1}) = (b^{-1}a^{-1})(ab) = 1$. 所以, $ab \in R^\times$ 是可逆元, 即 $R^\times$ 对 R 的乘法运算封闭. 这说明 R 的乘法的确是集合 $R^\times$ 上的二元运算. 再验证 $R^\times$ 对乘法满足群的 3 条运算法则 (请读者自行

验证). □

定义 2.2.3 设 R 是有单位环, 令 $R^\times$ 表示 R 的所有可逆元组成的集合. $R^\times$ 对于环的乘法组成一个群, 记为 $(R^\times, \cdot)$, 简记为 $R^\times$, 称为**环 R 的乘法单位群**.

利用环 R 的加法和乘法, 可以定义环中元素的倍数和方幂. 这些定义都与群中相应的定义类似, 即对于环 R 的元素 a 和任意 $n \in \mathbb{Z}^+$, 规定

$$\begin{aligned}
&na = \underbrace{a + a + \cdots + a}_{n \text{ 个}}, \\
&0a = 0 \text{ (等号左端的 0 是数, 等号右端的 0 是 } R \text{ 的零元)}, \\
&(-n)a = n(-a), \\
&a^n = \underbrace{a\, a\, \cdots\, a}_{n \text{ 个}}.
\end{aligned}$$

若 R 是有单位环, 则令

$$a^0 = 1.$$

又若 a 为可逆元, 则令

$$a^{-n} = (a^{-1})^n.$$

在这些记号下, 容易验证

$$\begin{gathered}
ma + na = (m+n)a, \\
a^m a^n = a^{m+n}, \\
(ma)(nb) = (mn)(ab),
\end{gathered}$$

其中 m, n 为任意整数, a, b 为环 R 的任意元素 (只要记号有意义).

设 R 为环. 应用分配律, 我们有下面的广义分配律:

(1) 设 $a, b_i \in R, (i = 1, \cdots, n)$, 则

$$a\left(\sum_{i=1}^n b_i\right) = \sum_{i=1}^n ab_i, \quad \left(\sum_{i=1}^n b_i\right) a = \sum_{i=1}^n b_i a;$$

(2) 设 $a_i, b_j \in R\ (i=1,\cdots,n; j=1,\cdots,m)$, 则

$$\left(\sum_{i=1}^{n} a_i\right)\left(\sum_{j=1}^{m} b_j\right) = \sum_{i=1}^{n}\sum_{j=1}^{m} a_i b_j.$$

下面我们看几个具体的环的例子.

例 2.2.2 (1) 整数集合 $\mathbb{Z}$ 和集合 $\{0\}$ 对于整数的加法和乘法构成有单位交换环. $\mathbb{Z}$ 的单位元是 1, 乘法单位群为 $\mathbb{Z}^\times = \{\pm 1\}$. 零环 $\{0\}$ 的单位元和零元都是 0.

(2) 设 $n \in \mathbb{Z}^+$, 整数集合 $\mathbb{Z}$ 的子集

$$n\mathbb{Z} = \{nk \mid k \in \mathbb{Z}\}$$

对于数的加法和乘法也构成交换环. 环 $n\mathbb{Z}\ (n>1)$ 没有单位元, 当然就谈不到可逆元了.

例 2.2.3 设 n 是一个正整数. 整数集合 $\mathbb{Z}$ 模 n 的剩余类集

$$\mathbb{Z}/n\mathbb{Z} = \{\overline{0}, \overline{1}, \cdots, \overline{n-1}\}$$

关于剩余类的加法和乘法构成有单位交换环, 称为**模 n 剩余类环**. 它的零元是 $\overline{0}$, 单位元是 $\overline{1}$, 乘法单位群是模 n 的简化剩余类集 $(\mathbb{Z}/n\mathbb{Z})^\times$ 构成的乘法群.

证明留作习题, 可参看例 2.1.4 以及后面的例 2.2.7.

环的另一个重要的例子是多项式环. 在 "高等代数" 课程中, 我们已经熟悉了数域 F 上的一元多项式环 $F[x]$. 更一般地, 我们可以定义有单位交换环 R 上的一元多项式环 $R[x]$.

例 2.2.4 设 R 是一个有单位交换环, x 是 R 上的一个不定元, 集合

$$R[x] = \{a_0 + a_1 x + \cdots + a_n x^n \mid a_i \in R, n \in \mathbb{Z}_{\geqslant 0}\}$$

是系数在 R 上的一元多项式的集合 (不定元的定义见 §4.3, 这里可先完全类似于我们已经熟悉的数域上的多项式来理解, 即 $a_0 + a_1 x + \cdots + a_n x^n = 0 \Longleftrightarrow a_i = 0, i = 0, \cdots, n$).

按通常多项式的加法和乘法规定 $R[x]$ 中的加法和乘法. 注意, 当 $m<n$ 时, 多项式

$$a_0+a_1x+\cdots+a_mx^m=a_0+a_1x+\cdots+a_mx^m+0x^{m+1}+\cdots+0x^n.$$

于是

$$\sum_{i=0}^{n}a_ix^i+\sum_{i=0}^{n}b_ix^i=\sum_{i=0}^{n}(a_i+b_i)x^i,$$
$$\sum_{i=0}^{n}a_ix^i\cdot\sum_{j=0}^{m}b_jx^j=\sum_{k=0}^{m+n}c_kx^k,$$

其中

$$c_k=a_0b_k+a_1b_{k-1}+\cdots+a_kb_0=\sum_{i+j=k}a_ib_j.$$

所以, $R[x]$ 关于这样规定的运算构成一个有单位交换环, 其中零元是 0 多项式, 单位元是常数多项式 1. 注意到可将 R 中元素 a 理解为常数多项式, 则 $R\subseteq R[x]$.

"高等代数" 课程中我们学过的数域上的全体矩阵也是环的重要的例子.

例 2.2.5 设 n 是一个正整数, 则全体 $n\times n$ 实矩阵集合 $M=M(n,\mathbb{R})$ 对于矩阵的加法和乘法构成一个环, 称为 $n\times n$ **实矩阵环** (简称**矩阵环**). 它对加法的零元是 n 阶零矩阵 $\boldsymbol{O}$, 对乘法有单位元, 即 n 阶单位矩阵 $\boldsymbol{E}$. 设 $\boldsymbol{A}\in M$, 则 $\boldsymbol{A}$ 是可逆元当且仅当 $\boldsymbol{A}$ 是可逆矩阵. 当 $n>1$ 时, 环 M 对乘法没有交换律.

在矩阵环中, 我们遇到过两个非零矩阵相乘可以为零矩阵的情况, 这就引出了所谓 "零因子" 的概念.

定义 2.2.4 设 $a\neq 0$ 为环 R 的元素, 如果存在 $b\in R\setminus\{0\}$, 使得 $ab=0$, 则称 a 是 R 中的一个**左零因子**; 如果存在 $c\in R\setminus\{0\}$, 使得 $ca=0$, 则称 a 是 R 中的一个**右零因子**. 如果 a 在 R 中既是左零因子, 又是右零因子, 则称 a 是 R 中的一个**零因子**.

在交换环中, 显然左、右零因子是同一概念, 它们都是零因子.

一些书籍把零元 0 也算作零因子, 我们在本书中不采取这种看法, 认为零因子都是非零元.

例 2.2.6 设 $M=M(2,\mathbb{R})$ 是 2×2 实矩阵环. 令

$$\boldsymbol{A}=\begin{pmatrix}0&1\\0&0\end{pmatrix},\quad \boldsymbol{B}=\begin{pmatrix}1&1\\0&0\end{pmatrix},\quad \boldsymbol{C}=\begin{pmatrix}0&1\\0&1\end{pmatrix},$$

则 $\boldsymbol{AB}=\boldsymbol{CA}=\boldsymbol{O}$, 即 $\boldsymbol{A}$ 是 M 的一个零因子.

事实上, 在矩阵环 $M=M(n,\mathbb{R})$ 中, 非零矩阵 $\boldsymbol{A}\in M$ 是零因子当且仅当 $\boldsymbol{A}$ 的行列式为 0. 它的证明留作习题.

例 2.2.7 模 m 剩余类环 $\mathbb{Z}/m\mathbb{Z}$ 的所有零因子组成的集合是

$$\{\bar{i}\neq\bar{0}\,|\,(i,m)>1,1\leqslant i<m\},$$

全体乘法可逆元组成的集合是

$$\{\bar{i}\neq\bar{0}\,|\,(i,m)=1,1\leqslant i<m\}.$$

证明 设 $\bar{i}\in\mathbb{Z}/m\mathbb{Z},\bar{i}\neq\bar{0}$, 则可设 $i\in\{1,\cdots,m-1\}$. 若 $(i,m)=1$, 由命题 1.3.4, $\bar{i}$ 是可逆元, 从而不是零因子 (见习题 2.2.6). 下设 $(i,m)=d>1$, 则 $1<\dfrac{m}{d}<m$, 所以 $\overline{\left(\dfrac{m}{d}\right)}\neq\bar{0}$. 又 $m\,\Big|\,i\cdot\dfrac{m}{d}$. 所以 $\bar{i}\cdot\overline{\left(\dfrac{m}{d}\right)}=\bar{0}$, 即 $\bar{i}$ 是零因子. 零因子当然不是可逆元. 这就证明了结论. □

一类非常重要的环是:

定义 2.2.5 没有零因子的、至少含有两个元素的有单位交换环称为**整环**

容易验证整数环 $\mathbb{Z}$ 是整环; 设 p 是素数, 由例 2.2.7 可知 $\mathbb{Z}/p\mathbb{Z}$ 是整环. 事实上, 由例 2.2.7, 我们有下面的推论:

推论 2.2.2 $\mathbb{Z}/n\mathbb{Z}$ 是整环的充要条件是 $n=p$ 为素数.

零因子的存在使得一般环中没有乘法消去律, 但我们有下面的命题:

命题 2.2.2 整环 R 中乘法消去律成立, 即若 $a,x,y\in R,a\neq 0$, $ax=ay$ 或 $xa=ya$, 则 $x=y$.

证明 以 $ax = ay$ 的情况为例进行证明. 因为

$$ax = ay \Longrightarrow ax - ay = 0 \Longrightarrow a(x - y) = 0,$$

又由于 R 是整环, 无零因子, 所以可推出 $x = y$. $\square$

习 题

2.2.1 设 R 是环, $n \in \mathbb{Z}^+$, $a, b \in R$ 且 $ab = ba$, 则

$$(a + b)^n = \sum_{k=0}^{n} \mathrm{C}_n^k a^k b^{n-k}.$$

2.2.2 设 R 是环, $a, b, c \in R$, 证明: $a(b - c) = ab - ac, (b - c)a = ba - ca$.

2.2.3 设 R 是有单位环, $a \in R$. 证明: a 可逆的充要条件是 $-a$ 可逆.

2.2.4 证明: $\mathbb{Q}, \mathbb{R}, \mathbb{C}$ 关于数的加法和乘法构成有单位交换环, 并计算它们的乘法单位群.

2.2.5 证明例 2.2.3.

2.2.6 设 R 是有单位环, $a \in R$ 是可逆元, 证明: a 不是左 (右) 零因子.

2.2.7 证明: 在矩阵环 $M = M(n, \mathbb{R})$ 中, 非零矩阵 $\boldsymbol{A} \in M$ 是零因子当且仅当 $\boldsymbol{A}$ 的行列式为 0.

2.2.8 如果把整数环 $\mathbb{Z}$ 中的加法和乘法的定义互换, 即对于 $a, b \in \mathbb{Z}$, 定义 $a \oplus b = ab$, $a \odot b = a + b$, 试问 $(\mathbb{Z}; \oplus, \odot)$ 是否构成环.

2.2.9 在集合 $S = \mathbb{Z} \times \mathbb{Z}$ 上定义

$$(a, b) + (c, d) = (a + c, b + d),$$
$$(a, b) \cdot (c, d) = (ac - bd, ad + bc).$$

证明: $(S; +, \cdot)$ 是有单位环.

2.2.10 设 R 是有单位交换环. 对于 $a,b\in R$, 定义

$$a\oplus b=a+b-1,$$

$$a\odot b=a+b-ab.$$

证明: $(R;\oplus,\odot)$ 是有单位交换环.

2.2.11 设 R 是环, $a\in R$, $a\neq 0$. 如果存在 $b\in R$, $b\neq 0$, 使得 $aba=0$, 证明: a 是 R 的一个左零因子或右零因子.

2.2.12 写出剩余类环 $\mathbb{Z}/12\mathbb{Z}$ 中所有的零因子和所有的乘法可逆元.

§2.3 体 和 域

定义 2.3.1 设 D 是含有至少两个元素的有单位环. 如果 D 的每个非零元都可逆, 则称 D 是一个**体** (或**除环**). 具有乘法交换律的体称为**域**.

定义 2.3.1 中要求 "至少有两个元素", 这等价于 "$1\neq 0$" (见推论 2.2.1).

换一种说法, 体和域都是非零有单位环. 对于乘法, 体的全体非零元构成群, 而域的全体非零元则构成交换群.

有理数域 $\mathbb{Q}$、实数域 $\mathbb{R}$、复数域 $\mathbb{C}$ 都是我们熟知的域. 除此之外, 我们再举几个域的例子.

例 2.3.1 令 $F=\{a+b\sqrt{3}\,|\,a,b\in\mathbb{Q}\}$ 是 $\mathbb{C}$ 中的一个子集, 则 F 关于复数的加法和乘法构成域. 这个域也被记作 $\mathbb{Q}[\sqrt{3}]$, 此符号的具体含义详见例 4.3.1.

证明 首先验证 F 对加法和乘法都是封闭的: 对于任意 $a,b,c,d\in\mathbb{Q}$, 有

$$(a+b\sqrt{3})+(c+d\sqrt{3})=(a+c)+(b+d)\sqrt{3}\in F, \tag{2.6}$$

$$(a+b\sqrt{3})(c+d\sqrt{3})=(ac+3bd)+(ad+bc)\sqrt{3}\in F. \tag{2.7}$$

所以, 复数的加法和乘法限制在 F 上仍是二元运算. 显然, F 中加法结合律、交换律, 乘法交换律、结合律以及加法和乘法间的分配律都自然

成立. 且 $0,1 \in F$, $-(a+b\sqrt{3}) = -a+(-b)\sqrt{3} \in F$. 当有理数 a,b 不全为 0 时, 可验证 $a^2-3b^2 \neq 0$, 于是

$$\frac{1}{a+b\sqrt{3}} = \frac{a-b\sqrt{3}}{a^2-3b^2},$$

令 $c = \dfrac{a}{a^2-3b^2} \in \mathbb{Q}$, $d = \dfrac{-b}{a^2-3b^2} \in \mathbb{Q}$, 则

$$\frac{1}{a+b\sqrt{3}} = c+d\sqrt{3} \in F.$$

所以, F 是一个域. □

类似地, 设 d 是一个无平方因子的整数, 定义复数域的子集

$$\mathbb{Q}[\sqrt{d}] = \{a+b\sqrt{d} \mid a,b \in \mathbb{Q}\}.$$

同上例一样, 我们可证明 $\mathbb{Q}[\sqrt{d}]$ 是一个域.

由习题 2.2.6, 域一定是整环; 反之不对, 例如整数环 $\mathbb{Z}$ 是整环, 但不是域. 但我们有下面的命题:

命题 2.3.1 有限整环是域.

证明 设 R 为有限整环. 任取 $0 \neq a \in R$, 定义映射

$$L_a:\ R \to R,$$
$$x \mapsto ax, \quad \forall x \in R.$$

若 $ax_1 = ax_2$, 由于整环存在乘法消去律, 我们有 $x_1 = x_2$. 这说明映射 L_a 是单射. 又由命题 1.1.3 及 R 的有限性可推出 L_a 也是满射. 所以, 存在 $x_0 \in R$, 使得 $ax_0 = x_0a = 1$, 即 a 是乘法可逆元. 这就证明了 R 的每个非零元都可逆, 所以 R 是域. □

由命题 2.3.1、推论 2.2.2, 我们有下面这个重要的例子:

例 2.3.2 $\mathbb{Z}/m\mathbb{Z}$ 是域的充要条件是 $m = p$, p 是素数.

令 $F = \mathbb{Z}/p\mathbb{Z}$, 则 F 对于剩余类的加法和乘法构成一个仅含 p 个元素的有限域. 这是有限域的最简单的例子. 为了纪念它的发现者, 这个有限域叫作伽罗瓦 (Galois) 域, 记作 $GF(p)$ 或 $\mathbb{F}_p$.

最后介绍一个体的例子, 即著名的哈密顿 (Hamilton) 四元数体, 以 $\mathbb{H}$ 表示. 具体地,

$$\mathbb{H}=\left\{\begin{pmatrix}\alpha & \beta\\ -\overline{\beta} & \overline{\alpha}\end{pmatrix}\middle|\,\alpha,\beta\in\mathbb{C}\right\},$$

其中 $\overline{x}$ 表示 x 的复共轭.

为了证明 $\mathbb{H}$ 为一个体, 只需验证下列各点 (细节留给读者):

(1) 矩阵的加法和乘法确为 $\mathbb{H}$ 的运算:

对于任意 $\begin{pmatrix}\alpha & \beta\\ -\overline{\beta} & \overline{\alpha}\end{pmatrix},\begin{pmatrix}\gamma & \delta\\ -\overline{\delta} & \overline{\gamma}\end{pmatrix}\in\mathbb{H}$, 有

$$\begin{pmatrix}\alpha & \beta\\ -\overline{\beta} & \overline{\alpha}\end{pmatrix}+\begin{pmatrix}\gamma & \delta\\ -\overline{\delta} & \overline{\gamma}\end{pmatrix}=\begin{pmatrix}\alpha+\gamma & \beta+\delta\\ -(\overline{\beta+\delta}) & \overline{\alpha+\gamma}\end{pmatrix}\in\mathbb{H},$$

$$\begin{pmatrix}\alpha & \beta\\ -\overline{\beta} & \overline{\alpha}\end{pmatrix}\begin{pmatrix}\gamma & \delta\\ -\overline{\delta} & \overline{\gamma}\end{pmatrix}=\begin{pmatrix}\alpha\gamma-\beta\overline{\delta} & \alpha\delta+\beta\overline{\gamma}\\ -\overline{(\alpha\delta+\beta\overline{\gamma})} & \overline{(\alpha\gamma-\beta\overline{\delta})}\end{pmatrix}\in\mathbb{H},$$

即这两个元素的和和积仍在 $\mathbb{H}$ 中. 因此, 矩阵的加法和乘法限制在 $\mathbb{H}$ 上是二元运算.

(2) $\mathbb{H}$ 非空, 且矩阵的加法和乘法满足环的运算规律, 因此 $\mathbb{H}$ 对于矩阵的加法和乘法构成一个环.

(3) $\mathbb{H}$ 含有零矩阵 $\boldsymbol{O}$ 和单位矩阵 $\boldsymbol{E}$, 因此它是至少有两个元素的有单位环.

(4) 对 $\mathbb{H}$ 中任一非零元 $\begin{pmatrix}\alpha & \beta\\ -\overline{\beta} & \overline{\alpha}\end{pmatrix}$, 其行列式为 $\alpha\overline{\alpha}+\beta\overline{\beta}=|\alpha|^2+|\beta|^2\neq 0$, 所以该矩阵可逆. 它的逆矩阵为

$$\frac{1}{|\alpha|^2+|\beta|^2}\begin{pmatrix}\overline{\alpha} & -\beta\\ \overline{\beta} & \alpha\end{pmatrix},$$

即为环中的逆元.

(5) $\mathbb{H}$ 中不满足乘法的交换律, 例如

$$\begin{pmatrix} 0 & \mathrm{i} \\ \mathrm{i} & 0 \end{pmatrix} = \begin{pmatrix} \mathrm{i} & 0 \\ 0 & -\mathrm{i} \end{pmatrix}\begin{pmatrix} 0 & 1 \\ -1 & 0 \end{pmatrix} \neq \begin{pmatrix} 0 & 1 \\ -1 & 0 \end{pmatrix}\begin{pmatrix} \mathrm{i} & 0 \\ 0 & -\mathrm{i} \end{pmatrix}$$
$$= \begin{pmatrix} 0 & -\mathrm{i} \\ -\mathrm{i} & 0 \end{pmatrix}.$$

这样, 我们就证明了 $\mathbb{H}$ 是一个体.

如果令

$$\boldsymbol{E} = \begin{pmatrix} 1 & 0 \\ 0 & 1 \end{pmatrix}, \quad \boldsymbol{I} = \begin{pmatrix} \mathrm{i} & 0 \\ 0 & -\mathrm{i} \end{pmatrix},$$
$$\boldsymbol{J} = \begin{pmatrix} 0 & 1 \\ -1 & 0 \end{pmatrix}, \quad \boldsymbol{K} = \begin{pmatrix} 0 & \mathrm{i} \\ \mathrm{i} & 0 \end{pmatrix},$$

再令 $\alpha = a + b\mathrm{i}$, $\beta = c + d\mathrm{i}$, 其中 $a, b, c, d \in \mathbb{R}$, 则 $\mathbb{H}$ 中的一般元素

$$\begin{pmatrix} \alpha & \beta \\ -\overline{\beta} & \overline{\alpha} \end{pmatrix} = a\boldsymbol{E} + b\boldsymbol{I} + c\boldsymbol{J} + d\boldsymbol{K}.$$

所以

$$\mathbb{H} = \{a\boldsymbol{E} + b\boldsymbol{I} + c\boldsymbol{J} + d\boldsymbol{K} \mid a, b, c, d \in \mathbb{R}\}.$$

可验证 $\mathbb{H}$ 是实数域上以 $\boldsymbol{E}, \boldsymbol{I}, \boldsymbol{J}, \boldsymbol{K}$ 为基的四维线性空间, $\boldsymbol{I}, \boldsymbol{J}, \boldsymbol{K}$ 满足以下的运算规律:

$$\boldsymbol{I}^2 = \boldsymbol{J}^2 = \boldsymbol{K}^2 = -\boldsymbol{E}, \quad \boldsymbol{IJ} = \boldsymbol{K} = -\boldsymbol{JI},$$
$$\boldsymbol{JK} = \boldsymbol{I} = -\boldsymbol{KJ}, \quad \boldsymbol{KI} = \boldsymbol{J} = -\boldsymbol{IK}.$$

由此我们有如下例子:

例 2.3.3 令 $Q_8 = \{\pm\boldsymbol{E}, \pm\boldsymbol{I}, \pm\boldsymbol{J}, \pm\boldsymbol{K}\}$, 则 Q_8 对于矩阵的乘法构成一个群, 叫作**四元数群**, 它的阶为 $|Q_8| = 8$.

哈密顿

历史的注 哈密顿 (William Rowan Hamilton) 是英国数学家、物理学家、力学家, 1805 年 8 月 4 日生于爱尔兰都柏林, 1865 年 9 月 2 日卒于都柏林. 他对代数学的主要贡献是发现了"四元数". 根据哈密顿自己的回忆, 在 1843 年 10 月 16 日, 他与其妻子散步. 就在他们走到布鲁厄姆桥 (Brougham Bridge) 时, 一个念头灵光乍现, 一下子突破了他多年来苦苦思考而得不到突破的"三元数"问题,"四元数"概念由此建立, 他赶忙把自己的想法刻在了石桥柱上. 但后人一直寻找这个著名的桥柱而无果. 一些"发现"很有可能是后人伪造的.

哈密顿"四元数"的重要性在于它突破了"数"的乘法必须有交换律的限制, 使人们开阔了视野. 由于这种观念上的改变才使得抽象代数系统的理论得到了长足的进步. 此后的十多年, 他一直致力于"四元数"的研究, 得到了不少应用. 但"四元数"后期的研究成果和发现"四元数"而引起人们观念的改变相比, 前者对数学的贡献远远小于后者.

习 题

2.3.1 设 d 是一个无平方因子的整数, 定义复数域的子集

$$\mathbb{Q}[\sqrt{d}] = \{a + b\sqrt{d} \mid a, b \in \mathbb{Q}\},$$

证明: $\mathbb{Q}[\sqrt{d}]$ 是一个域.

2.3.2 验证例 2.3.3.

第 3 章　群

§3.1　对　称　群

我们首先讲述一类重要的群, 即由置换组成的群. 我们先来复习一下在 "高等代数" 课程中学过的关于置换的知识.

设 M 是含有 n 个元素的集合. 集合 M 到自身的一个双射, 即一一映射, 叫作集合 M 的一个 n **元置换**. 不失一般性, 我们可以假定 $M=\{1,2,\cdots,n\}$. 例 2.1.5 告诉我们, M 的所有置换组成的集合关于置换的乘法 (即映射的合成) 构成一个群, 叫作 n **元对称群**, 记为 S_n.

任一 n 元置换 σ 可以用列表的方法表示: 如果 $\sigma(k)=i_k$ $(k=1,2,\cdots,n)$, 则记

$$\sigma=\begin{pmatrix}1 & 2 & \cdots & n\\ i_1 & i_2 & \cdots & i_n\end{pmatrix}.$$

由于 σ 是双射, 所以 $i_1,i_2,\cdots,i_n$ 是 $1,2,\cdots,n$ 的一个排列. 显然, $1,2,\cdots,n$ 的任一排列 $j_1,j_2,\cdots,j_n$ 都给出一个置换, 且不同的排列给出不同的置换, 因此共有 $n!$ 个不同的 n 元置换, 即 $|S_n|=n!$.

例 3.1.1　(1) 设 $\sigma,\tau\in S_4$, 其中

$$\sigma=\begin{pmatrix}1 & 2 & 3 & 4\\ 4 & 3 & 2 & 1\end{pmatrix},\quad \tau=\begin{pmatrix}1 & 2 & 3 & 4\\ 2 & 3 & 4 & 1\end{pmatrix},$$

则容易计算得到

$$\tau^{-1}=\begin{pmatrix}2 & 3 & 4 & 1\\ 1 & 2 & 3 & 4\end{pmatrix},\quad \tau\sigma=\begin{pmatrix}1 & 2 & 3 & 4\\ 1 & 4 & 3 & 2\end{pmatrix},\quad \sigma\tau=\begin{pmatrix}1 & 2 & 3 & 4\\ 3 & 2 & 1 & 4\end{pmatrix}.$$

注意, 本书中置换的乘法是由右向左进行的. 上例说明 S_4 不是交换群.

(2) 设 $\tau = \begin{pmatrix} 1 & 2 & \cdots & n \\ i_1 & i_2 & \cdots & i_n \end{pmatrix} \in S_n$, 并设 $\sigma \in S_n$, 证明:

$$\sigma\tau\sigma^{-1} = \begin{pmatrix} \sigma(1) & \sigma(2) & \cdots & \sigma(n) \\ \sigma(i_1) & \sigma(i_2) & \cdots & \sigma(i_n) \end{pmatrix}.$$

证明　因为 σ 是双射, $\sigma(1), \sigma(2), \cdots, \sigma(n)$ 也是 $1, 2, \cdots, n$ 的一个排列. 对于任意 $k \in \{1, 2, \cdots, n\}$, 计算得到

$$\sigma\tau\sigma^{-1}(\sigma(k)) = \sigma\tau(k) = \sigma(i_k). \qquad \square$$

有更方便的办法来表示置换. 我们先考虑一类特殊的置换:

设 $\sigma \in S_n$, $i_1, i_2, \cdots, i_s \in \{1, 2, \cdots, n\}$. 如果 $\sigma(i_1) = i_2$, $\sigma(i_2) = i_3$, $\cdots$, $\sigma(i_{s-1}) = i_s$, $\sigma(i_s) = i_1$, 且 $i_1, i_2, \cdots, i_s$ 之外的元素在 σ 下都保持不变, 则称 σ 为 $i_1, i_2, \cdots, i_s$ 的**轮换**, 记为 $(i_1 i_2 \cdots i_s)$. 这里 s 称为轮换 σ 的**长度**. 长度为 2 的轮换称为**对换**. 而长度为 1 的轮换 (i), 把 i 保持不动, 同时也把所有其余元素保持不动, 它就是恒等变换, 称为**恒等置换**, 通常也记为 (1).

任一 s 长轮换 (长度为 s 的轮换) 有 s 种表示方法, 比如 s 长轮换 $(1\ 2\ 3 \cdots\ s-1\ s)$, 也可表成 $(2\ 3 \cdots\ s-1\ s\ 1)$, $(3 \cdots\ s-1\ s\ 1\ 2), \cdots$, 或 $(s\ 1\ 2\ 3 \cdots\ s-1)$. 由此利用排列组合的知识易知 S_n 中 s 长轮换的个数为

$$\frac{n(n-1)\cdots(n-s+1)}{s}.$$

两个轮换 $(i_1 i_2 \cdots i_s)$ 和 $(j_1 j_2 \cdots j_t)$, 如果 $i_k \neq j_l$ $(\forall 1 \leqslant k \leqslant s,\ 1 \leqslant l \leqslant t)$, 则称这两个轮换为**不相交的**. 显然, 不相交的轮换的乘积满足交换律, 即如果 $\sigma = (i_1 i_2 \cdots i_s)$ 和 $\tau = (j_1 j_2 \cdots j_t)$ 为不相交的轮换, 则 $\tau\sigma = \sigma\tau$.

例 3.1.2　(1) 设 $\sigma = (i_1 i_2 \cdots i_s) \in S_n$, 证明: $\sigma^{-1} = (i_s i_{s-1} \cdots i_1)$ 也为 s 长轮换. 再设 $\tau \in S_n$, 证明:

$$\tau(i_1 i_2 \cdots i_s)\tau^{-1} = (\tau(i_1)\tau(i_2)\cdots\tau(i_s))$$

也为 s 长轮换.

(2) 设 $\sigma_1=(12)(345), \sigma_2=(472)(18)\in S_8$, 求一个置换 $\tau\in S_8$, 使得 $\tau\sigma_1\tau^{-1}=\sigma_2$.

(3) $S_n(n\geqslant 3)$ 不是交换群.

证明 (1) 我们只证 $\tau(i_1\ i_2\ \cdots\ i_s)\tau^{-1}=(\tau(i_1)\ \tau(i_2)\ \cdots\ \tau(i_s))$. 容易验证置换 $\tau(i_1\ i_2\ \cdots\ i_s)\tau^{-1}$ 将 $\tau(i_1)$ 映到 $\tau(i_2)$, $\tau(i_2)$ 映到 $\tau(i_3),\cdots$, $\tau(i_s)$ 映到 $\tau(i_1)$, 而 $\{\tau(i_1),\cdots,\tau(i_s)\}$ 以外的都固定不动, 故由轮换的定义得到

$$\tau(i_1\ i_2\ \cdots\ i_s)\tau^{-1}=(\tau(i_1)\ \tau(i_2)\ \cdots\ \tau(i_s)).$$

(2) 由题设有

$$\sigma_1=(12)(345)(6)(7)(8),\quad \sigma_2=(18)(472)(3)(6)(5).$$

由 (1) 得

$$\begin{aligned}\tau\sigma_1\tau^{-1}&=\tau(12)\tau^{-1}\tau(345)\tau^{-1}\tau(6)\tau^{-1}\tau(7)\tau^{-1}\tau(8)\tau^{-1},\\&=(\tau(1)\tau(2))(\tau(3)\tau(4)\tau(5))(\tau(6))(\tau(7))(\tau(8)).\end{aligned}$$

于是, 可令

$$\tau=\begin{pmatrix}1&2&3&4&5&6&7&8\\1&8&4&7&2&3&6&5\end{pmatrix}\in S_8,$$

则 τ 满足要求. 显然, 这样的 τ 不唯一.

(3) 设 $\sigma=(12), \tau=(13)\in S_n$, 计算得 $\sigma\tau=(132), \tau\sigma=(123)$, 即有 $\sigma\tau\neq\tau\sigma$, 所以 $S_n(n\geqslant 3)$ 不是交换群. □

命题 3.1.1 设整数 $n\geqslant 2$, 对称群 S_n 中任意置换都可以 (在不计顺序的意义下) 唯一地分解为不相交轮换的乘积.

证明 先证分解的存在性.

对 n 做数学归纳法. 当 $n=2$ 时, $S_2=\{(1),(12)\}$, 其任意元素的分解存在性成立. 下设 $n\geqslant 3$, 且当 $m<n$ 时, 对称群 S_m 中任意置换都可以分解为不相交轮换的乘积.

设 $\sigma\in S_n$. $\forall i_1\in\{1,2,\cdots,n\}$, 考虑 $\{i_1,\sigma(i_1),\sigma^2(i_1),\cdots\}$. 通俗地说, 即考虑 i_1 在 σ 连续作用下得到的全体点组成的集合. 由于 n 有

限, 故必存在 $0 \leqslant s_1 < s_2$, 使得 $\sigma^{s_1}(i_1) = \sigma^{s_2}(i_1)$, 即有 $\sigma^{s_2-s_1}(i_1) = i_1$. 令 s 为满足 $\sigma^s(i_1) = i_1$ 的最小正整数, 则 $s \geqslant 1$ (注: 若 $s = 1$, 即说明 σ 保持 i_1 不动). 又, 若 $\sigma^{t_1}(i_1) = \sigma^{t_2}(i_1)$, 其中 $0 \leqslant t_1 < t_2 \leqslant s-1$, 则 $\sigma^{t_2-t_1}(i_1) = i_1$, 而 $t_2 - t_1 < s$ 与 s 的选取矛盾, 于是 i_1 在 σ 连续作用下得到的全体不同点组成的集合为

$$\Delta = \{i_1, \sigma(i_1), \cdots, \sigma^{s-1}(i_1)\},$$

且 $|\Delta| = s$. σ 限制在 Δ 上是一个 s 长轮换 $\tau_1 := (i_1\ \sigma(i_1) \cdots \sigma^{s-1}(i_1))$. 而 σ 限制在子集 $M_1 := \{1, 2, \cdots, n\} \setminus \Delta$ 上是 M_1 的一个双射, 即 $\sigma|_{M_1}$ 为一个 $n-s$ 元置换. 由归纳假设, $\sigma|_{M_1}$ 可分解为 M_1 上不相交的轮换 $\tau_2, \cdots, \tau_l$ 的乘积. 于是, $\sigma = \tau_1\tau_2\cdots\tau_l$ 可分解为不相交轮换的乘积. 分解的存在性得证.

下证这样的分解是唯一的. 由分解存在性的证明可知, 置换 σ 的每个不相交轮换的乘积分解式中, 每个轮换都是置换 σ 连续作用在其中某个点上得到的全部点上的变换, 所以这个分解式是由置换的作用唯一决定的. 又由于不相交轮换的乘法可交换, 我们得到此分解在不计顺序的意义下是唯一的. □

上述命题中唯一性的证明还可参阅例 3.9.2 后面的注.

例 3.1.3 设

$$\sigma = \begin{pmatrix} 1 & 2 & 3 & 4 & 5 & 6 & 7 \\ 1 & 6 & 3 & 7 & 2 & 4 & 5 \end{pmatrix} \in S_7,$$

将其表示成不相交轮换的乘积.

解 $\sigma = (1)(26475) = (47526)$ (注意到长度为 1 的轮换可略去不写). □

设 $\sigma \in S_n$, 将 σ 唯一表示成 r 个不相交轮换 (含所有长度为 1 的轮换) 的乘积, 并设 $n_1 \geqslant n_2 \geqslant \cdots \geqslant n_r$ 是这 r 个轮换的长度, 则称 $(n_1, n_2, \cdots, n_r)$ 是 σ 的**轮形**, 有 $n_1 + \cdots + n_r = n$. 例如, 在 S_7 中,

$$(143)(25) = (143)(25)(6)(7)$$

的轮形为 $(3,2,1,1)$. 另外, 我们有 S_n 中置换的所有可能的轮形一一对应于

$$n = n_1 + \cdots + n_r, \quad n_1 \geqslant n_2 \geqslant \cdots \geqslant n_r \geqslant 1$$

的分解. 由排列组合的技巧, 容易算出轮形为 $(n_1, n_2, \cdots, n_r)$ 的 n 元置换的个数, 见习题 3.1.6.

例 3.1.4 写出 S_3, S_4 的所有元素.

解 $n=3$ 时, 有分解

$$3 = 1+1+1, \quad 3 = 2+1, \quad 3 = 3.$$

计算得: 轮形为 $(1,1,1)$ 的为恒等置换 (1); 轮形为 $(2,1)$ 的置换有 $(12), (13), (23)$; 轮形为 (3) 的置换有 $(123), (132)$. 所以

$$S_3 = \{(1), (12), (13), (23), (123), (132)\},$$

共 6 个元素.

$n=4$ 时, 有分解

$$4 = 1+1+1+1, \quad 4 = 2+2, \quad 4 = 2+1+1, \quad 4 = 3+1, \quad 4 = 4.$$

轮形为 $(1,1,1,1)$ 的为恒等置换 (1); 轮形为 $(2,2)$ 的置换共有 $\dfrac{(4\cdot 3)(2\cdot 1)}{2\cdot 2\cdot 2} = 3$ 个, 即

$$(12)(34), \quad (13)(24), \quad (14)(23);$$

轮形为 $(2,1,1)$ 的置换共有 $\dfrac{4\cdot 3}{2} = 6$ 个, 即

$$(12), \quad (13), \quad (14), \quad (23), \quad (24), \quad (34);$$

轮形为 $(3,1)$ 的置换共有 $\dfrac{4\cdot 3\cdot 2}{3} = 8$ 个, 即

$$(123), \quad (132), \quad (124), \quad (142), \quad (134), \quad (143), \quad (234), \quad (243);$$

轮形为 (4) 的置换共有 $\dfrac{4\cdot 3\cdot 2\cdot 1}{4} = 6$ 个, 即

$$(1234),\quad (1432),\quad (1324),\quad (1423),\quad (2134),\quad (2431).$$

得到全部 $|S_4| = 4! = 24$ 个元素. □

命题 3.1.2 任一置换可以分解为对换的乘积.

证明 只要证明任一轮换可以分解为对换的乘积. 事实上, 不难验证

$$(i_1 i_2 \cdots i_s) = (i_1 i_s)(i_1 i_{s-1}) \cdots (i_1 i_3)(i_1 i_2). \tag{3.1}$$

□

命题 3.1.3 每个置换表示成对换乘积时, 其对换个数的奇偶性是一定的, 即不因表示方法的不同而改变奇偶性.

证明 考虑 n 个文字 $a_1, a_2, \cdots, a_n$ 的函数

$$\begin{aligned} F(a_1, \cdots, a_n) &= \prod_{1 \leqslant i < j \leqslant n} (a_i - a_j), \\ &= (a_{n-1} - a_n)(a_{n-2} - a_n)(a_{n-2} - a_{n-1}) \\ &\quad \cdots (a_1 - a_n) \cdots (a_1 - a_3)(a_1 - a_2). \end{aligned}$$

设 σ 是 S_n 的一个置换, 定义

$$\sigma(F) := \prod_{1 \leqslant i < j \leqslant n} (a_{\sigma(i)} - a_{\sigma(j)}).$$

我们来证明当 σ 是一个对换时,

$$\sigma(F) = -F.$$

对每一个对换 (kl), 这里设 $k < l$, 由于

$$\begin{aligned} &F(a_1, \cdots, a_n) = (a_k - a_l) \\ &\cdot \left[\prod_{i<k} (a_i - a_k)(a_i - a_l) \prod_{k<j<l} (a_k - a_j)(a_j - a_l) \prod_{l<r} (a_l - a_r)(a_k - a_r) \right] f, \end{aligned}$$

这里 f 是 $F(a_1, \cdots, a_n)$ 中所有不含 a_k, a_l 的展开项的乘积. 于是

$$\begin{aligned} &(kl)(F) = (a_l - a_k) \\ &\cdot \left[\prod_{i<k} (a_i - a_l)(a_i - a_k) \prod_{k<j<l} (a_l - a_j)(a_j - a_k) \prod_{l<r} (a_k - a_r)(a_l - a_r) \right] f \\ &= -F. \end{aligned}$$

若 σ 分解成 m 个对换的乘积, 则

$$\sigma(F) = (-1)^m F.$$

由于 $\sigma(F)$ 是确定的, 所以 $(-1)^m$ 也是确定的, 即 m 的奇偶性是确定的. □

如果一个置换可以表示成偶数个对换的乘积, 则称它为**偶置换**; 如果一个置换可以表示成奇数个对换的乘积, 则称它为**奇置换**.

对称群 S_n 中共有 $n!$ 个不同的置换, 其中奇、偶置换各占一半 (见习题 3.1.12). 容易验证 S_n 中所有偶置换组成的集合关于置换的乘法也构成一个群, 叫作**交错群**, 记为 A_n, $|A_n| = \dfrac{n!}{2}$.

例 3.1.5 (1) 如果 s 是偶数, 则 s 长轮换是奇置换; 如果 s 是奇数, 则 s 长轮换是偶置换 (由命题 3.1.2 立得).

(2) 偶置换乘以偶置换还是偶置换, 奇置换乘以奇置换是偶置换, 奇置换乘以偶置换是奇置换. 偶 (奇) 置换的逆还是偶 (奇) 置换 (直接由奇、偶置换的定义得到).

(3) 写出 A_3, A_4 的所有元素. 在例 3.1.4 中, 对每个元素计算奇偶性, 可得

$$\begin{aligned}
&A_3 = \{(123), (132), (1)\},\\
&A_4 = \{(1), (12)(34), (14)(23), (13)(24), (123),\\
&\qquad (132), (124), (142), (134), (143), (234), (243)\}.
\end{aligned}$$

习　　题

3.1.1 (1) 将 S_8 中下列置换分解为不相交的轮换之积, 并指出其奇偶性:

$$\sigma = \begin{pmatrix} 1 & 2 & 3 & 4 & 5 & 6 & 7 & 8 \\ 7 & 1 & 2 & 4 & 8 & 6 & 3 & 5 \end{pmatrix},$$

$$\tau = \begin{pmatrix} 1 & 2 & 3 & 4 & 5 & 6 & 7 & 8 \\ 3 & 2 & 5 & 1 & 4 & 8 & 6 & 7 \end{pmatrix}.$$

(2) 将 $\sigma^{-1},\tau^{-1},\sigma\tau,\tau\sigma,\sigma\tau\sigma^{-1},\tau\sigma\tau^{-1}$ 也表示成不相交轮换的乘积, 并说明它们的奇偶性.

3.1.2 设 $\sigma=(14235)(1345)\in S_5$, 将 σ,σ^{-1} 表示成不相交轮换的乘积及对换的乘积, 并判断 σ,σ^{-1} 的奇偶性.

3.1.3 (1) 令 $\sigma=(147)(789)(392)(356)(39)\in S_9$, 把 σ 分解成不相交轮换的乘积, 并判断其奇偶性;

(2) 令 $\sigma=(1293)(24)(67985)(47)\in S_9$, 把 σ 分解成不相交轮换的乘积, 并判断其奇偶性.

3.1.4 设 $\sigma=(123)(45)\in S_5$, 求 $\sigma^2,\sigma^3,\sigma^4,\sigma^5,\sigma^6$.

3.1.5 证明:

(1) S_n 中 s 长轮换的个数为 $\dfrac{n(n-1)\cdots(n-s+1)}{s}$;

(2) $S_n(n\geqslant 4)$ 中表示成不相交轮换的乘积后形如 $(**)(**)$ 的元素 (即表示为两个不相交对换的乘积) 个数为 $\dfrac{n(n-1)(n-2)(n-3)}{8}$.

3.1.6 设 $m_1>m_2>\cdots>m_s\geqslant 1$, $k_1,\cdots,k_s\geqslant 1$, 且 $k_1m_1+k_2m_2+\cdots+k_sm_s=n$, 证明: 轮形为

$$(\underbrace{m_1,\cdots,m_1}_{k_1\text{个}},\underbrace{m_2,\cdots,m_2}_{k_2\text{个}},\cdots,\underbrace{m_s,\cdots,m_s}_{k_s\text{个}})$$

的 n 元置换的总个数为

$$\frac{n!}{m_1^{k_1}(k_1!)m_2^{k_2}(k_2!)\cdots m_s^{k_s}(k_s!)}.$$

3.1.7 设置换 $\sigma,\tau\in S_5$, 根据所给的 σ,τ, 计算 $\tau\sigma\tau^{-1},\sigma\tau\sigma^{-1}$:

(1) $\sigma=(135)(25)$, $\tau=(25)(34)$;

(2) $\sigma=(1352)$, $\tau=(13)$;

(3) $\sigma=(1352),\tau=(231)$.

3.1.8 设置换 $\sigma,\tau\in S_9$. 根据下面所给的 σ,τ, 求两个非平凡置换 $\alpha_i\in S_9, i=1,2$, 使得 $\alpha_i\sigma\alpha_i^{-1}=\tau$:

(1) $\sigma=(159),\tau=(159)$;

(2) $\sigma=(159),\tau=(248)$;

(3) $\sigma=(12)(35)(79)$, $\tau=(24)(56)(89)$;

(4) $\sigma=(137)(25), \tau=(123)(56)$.

3.1.9 设 $\sigma=(123), \tau=(234)$, 求所有置换 $\alpha\in S_4$, 使得 $\alpha\sigma\alpha^{-1}=\tau$.

3.1.10 设 $\sigma=(123)\in S_4$, 求所有置换 $\alpha\in S_4$, 使得 $\alpha\sigma\alpha^{-1}=\sigma$.

3.1.11 证明: 全体 n 元偶置换组成的集合 A_n 关于置换的乘法构成群.

3.1.12 证明: 映射 $L_{(12)}:\alpha\mapsto(12)\alpha$ 是 S_n 中全体奇置换组成的集合到全体偶置换组成的集合之间的双射, 并证明: $|A_n|=\dfrac{|S_n|}{2}$.

3.1.13 求 $|S_5|$ 和 $|A_5|$, 写出 S_5 和 A_5 的所有元素, 并将其用不相交轮换的乘积的形式表示出来.

§3.2 子群、生成子群

定义 3.2.1 设 H 为群 G 的非空子集. 如果 H 关于 G 的运算也构成群, 则称 H 为 G 的**子群**, 记作 $H\leqslant G$; 如果又有 $H\neq G$, 则称 H 为 G 的**真子群**, 记作 $H<G$.

在上述定义中, 子集 H 关于 G 的运算构成群, 这首先意味着 H 关于 G 的运算是封闭的, 此时自然有结合律成立. 群的定义还要求 H 有单位元. 设 e' 是 H 的单位元, e 是 G 的单位元, 则 $e'=ee'=e'e'$, 由 G 中的消去律, 有 $e'=e$. 所以, G 的单位元 $e\in H$, 它也是 H 的单位元. 最后, 群的定义还要求 H 中每个元素有逆元, 设 $a\in H$, 记 a' 为 a 在 H 中的逆元, a^{-1} 为 a 在 G 中的逆元, 则 $aa'=e'=e=aa^{-1}$. 由 G 中的消去律, 有 $a'=a^{-1}$. 这就证明了下述命题:

命题 3.2.1 设 G 为群, $H\leqslant G$, 则

(1) $\forall x,y\in H$, 有 $xy\in H$;

(2) G 的单位元 $e\in H$, 它也是子群 H 的单位元;

(3) $\forall a\in H$, a 在 G 中的逆元 $a^{-1}\in H$, 它也是 a 在 H 中的逆元.

由定义 3.2.1, 子群具有传递性, 即设 $H\leqslant G$, $K\leqslant H$, 则 $K\leqslant G$.

显然, 群 G 中的单位元 e 组成的一元子集 $\{e\}$ 也是群 G 的子群,

叫作群 G 的**平凡子群**. 任何非平凡群 G 都至少有两个子群, 即 G 本身和平凡子群 $\{e\}$.

例 3.2.1 (1) $(\mathbb{Z},+) < (\mathbb{Q},+) < (\mathbb{R},+) < (\mathbb{C},+)$, 即每个是后面一个的真子群.

(2) 设 m 是非负整数, 则 $(m\mathbb{Z},+)$ 是 $(\mathbb{Z},+)$ 的子群 (参见例 2.1.9).

(3) 交错群 A_n 是对称群 S_n 的真子群.

(4) 特殊线性群 $\mathrm{SL}\,(n,\mathbb{R})$ 是一般线性群 $\mathrm{GL}\,(n,\mathbb{R})$ 的子群.

(5) 在 S_4 中, 令 $\mathrm{K}_4 = \{(1),(12)(34),(13)(24),(14)(23)\} \subseteq S_4$, 请读者验证 K_4 是 S_4 的一个 4 阶子群 (在本书中总用 K_4 这个符号代表这个子群).

为了判断 G 的非空子集 H 是否是 G 的子群, 我们有下述判别法则:

命题 3.2.2 设 G 是群, $H \subseteq G$, $H \neq \varnothing$, 则下列命题等价:

(1) $H \leqslant G$;

(2) $\forall a,b \in H$, 有 $ab \in H$ 和 $a^{-1} \in H$;

(3) $\forall a,b \in H$, 有 $ab^{-1} \in H$(或 $a^{-1}b \in H$).

证明 (1)$\Longrightarrow$(2): 由命题 3.2.1 立即可得.

(2)$\Longrightarrow$(3): 显然.

(3)$\Longrightarrow$(1): 由于 $H \neq \varnothing$, 故存在 $a \in H$. 在命题 (3) 中取 $b = a$, 得到 $e = ab^{-1} = aa^{-1} \in H$, 即 H 中有单位元. 对于任一 $h \in H$, 在命题 (3) 中取 $a = e$, $b = h$, 得到 $h^{-1} = eh^{-1} \in H$, 即 H 对逆封闭. 对于任意 $h_1, h_2 \in H$, 它们的逆元 $h_1^{-1}, h_2^{-1} \in H$. 在命题 (3) 中取 $a = h_1, b = h_2^{-1}$, 得到 $h_1h_2 \in H$, 即 H 关于 G 的运算是封闭的. G 的运算限制在 H 上也是 H 的二元运算, 且在 H 上自然满足结合律; 再由 G 的单位元 $e \in H$ 以及 H 对逆封闭, 可知 H 关于 G 的运算构成群, 这就证明了 (1). □

设 G 是群, H, K 是 G 的非空子集, 规定 H, K 的乘积为

$$HK = \{hk | h \in H, k \in K\}.$$

由 HK 的定义, HK 是 G 的一个子集, 但一般来说不是 G 的子群. 如

果 $K=\{a\}$, 即 K 仅由一个元素 a 组成, 我们通常把 $H\{a\}$ 简记为 Ha, 把 $\{a\}H$ 简记为 aH. 于是

$$Ha=\{ha \mid h\in H\},\quad aH=\{ah \mid h\in H\}.$$

我们还规定

$$H^{-1}=\{h^{-1} \mid h\in H\}.$$

对于正整数 n, 规定

$$H^n=\{h_1h_2\cdots h_n \mid h_i\in H, i=1,\cdots,n\}.$$

命题 3.2.3 设 G 是群, 若 A,B,C 是 G 的子集, 则

$$(AB)C=A(BC),\quad (A^{-1})^{-1}=A,\quad (AB)^{-1}=B^{-1}A^{-1}.$$

请读者自行验证命题 3.2.3 的结论.

注 当 G 为加法群时, 上述记号应相应改为

$$H+K=\{h+k \mid h\in H, k\in K\},$$
$$a+H=\{a+h \mid h\in H\},\quad H+a=\{h+a \mid h\in H\},$$

等等.

在这样的记号下, 命题 3.2.2 可以改述为:

命题 3.2.2′ 设 G 是群, $H\subseteq G$, $H\neq\varnothing$, 则下列命题等价:

(1) $H\leqslant G$;

(2) $H^2\subseteq H$ 且 $H^{-1}\subseteq H$;

(3) $HH^{-1}\subseteq H$(或 $H^{-1}H\subseteq H$).

事实上, 易验证: 如果 H 是 G 的子群, 则必有 $H^2=H$, $H^{-1}=H$ (见习题 3.2.7).

下述定理给出了两个子群的乘积是否还是子群的判别法则.

定理 3.2.1 设 G 是群, $H\leqslant G, K\leqslant G$, 则

$$HK\leqslant G \Longleftrightarrow HK=KH.$$

证明 因为 $H \leqslant G, K \leqslant G$, 由习题 3.2.7, 我们有

$$H^2 = H, \quad K^2 = K, \quad H^{-1} = H, \quad K^{-1} = K.$$

必要性 由 $HK \leqslant G$ 有 $(HK)^{-1} = HK$, 所以

$$(HK)^{-1} = K^{-1}H^{-1} = KH = HK.$$

充分性 由 $HK = KH$ 可得

$$(HK)^2 = HKHK = HHKK = HK,$$
$$(HK)^{-1} = K^{-1}H^{-1} = KH = HK.$$

由命题 3.2.2′ 即得 $HK \leqslant G$. □

例 3.2.2 利用子群判别法则 (命题 3.2.2) 证明: 特殊线性群 $\mathrm{SL}\,(n, \mathbb{R})$ 是一般线性群 $\mathrm{GL}\,(n, \mathbb{R})$ 的子群.

证明 因为单位矩阵 $\boldsymbol{E} \in \mathrm{SL}\,(n, \mathbb{R})$, 所以 $\mathrm{SL}\,(n, \mathbb{R})$ 是 $\mathrm{GL}\,(n, \mathbb{R})$ 的非空子集.

下设 $\boldsymbol{A}, \boldsymbol{B} \in \mathrm{SL}\,(n, \mathbb{R})$, 则

$$|\boldsymbol{AB}| = |\boldsymbol{A}||\boldsymbol{B}| = 1, \quad |\boldsymbol{A}^{-1}| = 1$$

所以 $\boldsymbol{AB} \in \mathrm{SL}\,(n, \mathbb{R}), \boldsymbol{A}^{-1} \in \mathrm{SL}\,(n, \mathbb{R})$. 由判别法则,

$$\mathrm{SL}\,(n, \mathbb{R}) \leqslant \mathrm{GL}\,(n, \mathbb{R}).$$ □

例 3.2.3 设 G 为群, 令 $Z(G) = \{x \in G \mid xg = gx, \forall g \in G\}$, 证明: $Z(G) \leqslant G$. 我们称 $Z(G)$ 为 G 的**中心**.

证明 由于 $e \in Z(G)$, 所以集合 $Z(G)$ 非空. 设 $a \in Z(G)$, 对于任意 $g \in G$, 有 $ag = ga$. 取逆后得 $g^{-1}a^{-1} = a^{-1}g^{-1}$. 由于 g 遍历 G 时, g^{-1} 也遍历 G, 所以 $a^{-1} \in Z(G)$. 设 $a, b \in Z(G)$. 对于任意 $g \in G$, $abg = agb = gab$, 所以 $ab \in Z(G)$. 由子群判别法则, 有 $Z(G) \leqslant G$. □

由交换群的定义易知群 G 交换的充要条件是 $Z(G) = G$.

例 3.2.4 设 $n \geqslant 3$, 证明: $Z(S_n) = \{(1)\}$.

证明 用反证法. 取 $\sigma \in Z(S_n)\backslash\{(1)\}$, 则存在 $i \neq j$, 使得 $\sigma(i)=j$. 由于 $n \geqslant 3$, 存在 $k \in \{1,\cdots,n\} \setminus \{i,j\}$. 计算得

$$\sigma(ik)\sigma^{-1} = (\sigma(i)\sigma(k)) = (j\sigma(k)) \neq (ik).$$

这就得到 $\sigma(ik) \neq (ik)\sigma$, 与 $\sigma \in Z(S_n)$ 矛盾. □

若干个子群的交仍为子群, 即我们有:

定理 3.2.2 设 G 是群. 若 $H_i \leqslant G$, $i \in I$, I 是某个指标集, 则

$$\bigcap_{i\in I} H_i \leqslant G.$$

证明 由于 $e \in H_i(\forall i \in I)$, 所以 $\bigcap_{i\in I} H_i$ 非空. $\forall a,b \in \bigcap_{i\in I} H_i$, $\forall j \in I$, 有 $a,b \in H_j$. 由于 $H_j \leqslant G$, 所以 $ab^{-1} \in H_j$. 由 j 的任意性, 我们有 $ab^{-1} \in \bigcap_{i\in I} H_i$. 这就证明了 $\bigcap_{i\in I} H_i \leqslant G$. □

一般来说, 若干子群的并不是子群, 参见习题 3.2.8. 但我们有下述概念:

定义 3.2.2 设 G 是群, $M \subseteq G$ (允许 $M=\varnothing$), 则称 G 的所有包含 M 的子群的交为**由 M 生成的子群**, 记作 $\langle M\rangle$.

由定义 3.2.2, 我们可知

$$\langle M\rangle = \bigcap_{M\subseteq H\leqslant G} H$$

是 G 的包含 M 的最小子群, 即有下面的命题:

命题 3.2.4 设 G 是群, $M \subseteq G$, $H \leqslant G$ 且 $H \supseteq M$, 则必有

$$\langle M\rangle \leqslant H.$$

我们称这条性质为生成子群的最小性, 后面会反复用到. 可证明

$$\langle M\rangle = \{e, a_1a_2\cdots a_n \mid a_i \in M\cup M^{-1}, n=1,2,\cdots\},$$

其中 $a_1,a_2,\cdots,a_n$ 可有重复元素, 即 $\langle M\rangle$ 的元素是所有可能的有限个 $M\cup M^{-1}$ 中元素的乘积 (见习题 3.2.8).

如果 $\langle M\rangle = G$, 我们称 M 为 G 的一个**生成系**, 或称 G **由** M **生成**. 可由有限多个元素生成的群叫作**有限生成群**. 有限群当然都是有限生成群. 仅由一个元素 a 生成的群 $G=\langle a\rangle$ 叫作**循环群**, a 称为其生成元. 若群的运算是乘法, 则

$$\langle a\rangle = \{a^k \,|\, k\in\mathbb{Z}\}.$$

若群的运算是通常的加法, 则

$$\langle a\rangle = \{ka \,|\, k\in\mathbb{Z}\},$$

其中 ka 代表 a 的 k 倍.

例 3.2.5 (1) $\mathbb{Z}$ 的加法群是无限阶循环群, 1 是其生成元, 即

$$\mathbb{Z} = \{k1 \,|\, k\in\mathbb{Z}\} = \langle 1\rangle,$$

其中 $k1$ 代表 1 的 k 倍. 显然 $k1 = k \in (\mathbb{Z},+)$.

(2) 设 n 是一个正整数, $\mathbb{Z}$ 的加法子群

$$n\mathbb{Z} = \{kn \,|\, k\in\mathbb{Z}\} = \langle n\rangle,$$

其中 kn 代表 n 的 k 倍, 恰等于乘积 $k\cdot n \in (n\mathbb{Z},+)$. 所以, $n\mathbb{Z}$ 也是无限阶循环群, 且 n 是其一个生成元.

(3) 模 m 剩余类环的加法群

$$\mathbb{Z}/m\mathbb{Z} = \{\overline{0},\overline{1},\cdots,\overline{m-1}\} = \{k\overline{1} \,|\, k=0,1,\cdots,m-1.\} = \langle\overline{1}\rangle$$

是 m 阶循环群, $\overline{1}$ 是其一个生成元 (其中 $k\overline{1}$ 代表 $\overline{1}$ 的 k 倍. 经计算得, $k\overline{1} = \overline{k}$).

(4) n 次单位根群 $\mu_n = \langle \mathrm{e}^{\mathrm{i}\frac{2\pi}{n}}\rangle$ 是 n 阶循环群 (定义参见例 2.1.3).

(5) 二面体群 $D_{2n} = \langle a,b\rangle$ 是二元生成的, 其中 a 表示绕正 n 边形的中心沿逆时针方向旋转 $\dfrac{2\pi}{n}$ 的变换, b 表示沿某一对称轴所做的反射变换, 参见 §2.1.

下面我们来初步研究一下最简单的一元生成群 (循环群) 和一类最简单的二元生成群 (二面体群). 我们先引入群中元素的阶的定义.

对于群 G 的元素 a, 如果存在正整数 n, 满足 $a^n = e$, 但对于任意正整数 $m < n$, 都有 $a^m \neq e$, 则称**元素 a 的阶**为 n, 记作 $o(a) = n$. 如果不存在这样的正整数 n, 即对于任意正整数 m, 都有 $a^m \neq e$, 则称 a 为**无限阶元素**, 记作 $o(a) = \infty$. 显然, 群中单位元 e 的阶是 1, 其他元素的阶都大于 1.

注意到当群 G 的运算采用加法符号时, 定义中的乘法方幂要换成加法倍数, 我们有结论: 加法群 G 中元素 a 的阶 $o(a) = n$ 当且仅当倍数 $na = 0$ 且 $ma \neq 0\ (1 \leqslant m < n)$; $o(a) = \infty$ 当且仅当对于任意正整数 n, 有 $na \neq 0$. 例如, 在整数加法群 $\mathbb{Z}$ 中, 对于任意 $0 \neq a \in \mathbb{Z}$, 任意正整数 n, 有倍数 $na = n \cdot a \neq 0$, 故 $o(a) = \infty$.

例 3.2.6 (1) 求加法群 $\mathbb{Z}/6\mathbb{Z}$ 中 $\overline{4}, \overline{3}, \overline{1}$ 的阶.

(2) 求 $(\mathbb{Z}/5\mathbb{Z})^{\times} = \{\overline{1}, \overline{2}, \overline{3}, \overline{4}\}$ 的乘法群中每个元素的阶.

解 (1) 注意这是加法群, 计算加法倍数得到

$$1(\overline{4}) \neq \overline{0}, \quad 2(\overline{4}) = \overline{2} \neq \overline{0}, \quad 3(\overline{4}) = \overline{0},$$

所以 $o(\overline{4}) = 3$. 其他留作习题.

(2) 只计算 $o(\overline{2})$, 其他留给读者. 在乘法群 $(\mathbb{Z}/5\mathbb{Z})^{\times}$ 中计算得到

$$\overline{2} \neq \overline{1}, \quad \overline{2}^2 = \overline{4} \neq \overline{1}, \quad \overline{2}^3 = \overline{8} = \overline{3} \neq \overline{1}, \quad \overline{2}^4 = \overline{1},$$

所以 $o(\overline{2}) = 4$. 我们还得到了 $(\mathbb{Z}/5\mathbb{Z})^{\times} = \langle \overline{2} \rangle$ 是一个循环群. □

例 3.2.7 在 §2.1 中, 当 $n \geqslant 3$ 时, 我们给出了 D_{2n} 的如下表示:

$$D_{2n} = \langle a, b \mid a^n = 1, b^2 = 1, bab^{-1} = a^{-1} \rangle, \tag{3.2}$$

其中 a 表示绕正 n 边形的中心沿逆时针方向旋转 $\dfrac{2\pi}{n}$ 的变换, b 表示沿某一对称轴所做的反射变换. 容易计算得 $o(a) = n, o(b) = 2$.

事实上, 我们有下述重要性质:

设群 $G = \langle x, y \rangle$, 且 $o(x) = n, o(y) = 2, yxy^{-1} = x^{-1}$, 则必有 $G \cong D_{2n}$, 且存在同构映射 $\varphi: G \to D_{2n}$, 使得 $\varphi(x) = a, \varphi(y) = b$ (严格证明要用到自由群的知识, 我们略去证明).

例 3.2.8 设有限群 G 由两个不同的 2 阶元素生成, 即 $G=\langle a,b\rangle$, $o(a)=o(b)=2$. 证明:

(1) 若 $ab=ba$, 则 $G\cong \mathrm{K}_4$ (K_4 的定义见例 3.2.1 (5). 我们也称所有同构于 K_4 的群为**克莱因 (Klein) 四元群**).

(2) 若 $ab\neq ba$, 设 $o(ab)=n$, 则 $n\geqslant 3$, $G\cong D_{2n}$.

证明 (1) 因为 $a\neq b$, 所以 $ab\neq e$. 又 $abab=aabb=e$, 所以

$$o(ab)=2.$$

考查集合 $K=\{e,a,b,ab\}$. 由于群 G 对乘法封闭, $K\subseteq G$, 容易验证集合 K 对乘法封闭, 对逆封闭, 所以 K 是 G 的包含元素 a,b 的子群. 由生成子群的最小性 (命题 3.2.4), 有 $G=\langle a,b\rangle\subseteq K$, 所以 $G=K$. 定义一个 $G\to\mathrm{K}_4$ 的映射:

$$\begin{aligned}\rho:\ G&\to \mathrm{K}_4,\\ a&\mapsto (12)(34),\\ b&\mapsto (13)(24),\\ ab&\mapsto (14)(23),\\ e&\mapsto (1).\end{aligned}$$

易验证 ρ 为 $G\to\mathrm{K}_4$ 的群同构.

(2) 因为 $a\neq b$, 所以 $o(ab)>1$. 若 $o(ab)=2$, 则 $abab=aabb=e$, 可推出 $ab=ba$, 矛盾. 所以 $o(ab)=n\geqslant 3$. 下证 $G=\langle ab,b\rangle$, 一方面因为 $\{ab,b\}\subseteq\langle a,b\rangle$, 由生成子群的最小性, 有 $\langle ab,b\rangle\subseteq\langle a,b\rangle$; 另一方面因为 $a=(ab)b$, 我们有 $\{a,b\}\subseteq\langle ab,b\rangle$, 同样由生成子群的最小性, 有 $\langle a,b\rangle\subseteq\langle ab,b\rangle$. 所以 $G=\langle ab,b\rangle$, $o(ab)=n, o(b)=2$, 且 $b(ab)b^{-1}=babb=ba=(ab)^{-1}$. 由例 3.2.7, 可知 $G\cong D_{2n}$.

这个例子完成了由两个 2 阶元素生成的有限群的分类问题. □

命题 3.2.5 设 G 为群, $a\in G$, 则 $o(a)=o(a^{-1})$.

证明 对于任意正整数 m, 有 $a^m=e\Longleftrightarrow (a^{-1})^m=e$, 再由阶的定义得 $o(a)=o(a^{-1})$. □

当元素的阶是有限时, 我们还有下述重要公式:

命题 3.2.6 设 G 为群, $a \in G$, 且 $o(a)=n$.

(1) 若存在 $m \in \mathbb{Z}$, 使得 $a^m=e$, 则 $n|m$.

(2) 对于任意 $m \in \mathbb{Z}$, 有 $o(a^m)=\dfrac{n}{(n,m)}$.

(3) 设 $b \in G$, $o(b)=m$. 若 $ab=ba$, $(n,m)=1$, 则 $o(ab)=mn$;

(4) 设 $b \in G$, $o(b)=m$. 若 $ab=ba$, 且 $\langle a\rangle \cap \langle b\rangle=\{e\}$, 则 $o(ab)=[m,n]$ ($[m,n]$ 代表 m,n 的最小公倍数).

证明 (1) 由整数带余除法, 存在 $q,r \in \mathbb{Z}$, 使得 $m=qn+r$, 且 $0 \leqslant r<n$, 于是有

$$e=a^m=a^{qn+r}=a^r.$$

由阶的最小性, 我们有 $r=0$, 故 $n|m$.

(2) 记 $o(a^m)=t$, 比较 t 与 $\dfrac{n}{(n,m)}$.

因为 $(a^m)^{\frac{n}{(n,m)}}=a^{n\frac{m}{(n,m)}}=e$, 由 (1), 有 $t\left|\dfrac{n}{(n,m)}\right.$.

又因为 $o(a^m)=t$, $a^{mt}=e$, 所以 $n|mt$. 这就推出 $\left.\dfrac{n}{(m,n)}\right|t\dfrac{m}{(n,m)}$.

因为 $\left(\dfrac{n}{(m,n)}, \dfrac{m}{(n,m)}\right)=1$, 所以 $\left.\dfrac{n}{(n,m)}\right|t$. 于是, 这两个正数相等, 即 $t=\dfrac{n}{(n,m)}$.

(3), (4) 留给读者作为习题. □

我们再给一个引理, 它是我们以后研究有限交换群的一个重要工具. 设 G 是有限群, G 中所有元素的阶的最小公倍数 m 称为 G 的**方次数**, 记作 $\exp\{G\}=m$.

引理 3.2.1 有限交换群中存在一个元素, 其阶是群的方次数.

证明 设 G 是有限交换群, a 是 G 中阶最大的元素, 且 $o(a)=m$. 任取 $e \neq b \in G$, 设 $o(b)=n>1$. 为了证明引理, 只需证明 $n \mid m$, 此时必有 $\exp\{G\}=m$. 假若 $n \nmid m$, 则存在素数 p, 使得 $n=up^s$, $m=vp^t$, 其中 $(u,p)=(v,p)=1$, 且 $s>t \geqslant 0$. 于是 $o(b^u)=p^s$, $o(a^{p^t})=v$. 由命题 3.2.6 (3) 知 $o(b^u a^{p^t})=p^s v>p^t v=m$, 与 $o(a)$ 最大矛盾. □

例 3.2.9 设 $G=S_n$ 为 n 元对称群.

(1) 设 $\sigma \in G$ 为一个 l 长轮换, 则由阶的定义可得 $o(\sigma) = l$.

(2) 设 σ_1 是 k 长轮换, σ_2 是与 σ_1 不相交的 l 长轮换, 则由 (1) 知 $o(\sigma_1) = k$, $o(\sigma_2) = l$, 且 $\sigma_1\sigma_2 = \sigma_2\sigma_1$, $\langle\sigma_1\rangle \cap \langle\sigma_2\rangle = \{(1)\}$. 由命题 3.2.6 (4), 有 $o(\sigma_1\sigma_2) = [k, l]$.

(3) 设 $\sigma \in G$, 并设 $(n_1, n_2, \cdots, n_r)$ 是 σ 的轮形, 即 σ 可唯一表示成 r 个不相交轮换 (含所有 1 轮换) 的乘积, $n_1 \geqslant n_2 \geqslant \cdots \geqslant n_r$ 是这 r 个轮换的长度, 则 $o(\sigma) = [n_1, \cdots, n_r]$.

下面继续进行循环群的研究.

命题 3.2.7 (1) 设 $G = \langle a\rangle$. 当 $o(a) = \infty$ 时, $|G| = o(a) = \infty$, 且

$$G = \{a^k \mid k \in \mathbb{Z}\},$$

其中 $a^i \neq a^j (i \neq j)$; 当 $o(a) = n$ 时, $|G| = o(a) = n$, 且

$$G = \{e, a, a^2, \cdots, a^{n-1}\}.$$

(2) 设 G 为有限群, 则 G 为循环群的充要条件是存在 $a \in G$, 使得

$$o(a) = |G|.$$

证明 (1) 由于 $G = \langle a\rangle$, 所以

$$G = \{e, a^{\pm 1}, a^{\pm 2}, \cdots\}.$$

分两种情形讨论:

情形 1 存在 $i, j \in \mathbb{Z}, i > j$, 使得 $a^i = a^j$, 即 $a^{i-j} = e$. 由元素阶的定义, 可设 $o(a) = n < \infty$.

首先, 我们证明此时 $\langle a\rangle \subseteq \{e, a, a^2, \cdots, a^{n-1}\}$. 这是因为, 对于任意 $k \in \mathbb{Z}$, 由带余除法, 存在 $q, r \in \mathbb{Z}$, 使得 $k = qn + r$, 且 $0 \leqslant r < n$. 注意到 $o(a) = n$, 于是

$$a^k = a^{qn+r} = a^r \in \{e, a, a^2, \cdots, a^{n-1}\},$$

所以 $\langle a\rangle \subseteq \{e, a, a^2, \cdots, a^{n-1}\}$. 而 $\{e, a, a^2, \cdots, a^{n-1}\} \subseteq \langle a\rangle$ 显然成立, 故

$$\langle a\rangle = \{e, a, a^2, \cdots, a^{n-1}\}.$$

其次, 证明 $\forall i,j\in\{0,1,\cdots,n-1\}, i\neq j$, 都有 $a^i\neq a^j$. 用反证法, 若存在 $i_0,j_0\in\{0,1,\cdots,n-1\}, i_0>j_0$, 使得 $a^{i_0}=a^{j_0}$, 则 $a^{i_0-j_0}=e$, 而 $0<i_0-j_0<n$. 这与 a 的阶是 n 矛盾. 所以 $|\langle a\rangle|=o(a)=n$.

情形 2 $\forall i,j\in\mathbb{Z}, i\neq j$, 都有 $a^i\neq a^j$. 这等价于, 对于任意正整数 k, $a^k\neq e$, 即 $o(a)=\infty$. 此时, $\langle a\rangle=\{a^k\,|\,k\in\mathbb{Z}\}$, 且 $|\langle a\rangle|=o(a)=\infty$.

综上, $|G|=o(a)$, 结论 (1) 证毕.

(2) 设 G 为有限群. 若 G 是循环群, 则由 (1), 其生成元 a 满足条件 $o(a)=|G|$. 反过来, 若存在元素 a, 使得 $o(a)=|G|$, 则由 (1), G 的子群 $\langle a\rangle$ 的阶等于 $|G|$. 所以, $G=\langle a\rangle$ 是循环群. □

注 若 $o(a)=\infty$, 则

$$a^i=a^j, i,j\in\mathbb{Z}\Longrightarrow i=j,$$

即元素 a^k 的指数表示法唯一.

若 $o(a)=n<\infty$, 则

$$a^k=a^l\Longleftrightarrow a^{k-l}=e\Longleftrightarrow n\,\big|\,(k-l),$$

即此时 a^k 的指数表示法不唯一. 特别地, 此时 $a^{-1}=a^{n-1}$.

下面我们找出循环群的所有生成元.

命题 3.2.8 设 $G=\langle a\rangle$ 为循环群.

(1) 若 $|G|=\infty$, 则 a,a^{-1} 为 G 的全部生成元;

(2) 若 $|G|=n$ 有限, 则 G 有 $\varphi(n)$ 个生成元

$$\{a^r\,\big|\,1\leqslant r\leqslant n-1,(r,n)=1\},$$

其中 $\varphi(n)$ 是欧拉函数.

证明 (1) 设 a^k 是 G 的一个生成元, 则存在整数 m, 使得 $a^{km}=a$. 由于 $o(a)=\infty$, 所以 $i\neq j$ 时有 $a^i\neq a^j$. 这就推出了 $km=1$, 于是 $k=\pm1$. 又由习题 3.2.12, a,a^{-1} 的确是 G 的生成元, 得到结论.

(2) a^r 是 G 的生成元 $\Longleftrightarrow o(a^r)=n$. 命题 3.2.6 (2) 告诉我们 $o(a^r)=\dfrac{n}{(n,r)}$, 所以 $o(a^r)=n\Longleftrightarrow(n,r)=1$. 由此推出 G 有 $\varphi(n)$ 个

生成元 $\{a^r \mid 1 \leqslant r \leqslant n-1, (r,n)=1\}$. □

循环群是最简单的交换群. 对于循环群, 我们有下述定理:

定理 3.2.3 *循环群 $G=\langle a\rangle$ 的子群 H 仍为循环群, 且存在 $s \in \mathbb{Z}_{\geqslant 0}$ 使得 $H=\langle a^s\rangle$.*

证明 设 $H \leqslant G$. 如果 $H=\{e\}$, 则 H 为 $e=a^0$ 生成的循环群. 若 $H \neq \{e\}$, 则 H 必含有某个 $a^i, i \neq 0$, 于是 $a^{-i} \in H$. 这说明 H 必含有 a 的某些正整数幂.

令 s 是使得 $a^s \in H$ 的最小正指数, 即

$$s=\min\{t \in \mathbb{Z}^+ \mid a^t \in H\}.$$

显然有 $H \supseteq \langle a^s\rangle$. 下面我们证明 $H=\langle a^s\rangle$. 事实上, 对于任一 $h \in H$, 可设 $h=a^t, t \in \mathbb{Z}$. 由整数带余除法, 存在 $q, r \in \mathbb{Z}$, 使得 $t=qs+r$, $0 \leqslant r \leqslant s-1$, 则 $a^r=a^t a^{-qs} \in H$. 由 s 的最小性知 $r=0$, 即 $h=(a^s)^q \in \langle a^s\rangle$, 故 $H \subseteq \langle a^s\rangle$. 这就证明了 $H=\langle a^s\rangle$ 是循环群. □

最后, 我们讨论整数加法群 (无限阶循环群) 的子群.

例 3.2.10 证明:

(1) 整数加法群 $(\mathbb{Z},+)$ 的全部子群是 $\{n\mathbb{Z} \mid n \geqslant 0, n \in \mathbb{Z}\}$;

(2) 设 $m, n \in \mathbb{Z}$, 则子群 $m\mathbb{Z} \subseteq n\mathbb{Z}$ 的充要条件是 $n \mid m$.

证明 (1) 由例 2.1.9, 对于任意非负整数 n, $n\mathbb{Z}$ 是 $\mathbb{Z}$ 的一个子群. 下设 H 是 $\mathbb{Z}$ 的一个子群. 因为 $(\mathbb{Z},+)=\langle 1\rangle$ 是循环群, 由定理 3.2.3, 存在非负整数 s, 使得 $H=\langle s1\rangle=\langle s\rangle=s\mathbb{Z}$. 当 $s=0$ 时, $\langle 0\rangle=\{0\}$ 是平凡子群; 当 $s>0$ 时, $\langle s\rangle=s\mathbb{Z}$ 是非平凡子群. 若 $0<m<n$, 则显然 $m \notin n\mathbb{Z}$, 所以 $m\mathbb{Z} \neq n\mathbb{Z}$.

综上, G 的全部子群是 $\{n\mathbb{Z} \mid n \geqslant 0, n \in \mathbb{Z}\}$.

(2) 若 $n \mid m$, 则 $m \in n\mathbb{Z}$, 由生成群的最小性 (命题 3.2.4), $\langle m\rangle = m\mathbb{Z} \subseteq n\mathbb{Z}$. 反过来, 设 $m\mathbb{Z} \subseteq n\mathbb{Z}$, 特别地有 $m \in n\mathbb{Z}$, 所以存在 $k \in \mathbb{Z}$, 使得 $m=nk$, 即 $n|m$.

习 题

3.2.1 利用子群判别法则 (命题 3.2.2) 证明:

(1) 设 m 是非负整数, 则 $(m\mathbb{Z},+)$ 是整数加法群 $(\mathbb{Z},+)$ 的子群.

(2) 交错群 A_n 是对称群 S_n 的真子群.

(3) K_4 是 S_4 的一个 4 阶子群, 其中

$$\mathrm{K}_4=\{(1),(12)(34),(13)(24),(14)(23)\}\subseteq S_4,$$

3.2.2 设 G 是群, $g\in G$. 令 $C_G(g)=\{x\in G\,|\,xg=gx\}$, 称之为元素 g 在群 G 中的中心化子. 证明: $C_G(g)\leqslant G$, 且 $Z(G)=\bigcap\limits_{g\in G}C_G(g)$.

3.2.3 设 $G=S_4$, 求 $C_G((123))$ (见习题 3.1.10).

3.2.4 群 G 是交换群的充要条件是 $Z(G)=G$.

3.2.5 求 $Z(\mathrm{GL}\,(n,\mathbb{R}))$.

3.2.6 设 G 是群, 证明: 如果 H 是 G 的子群, 则必有 $H^2=H$, $H^{-1}=H$.

3.2.7 设 G 是群, $H\leqslant G$, $K\leqslant G$, 证明: $H\cup K\leqslant G\Longleftrightarrow H\leqslant K$ 或 $K\leqslant H$.

3.2.8 设 G 是群, $M\subseteq G$, 令集合

$$T=\{e,a_1a_2\cdots a_n\,\big|\,a_i\in M\cup M^{-1},n=1,2,\cdots\}.$$

(1) 利用 $\langle M\rangle$ 对逆和乘法封闭证明 $T\subseteq\langle M\rangle$.

(2) 证明: T 是 G 的子群.

(3) 利用生成子群的最小性证明 $\langle M\rangle\subseteq T$, 于是 $\langle M\rangle=T$.

3.2.9 证明: $S_3\cong D_6$ (可应用例 3.2.7).

3.2.10 证明: $(\mathbb{Z},+)=\langle -1\rangle$.

3.2.11 设 $a\in G$, 证明: $\langle a\rangle=\langle a^{-1}\rangle$. 这说明循环群的生成元通常不唯一.

3.2.12 设群 $G=\langle a,b\rangle$, 且 $ab=ba$, 证明: G 是交换群, 且

$$G=\langle a,b\rangle=\{a^nb^m|m,n\in\mathbb{Z}\}.$$

3.2.13 证明: $\mathbb{Q}$ 的加法群不是循环群.

3.2.14 (1) 写出 $(\mathbb{Z}/13\mathbb{Z},+)$ 中 $\overline{8}$ 生成的循环子群 $\langle\overline{8}\rangle$;

(2) 写出 $((\mathbb{Z}/13\mathbb{Z})^{\times},\cdot)$ 中 $\overline{8}$ 生成的循环子群 $\langle\overline{8}\rangle$.

3.2.15 (1) 求加法群 $\mathbb{Z}/6\mathbb{Z}$ 中 $\overline{3},\overline{1}$ 的阶;

(2) 求模 5 简化剩余系 $(\mathbb{Z}/5\mathbb{Z})^{\times}=\{\overline{1},\overline{2},\overline{3},\overline{4}\}$ 的乘法群中各元素的阶.

3.2.16 设 $\sigma\in S_5$, 令

(1) $\sigma=(12345)$; (2) $\sigma=(123)(45)$; (3) $\sigma=(23)(45)$.

求 $o(\sigma)$.

3.2.17 在群 $\mathrm{SL}_2(\mathbb{Q})$ 中, 证明: 元素

$$\boldsymbol{A}=\begin{pmatrix}0&-1\\1&0\end{pmatrix}$$

的阶为 4, 元素

$$\boldsymbol{B}=\begin{pmatrix}0&1\\-1&-1\end{pmatrix}$$

的阶为 3, 而 $\boldsymbol{AB}$ 为无限阶元素.

3.2.18 证明命题 3.2.6 (3), (4).

3.2.19 完成例 3.2.9 的证明.

3.2.20 求 S_6 中所有 4 阶元素的可能轮形, 并求出阶为 4 的 6 元奇置换的总个数.

3.2.21 S_7 中有 10 阶元素吗, 有 11 阶元素吗, 有 14 阶元素吗?

3.2.22 求 S_8 中所有 6 阶元素的可能轮形.

3.2.23 找出所有正整数 n 使得 S_5 含有 n 阶元素.

3.2.24 找出所有正整数 n 使得 S_7 含有 n 阶元素.

3.2.25 (1) 设 $\varphi:G\to H$ 为群同构, 证明: 对于任意 $g\in G$, 有 $o(g)=o(\varphi(g))$ (即同构映射下对应两个元素的阶相同).

(2) 证明: $\mathrm{K}_4\not\cong(\mathbb{Z}/4\mathbb{Z},+)$, $D_8\not\cong Q_8$.

3.2.26 证明: 乘法群 $\mathbb{R}^*$ 和 $\mathbb{C}^*$ 不同构.

3.2.27 设 G 是群, $x\in G$. 定义 $\rho_x:G\to G$ 满足对于任意 $g\in G$, $\rho_x(g)=xgx^{-1}$. 证明: ρ_x 为 G 的一个自同构 (称为用 x 共轭作用于 G 上的同构映射) 且 $o(g)=o(xgx^{-1})$.

3.2.28 设 G 是交换群, 证明: G 中的全体有限阶元素构成 G 的一个子群.

3.2.29 设 $D_{2n} = \langle a, b \rangle$, 其中 a 为逆时针旋转 $\dfrac{2\pi}{n}$ 的变换, b 为某一反射.

(1) 证明: $o(a) = n$, $o(b) = 2$ (由几何意义说明), 并写出子群 $\langle a \rangle, \langle b \rangle$ 的所有元素.

(2) $D_{2n}(n \geqslant 3)$ 中有多少 2 阶元素? 写出它们 (分 n 为奇、偶数两种情况).

(3) 证明: $D_{2n} = \langle b, ba^{n-1} \rangle$.

3.2.30 设 G 为群.

(1) 设 $a \in G$, $o(a) = n < \infty$, 证明: $a^{n-1} = a^{-1}$;

(2) 设 $H \subseteq G$, $|H|$ 是有限数, 证明: $H \leqslant G \iff H^2 \subseteq H$.

3.2.31 证明: $(\mathbb{Z}/8\mathbb{Z})^\times \cong \mathrm{K}_4$.

3.2.32 写出 $\mathbb{Z}/m\mathbb{Z}$ 的所有生成元.

3.2.33 设 $o(a) = n$, 并设 $r \in \mathbb{Z}$, 证明: 若 $(r, n) = d$, 则 $\langle a^r \rangle = \langle a^d \rangle$.

3.2.34 设 $G = \langle a \rangle$ 为循环群. 证明:

(1) 若 $|G| = \infty$, 则 G 的全部子群为 $\{\langle a^d \rangle \,|\, d \geqslant 0, d \in \mathbb{Z}\}$, 且除掉平凡子群外都是无穷阶的;

(2) 若 $|G| = m$, 则 G 的全部子群为 $\{\langle a^d \rangle \,|\, d \,|\, m, 1 \leqslant d \leqslant m\}$, 且 $|\langle a^d \rangle| = m/d$ (利用习题 3.2.33).

3.2.35 写出 $\mathbb{Z}/m\mathbb{Z}$ 的全部子群.

3.2.36 证明: 偶数阶群中必有元素 $a \neq e$, 满足 $a^2 = e$.

3.2.37 设 $n > 2$, 证明: 在有限群 G 中阶为 n 的元素个数是偶数.

§3.3 陪集、拉格朗日定理

下面我们研究子群的陪集. 设 G 为群.

定义 3.3.1 设 $H \leqslant G$, $a \in G$, 称形如 aH (Ha) 的子集为 H 的一个**左 (右) 陪集**, 其中 a 称为左 (右) 陪集 aH (Ha) 的一个**代表元**.

引理 3.3.1 设 $H \leqslant G$, $\forall a, b \in G$, 则

(1) $a \in aH$ (类似地, 有 $a \in Ha$);

(2) $aH = H \iff a \in H$ (类似地, 有 $Ha = H \iff a \in H$);

(3) $aH = bH \iff a^{-1}b \in H \iff b \in aH$ (类似地, 有 $Ha = Hb \iff ab^{-1} \in H \iff a \in Hb$).

证明 (1) $a = ae \in aH$.

(2) 若 $aH = H$, 则 $a = ae \in aH = H$. 反过来, 若 $a \in H$, 因为 $H \leqslant G$, 则 $aH \subseteq HH = H$. 由于 $a^{-1} \in H$, 所以 $a^{-1}H \subseteq H$. 两边同时左乘 a, 得 $H \subseteq aH$, 故 $H = aH$.

(3) $aH = bH \iff a^{-1}aH = a^{-1}bH \iff H = a^{-1}bH \iff a^{-1}b \in H \iff aa^{-1}b \in aH \iff b \in aH$. □

命题 3.3.1 设 $H \leqslant G, a, b \in G$, 则

(1) $|aH| = |bH| = |H|$ (类似地有 $|Ha| = |Hb| = |H|$);

(2) $aH \cap bH \neq \varnothing \Longrightarrow aH = bH$ (类似地, 有 $Ha \cap Hb \neq \varnothing \Longrightarrow Ha = Hb$).

证明 (1) $\forall a \in G$, 定义映射

$$L_a : H \to aH,$$
$$h \mapsto ah.$$

由 aH 的定义可知 L_a 是满射. 又若 $ah_1 = ah_2$, 两端左乘 a^{-1}, 立得 $h_1 = h_2$, 故 L_a 也是单射. 因此, L_a 是双射. 所以 $|H| = |aH|$. 由 a 的任意性, 知 $|bH| = |H| = |aH|$.

(2) 设 $x \in aH \cap bH$, 可令 $x = ah = bh'$, 其中 $h, h' \in H$, 于是 $a = bh'h^{-1} \in bH$. 这推出 $bH = aH$. □

注意到由引理 3.3.1 (1), $\forall x \in G$, 有 $x \in xH$, 再由命题 3.3.1 (2) 得到集合 G 可表示成 H 的左陪集的无交并:

$$G = a_1H \cup a_2H \cup \cdots \cup a_nH,$$

即 H 的所有左陪集构成集合 G 的一个划分. 元素 $\{a_1, a_2, \cdots, a_n\}$ 叫作 H 在 G 中的一个 **(左) 陪集代表系**. H 的不同左陪集的个数 n (当 G 是无限群时不一定有限) 叫作 H 在 G 中的**指数**, 记作 $|G : H|$.

同样的结论对于右陪集也成立, 即 G 也可表示成 H 的若干互不相交的右陪集的并, 并且 H 在 G 中的左、右陪集个数相等, 都是 $|G:H|$. 这是因为, 我们可以定义一个双射:

$$\rho:\{aH \mid a\in G\}\to\{Hb \mid b\in G\},$$
$$aH\mapsto Ha^{-1}.$$

验证工作 (见习题 3.3.3) 留作练习.

例 3.3.1 设 $G=(\mathbb{Z},+)$, $2\mathbb{Z}\leqslant\mathbb{Z}$. 由于 G 是交换群, 所以 $a+2\mathbb{Z}=2\mathbb{Z}+a, \forall a\in\mathbb{Z}$. 我们统称它们为陪集 (不再区分左、右陪集). 又因为

$$a+2\mathbb{Z}=b+2\mathbb{Z}\Longleftrightarrow a-b\in 2\mathbb{Z},$$

所以子群 $2\mathbb{Z}$ 有两个陪集 $0+2\mathbb{Z}, 1+2\mathbb{Z}$, 其中 $0+2\mathbb{Z}=2\mathbb{Z}$ 是全体偶数, 而 $1+2\mathbb{Z}$ 是全体奇数.

下面的定理对于有限群是基本的.

定理 3.3.1 (拉格朗日定理) 设 G 是有限群, $H\leqslant G$, 则

$$|G|=|H||G:H|.$$

证明 由命题 3.3.1 (1), H 与它的任一左陪集 aH 之间有 $|H|=|aH|$. 设 $a_1,a_2,\cdots,a_n\in G$ 是 H 在 G 中的一个左陪集代表系, 其中 $n=|G:H|$, 则

$$G=a_1H\cup a_2H\cup\cdots\cup a_nH,$$

且

$$|G|=\sum_{i=1}^{n}|a_iH|=|G:H||H|. \qquad \square$$

由此定理, 在有限群 G 中, 子群的阶是群阶的因子. 我们还可推出下述重要结论:

推论 3.3.1 有限群 G 中任一元素 a 的阶 $o(a)$ 也是 $|G|$ 的因子.

证明 由命题 3.2.7, 有 $o(a)=|\langle a\rangle|$. 而 $\langle a\rangle\leqslant G$, 由拉格朗日定理推出 $o(a)\mid |G|$. $\square$

拉格朗日定理的逆命题是不成立的, 我们在例 3.4.3 中会证明 12 阶群 A_4 没有 6 阶子群.

由于循环群的同构分类问题将在定理 3.5.3 中完成, 下述定理事实上完成了素数阶有限群的分类问题.

定理 3.3.2 设 p 为素数, G 是阶为 p 的群, 则 G 是循环群.

证明 设 $x \in G, x \neq e$. 由推论 3.3.1, 有 $o(x) \,\big|\, p$. 注意到 p 是素数, 且 $x \neq e$, 所以 $o(x) = p$. 这就意味着子群 $\langle x \rangle$ 的阶等于 $|G|$, 所以 $G = \langle x \rangle$ 是循环群. □

定理 3.3.3 设 G 是群. 如果 $\forall x \in G$, 有 $x^2 = e$, 则 G 是交换群.

证明 $\forall a, b \in G$, 由 $e = (ab)^2 = a^2 b^2$ 得 $abab = aabb$, 再左乘 a^{-1}, 右乘 b^{-1}, 即得 $ab = ba$. □

定理 3.3.4 设 G 是群, H 和 K 是 G 的有限子群, 则

$$|HK| = \frac{|H||K|}{|H \cap K|}.$$

证明 因为群 G 的子集 HK 是由形如 Hk $(k \in K)$ 的 H 的右陪集的并组成的, 每个右陪集含有 $|H|$ 个元素, 故为了证明上式, 只需证明 HK 中含有 $|K : H \cap K|$ 个 H 的右陪集即可. $\forall k_1, k_2 \in K$, 有

$$Hk_1 = Hk_2 \Longleftrightarrow k_1 k_2^{-1} \in H,$$

注意到 $k_1 k_2^{-1} \in K$, 故

$$\begin{aligned} Hk_1 = Hk_2 &\Longleftrightarrow k_1 k_2^{-1} \in H \cap K \\ &\Longleftrightarrow (H \cap K)k_1 = (H \cap K)k_2. \end{aligned}$$

因此, HK 中所含 H 的右陪集个数等于 $H \cap K$ 在 K 中的指数 $|K : H \cap K|$. □

下面的例 3.3.2 完成了 4 阶群的分类问题.

例 3.3.2 设 G 是 4 阶群, 证明: 或者 G 是循环群, 或者 G 同构于 K_4 (见例 3.2.1 (5)).

证明 由拉格朗日定理, G 中非单位元的阶的可能值为 2, 4. 首先设 G 中含有一个 4 阶元素 a, 则由命题 3.2.7, $G = \langle a \rangle$ 为循环群.

下设 G 中所有非单位元的阶都是 2 阶. 由定理 3.3.3, G 是交换群. 取 G 中两个不同的 2 阶元素 a, b. 考查 G 的子群 $\langle a, b\rangle$. 由于 $ab = ba$, 由例 3.2.8 (1) 可知 $\langle a, b\rangle \cong \mathrm{K}_4$ 为 4 阶子群, 所以 $G = \langle a, b\rangle \cong \mathrm{K}_4$. □

由上例知 4 阶群都是交换群.

例 3.3.3 设 p 是一个奇素数, 证明: $2p$ 阶群 G 至多只有一个 p 阶子群.

证明 用反证法. 设 G 有两个 p 阶子群 H_1, H_2. 由于 $H_1 \cap H_2$ 是 H_1 及 H_2 的子群, 所以 $|H_1 \cap H_2| \,\big|\, p$. 由于 $H_1 \neq H_2$, 所以 $|H_1 \cap H_2| \neq p$. 这就意味着 $H_1 \cap H_2 = \{e\}$.

由定理 3.3.4, 有

$$|H_1 H_2| = \frac{|H_1||H_2|}{|H_1 \cap H_2|} = p \cdot p = p^2 > |G| = 2p,$$

矛盾. □

习　　题

3.3.1 设 $H \leqslant G$, $\forall a, b \in G$, 证明:

(1) $a \in Ha$;

(2) $Ha = H \iff a \in H$;

(3) $Ha = Hb \iff ab^{-1} \in H \iff a \in Hb$.

3.3.2 设 $G = (\mathbb{Z}, +)$, $H = 3\mathbb{Z}$, 求 H 在 G 中的所有 (加法) 陪集.

3.3.3 设 $H \leqslant G$, 定义

$$\rho : \{aH \,\big|\, a \in G\} \to \{Hb \,\big|\, b \in G\},$$
$$aH \mapsto Ha^{-1}.$$

证明: ρ 是良定义的, 且是双射.

3.3.4 设 G 为有限群, $|G| = n$, 证明对于任意 $a \in G$, 有 $a^n = e$.

3.3.5 利用习题 3.3.4 证明**费马小定理**: 设 p 为素数, 则对于任意一个与 p 互素的整数 a, 有

$$a^{p-1} \equiv 1 (\operatorname{mod} p).$$

3.3.6 设 G 是有限群, G_1, G_2 是子群, 且 $|G_1|$ 与 $|G_2|$ 互素, 证明:

$$G_1 \cap G_2 = \{e\}.$$

3.3.7 证明: 除平凡子群外无其他真子群的非平凡群必为素数阶循环群.

3.3.8 利用拉格朗日定理, 求出 S_3 的所有子群.

3.3.9 利用拉格朗日定理以及 A_4 没有 6 阶子群的结果, 求出 A_4 的所有子群.

3.3.10 证明: $2p$ 阶群 G 中存在一个 p 阶子群, 其中 p 是一个奇素数.

3.3.11 令 $H = \langle (1234) \rangle \leqslant S_4$, 并将 S_3 自然看作 S_4 的子群 (即固定数字 4 的子群), 证明: $S_4 = S_3 H$ (可应用定理 3.3.4).

3.3.12 证明: 15 阶群必有 3 阶元素, 且至多有一个 5 阶子群 (对 pq 阶群给出类似结果, 其中 $p, q (p < q)$ 为奇素数).

3.3.13 引入左陪集的另一方法: 设 $H \leqslant G$, 定义 G 上的等价关系 "$\overset{l}{\sim}$" 如下: 对于任意 $a, b \in G$, $a \overset{l}{\sim} b$ 定义为: 存在 $h \in H$, 使得 $a = bh$. 证明: "$\overset{l}{\sim}$" 是等价关系, 且 G 的元素 a 所在的等价类就是左陪集 aH.

§3.4 正规子群与商群

为了深入地研究群的子群性质, 我们引入一类重要的子群 —— 正规子群. 正规子群与后面要学的商群、同态等概念密切相关.

定义 3.4.1 设 G 是群, $H \leqslant G$. 如果 $aH = Ha$ $(\forall\, a \in G)$, 则称 H 为 G 的**正规子群**, 记为 $H \trianglelefteq G$.

明显地, 任何群 G 本身和平凡子群 $\{e\}$ 都是 G 的正规子群. 请注意, 当我们谈到 "正规" 时, 一定要交代是哪个子群在哪个大群中正规. 例如, $\langle (123) \rangle \trianglelefteq S_3$, 但把 $\langle (123) \rangle$ 看作 S_4 的子群时, $\langle (123) \rangle \ntrianglelefteq S_4$, 见例 3.4.2 (1).

正规子群有若干等价的表述. 为了叙述的方便, 我们先引入共轭的概念.

定义 3.4.2 设 G 是群, $a,b\in G$. 如果存在元素 $g\in G$, 使得 $b=gag^{-1}$, 则称 a 与 b 在 G 中**共轭**, 并称 b 为 a 的一个**共轭元**. G 中全体与 a 共轭的元素组成的集合

$$C(a)=\{gag^{-1}\,|\,g\in G\}$$

称为 a 在群 G 中的**共轭类**.

同样, 设 H 是群 G 的子群, $g\in G$, 可以证明

$$gHg^{-1}=\{ghg^{-1}\,|\,h\in H\}$$

也是 G 的一个子群 (见习题 3.4.4), 称为子群 H 在 G 中的一个**共轭子群**, 也称子群 gHg^{-1} 与 H 在 G 中共轭. 与 "正规" 的概念一样, 谈论 "共轭" 时, 一定要说清元素 (或子群) 是在哪个群中共轭.

任取 $a,b\in G$, 规定 $a\sim b$ 当且仅当 a 与 b 在 G 中共轭, 容易证明 "$\sim$" 是 G 上的一个等价关系, 称为共轭关系, a 所在的等价类即是 $C(a)$. 于是, 群 G 的所有元素依共轭关系可分为若干互不相交的共轭类 $C_1=C(e)=\{e\}, C_2,\cdots,C_k$, 并且

$$G=C_1\cup C_2\cup\cdots\cup C_k.$$

由此又有

$$|G|=|C_1|+|C_2|+\cdots+|C_k|,$$

这叫作 G 的**类方程**, 而 k 叫作 G 的**类数**. 共轭类 C_i 所包含元素的个数 $|C_i|$ 叫作 C_i 的**长度**.

我们先来看看在置换群 S_n 中两个置换共轭是什么意思. 在 §3.1 中, 我们定义了置换的轮形的概念. 设 $\sigma\in S_n$, 且 σ 唯一表示成 r 个不相交轮换 (含所有 1 长轮换) 的乘积, $n_1\geqslant n_2\geqslant\cdots\geqslant n_r$ 是这 r 个轮换的长度, 则称 $(n_1,n_2,\cdots,n_r)$ 是 σ 的轮形.

命题 3.4.1 设 $\sigma,\tau\in S_n$, σ 与 τ 在 S_n 中共轭的充要条件是 σ 与 τ 的轮形相等 (共形).

证明 由例 3.1.2 (1) 容易推出 σ 在 S_n 中的共轭元素一定与 σ 有相同的轮形. 反之, 设 σ,τ 的轮形为 $(n_1,\cdots,n_r), n_1+\cdots+n_r=n$, 则可设

$$\begin{aligned}\sigma &= (i_{11}\cdots i_{1n_1})(i_{21}\cdots i_{2n_2})\cdots(i_{r1}\cdots i_{rn_r}),\\ \tau &= (j_{11}\cdots j_{1n_1})(j_{21}\cdots j_{2n_2})\cdots(j_{r1}\cdots j_{rn_r}).\end{aligned}$$

令

$$\alpha: i_{kl_k}\mapsto j_{kl_k},\quad 1\leqslant k\leqslant r, 1\leqslant l_k\leqslant n_k.$$

容易验证 $\alpha\in S_n$, 且 $\alpha\sigma\alpha^{-1}=\tau$. □

设 $\sigma,\tau\in A_n$. 若 σ,τ 在 A_n 中共轭 (当然在 S_n 中也共轭), 则由上述命题可推出 σ,τ 有相同的轮形. 但反过来不成立, 见下例.

例 3.4.1 求 A_4 的所有共轭类及类方程.

解 由例 3.1.5 (3), A_4 中元素的可能轮形为

$$(1,1,1,1),\quad (2,2),\quad (3,1).$$

轮形为 $(1,1,1,1)$ 的置换为恒等置换 (1); 轮形为 $(2,2)$ 的置换共有 3 个, 即 $(12)(34),(13)(24),(14)(23)$; 轮形为 $(3,1)$ 的置换共有 8 个, 即 (123), $(132),(124),(142),(134),(143),(234),(243)$. 得到 A_4 中共有 12 个元素.

容易验证含单位元的共轭类 $C((1))=\{(1)\}$.

下面请读者自行计算各种共轭类: 含 $(12)(34)$ 的共轭类

$$\begin{aligned}C((12)(34)) &= \{\alpha(12)(34)\alpha^{-1}\mid\alpha\in A_4\}\\ &= \{(12)(34),(13)(24),(14)(23)\};\end{aligned}$$

含 (123) 的共轭类

$$C((123))=\{\alpha(123)\alpha^{-1}\mid\alpha\in A_4\}=\{(123),(142),(134),(243)\};$$

含 (132) 的共轭类

$$C((132))=\{\alpha(132)\alpha^{-1}\mid\alpha\in A_4\}=\{(132),(124),(143),(234)\}.$$

所以

$$A_4 = C((1)) \cup C((12)(34)) \cup C((123)) \cup C((132)),$$

A_4 的类方程为

$$12 = |A_4| = 1 + 3 + 4 + 4. \qquad \square$$

回到正规子群的定义 (定义 3.4.1), 有:

命题 3.4.2 设 G 是群, $H \leqslant G$, 则以下四个命题等价:

(1) $H \trianglelefteq G$;

(2) $aHa^{-1} = H$ $(\forall a \in G)$, 即 H 在 G 中的任一共轭子群仍为 H 本身;

(3) $aha^{-1} \in H$ $(\forall h \in H, \forall a \in G)$, 即 H 的任一元素在 G 中的共轭元素仍在 H 中;

(4) 若 $h \in H$, 则 h 所属的 G 的共轭类

$$C(h) = \{aha^{-1} \mid a \in G\}$$

包含于 H, 所以 H 一定是由 G 的若干完整的共轭类合并组成的.

证明 (1)$\Longrightarrow$(2): 由命题条件 (1), 有 $Ha = aH$ $(\forall a \in G)$. 两端同时右乘 a^{-1}, 即得 (2).

(2) $\Longrightarrow$(3): 显然.

(3) $\Longrightarrow$(1): 一方面由命题条件 (3), 知 $ah \in Ha$ $(\forall h \in H, \forall a \in G)$, 于是 $aH \subseteq Ha$; 另一方面, 在命题条件 (3) 中以 a^{-1} 代替 a, 得到 $a^{-1}ha \in H$, 于是 $ha \in aH$, 故 $Ha \subseteq aH$. 这就证明了 $aH = Ha$, 即有 (1).

最后, (3)$\Longleftrightarrow$(4) 是显然的. $\square$

下面的命题给出一些常用的正规性的充分条件.

命题 3.4.3 设 G 为群, $H \leqslant G$.

(1) 若 G 是交换群, 则 $H \trianglelefteq G$;

(2) 若 $|G : H| = 2$, 则 $H \trianglelefteq G$.

证明 (1) 因为 G 是交换群, 所以 $\forall h \in H, a \in G$, 有 $aha^{-1} = aa^{-1}h = h \in H$. 由命题 3.4.2 (3); 得 $H \trianglelefteq G$.

(2) $\forall h \in H$, 因为 $H \leqslant G$, 所以有 $hH = H = Hh$. $\forall a \in G \setminus H$, 因为 $|G:H| = 2$, 所以有

$$G = H \cup aH = H \cup Ha.$$

所以 $aH = Ha$. 由定义 3.4.1, 可得 $H \trianglelefteq G$. □

例 3.4.2 证明: (1) $\langle(123)\rangle \trianglelefteq S_3$, 但若把 $\langle(123)\rangle$ 看作 S_4 中的子群, 则 $\langle(123)\rangle \ntrianglelefteq S_4$;

(2) $\mathrm{K}_4 = \{(1), (12)(34), (14)(23), (13)(24)\}$ 是 S_4 的正规子群, 也是 A_4 的正规子群;

(3) A_4 的所有正规子群为 $\{(1)\}, \mathrm{K}_4, A_4$;

(4) $\langle(12)(34)\rangle \trianglelefteq \mathrm{K}_4, \mathrm{K}_4 \trianglelefteq A_4$, 但 $\langle(12)(34)\rangle \ntrianglelefteq A_4$. 所以正规性一般没有传递性;

(5) $A_n \trianglelefteq S_n (n \geqslant 2)$.

证明 (1) 由于 $|S_3 : \langle(123)\rangle| = 2$, 所以 $\langle(123)\rangle \trianglelefteq S_3$. 下证 $\langle(123)\rangle \ntrianglelefteq S_4$.

取 $(14) \in S_4$, 计算得 $(14)(123)(14)^{-1} = (423) \notin \langle(123)\rangle$. 由命题 3.4.2 (3), 知 $\langle(123)\rangle \ntrianglelefteq S_4$.

(2) K_4 是子群, 故只要证正规性. S_4 中轮形为 $(2,2)$ 的元素只有 $\{(12)(34), (13)(24), (14)(23)\}$, 由命题 3.4.1, 元素 $\alpha = (12)(34)$ 在 S_4 中的共轭类为

$$C(\alpha) = \{(12)(34), (13)(24), (14)(23)\}.$$

所以 $\mathrm{K}_4 = C(e) \cup C(\alpha)$ 是由 S_4 的两个完整的共轭类组成. 由命题 3.4.2 (4) 得 $\mathrm{K}_4 \trianglelefteq S_4$. 再由习题 3.4.6 可证 $\mathrm{K}_4 \trianglelefteq A_4$.

(3) 由例 3.4.1, A_4 共有 4 个共轭类, 长度分别为 1, 3, 4, 4. 设 N 是 A_4 的正规子群, 则由命题 3.4.2 (4), N 由 A_4 的若干完整共轭类组成, 且必含 $C((1))$ (因为 N 必含有单位元 e), 所以 $|N|$ 的可能值为 $1, 1+3, 1+4, 1+3+4, 1+4+4, 1+3+4+4$. 再利用拉格朗日定理, 有 $|N| \mid 12$, 所以 $|N|$ 只可能为 $1, 1+3, 1+3+4+4$. 注意到, 当 $|N| = 1+3$ 时, $N = C((1)) \cup C((12)(34)) = \mathrm{K}_4$ 确为子群, 所以 $N = \{(1)\}$, K_4 或 A_4.

(4) 留给读者证明.

(5) 由 $|S_n : A_n| = 2$ 立得. □

例 3.4.3 证明: A_4 无 6 阶子群.

证明 用反证法. 若 A_4 有一个 6 阶子群 H, 由于 $|A_4 : H| = 2$, 所以 $H \trianglelefteq A_4$. 这与例 3.4.2 (3) 矛盾. □

设 G 是群, 在例 3.2.3 中定义了 G 的中心

$$Z(G) = \{g \in G \mid gx = xg, \forall x \in G\}.$$

例 3.4.4 设 G 是群, 子群 $H \leqslant Z(G)$, 证明: $H \trianglelefteq G$. 特别的, $Z(G) \trianglelefteq G$.

证明留作习题.

命题 3.4.4 设 G 是群, $H_1 \trianglelefteq G$, $H_2 \leqslant G$, 则:

(1) $H_1H_2 = H_2H_1$, 于是 $H_1H_2 \leqslant G$;

(2) 如果还有 $H_2 \trianglelefteq G$, 那么 $H_1 \cap H_2 \trianglelefteq G$, $H_1H_2 \trianglelefteq G$.

证明 (1) 由于 $H_1 \trianglelefteq G$, 所以 $\forall h \in H_2$, 有 $hH_1 = H_1h$, 可推出 $H_1H_2 = H_2H_1$. 由定理 3.2.1, 有 $H_1H_2 \leqslant G$.

(2) 我们只证 $H_1 \cap H_2 \trianglelefteq G$, $H_1H_2 \trianglelefteq G$ 留作习题.

由定理 3.2.2, 有 $H_1 \cap H_2 \leqslant G$. 下证正规性. $\forall g \in G, \forall h \in H_1 \cap H_2$, 因为 $H_1 \trianglelefteq G, H_2 \trianglelefteq G$, 所以 $ghg^{-1} \in H_1 \cap H_2$, 正规性得证. □

下面一个例题的结论是很有用的.

例 3.4.5 设 G 是群, $M \trianglelefteq G$, $N \trianglelefteq G$, 且 $M \cap N = \{e\}$, 则对于任意 $m \in M$, $n \in N$, 有 $mn = nm$.

证明 考虑元素

$$m^{-1}n^{-1}mn = (m^{-1}n^{-1}m)n = m^{-1}(n^{-1}mn).$$

由 $N \trianglelefteq G$, 有 $m^{-1}n^{-1}m \in N$; 而由 $M \trianglelefteq G$, 有 $n^{-1}mn \in M$. 于是

$$(m^{-1}n^{-1}m)n \in N, \quad m^{-1}(n^{-1}mn) \in M,$$

即 $m^{-1}n^{-1}mn \in M \cap N$. 又由 $M \cap N = \{e\}$, 得 $m^{-1}n^{-1}mn = e$, 即 $mn = nm$. □

定义 3.4.3 除掉自身和平凡子群外没有其他的正规子群的群叫作**单群**.

例 3.4.6 设 p 是素数, G 是 p 阶群, 证明: G 是单群.

证明 设 $H \leqslant G$, 则由拉格朗日定理, 有 $|H| = 1$ 或 p. 所以 $H = \{e\}$ 或 G. 由单群的定义, G 是单群. □

对于单群的研究是群论中的重要课题, 但由于单群问题的极端复杂性, 我们不可能在本书中讲述很多关于单群的知识. 在下面的例子中, 我们将利用 $A_n(n \geqslant 5)$ 是单群的结果来决定 $S_n(n \geqslant 5)$ 的所有正规子群. 交错群 $A_n(n \geqslant 5)$ 是单群的证明 (本书略去) 最早是由伽罗瓦给出的, $A_n(n \geqslant 5)$ 具有单性恰恰是五次以上方程没有 (用四则运算和开方给出的) 求根公式的原因.

例 3.4.7 设 $n \geqslant 5$, 证明: S_n 的正规子群为 $\{(1)\}, A_n, S_n$.

证明 设 $N \trianglelefteq S_n$. 考查 NA_n. 由命题 3.4.4, 有 $NA_n \trianglelefteq S_n$, 于是有

$$A_n \trianglelefteq NA_n \trianglelefteq S_n.$$

由于 $|S_n : A_n| = 2$, 由拉格朗日定理, 可知 $NA_n = A_n$ 或 $NA_n = S_n$.

若 $NA_n = A_n$, 则 $N \leqslant A_n$. 再由习题 3.4.6, 有 $N \trianglelefteq A_n$. 由于 $A_n(n \geqslant 5)$ 是单群, 所以 $N = \{(1)\}$ 或 $N = A_n$.

下设 $NA_n = S_n$. 考查 $N \cap A_n$. 由命题 3.4.4 (2), 有 $N \cap A_n \trianglelefteq S_n$. 再由习题 3.4.6, 可知 $N \cap A_n \trianglelefteq A_n$. 同样, 由于 $A_n(n \geqslant 5)$ 是单群, 所以 $N \cap A_n = \{(1)\}$ 或 $N \cap A_n = A_n$. 若 $N \cap A_n = A_n$, 则 $A_n \leqslant N$. 由 $|S_n : A_n| = 2$, 可得 $N = A_n$ 或 $N = S_n$.

最后设 $N \cap A_n = \{(1)\}$. 由定理 3.3.4, 有

$$|S_n| = |NA_n| = \frac{|N||A_n|}{|N \cap A_n|} = |N||A_n|,$$

所以 $|N| = 2$, N 是 2 阶正规子群. 由习题 3.4.10, 有 $N \leqslant Z(S_n)$. 但由例 3.2.4, 有 $Z(S_n) = \{(1)\}$, 矛盾.

综上, $S_n(n \geqslant 5)$ 的正规子群为 $\{(1)\}, A_n, S_n$. □

正规子群的每个左陪集与相应的右陪集完全一致, 因此对群 G 的

正规子群 H, 不再区分它的左陪集 aH 和右陪集 Ha, 而统称为正规子群的陪集.

设 $H \trianglelefteq G$, 记 H 在 G 中的全体陪集组成的集合为

$$G/H = \{aH \mid a \in G\}.$$

在商集合 G/H 上, 我们定义一个二元运算: 对于任意 $aH, bH \in G/H$ 规定

$$(aH) \cdot (bH) := (ab)H. \tag{3.3}$$

这种将 G 上的运算诱导到商集合 G/H 上的定义方式称为代表元定义方式. 首先要证明上述定义不依赖于代表元的选取, 是良定义的, 即要证若 $a_1H = a_2H$, $b_1H = b_2H$, 则 $(a_1b_1)H = (a_2b_2)H$. 事实上

$$a_1H = a_2H \Longleftrightarrow a_2^{-1}a_1 \in H, \quad b_1H = b_2H \Longleftrightarrow b_2^{-1}b_1 \in H,$$

而

$$(a_2b_2)^{-1}(a_1b_1) = b_2^{-1}a_2^{-1}a_1b_1 \in b_2^{-1}Hb_1.$$

因为 $H \trianglelefteq G, Hb_1 = b_1H$, 所以

$$(a_2b_2)^{-1}(a_1b_1) \in b_2^{-1}b_1H = H.$$

这就推出 $(a_1b_1)H = (a_2b_2)H$.

命题 3.4.5 设 G 是群, $H \trianglelefteq G$, 则 H 的全体陪集组成的集合 G/H 关于 (3.3) 式规定的二元运算构成群, 称为 G 关于 H 的**商群**, 也记为 G/H.

证明 首先, 运算有结合律: $\forall aH, bH, cH \in G/H$, 有

$$(aHbH)cH = (ab)HcH = (ab)cH = a(bc)H = aH(bHcH).$$

其次, $H(aH) = (aH)H = aH$ $(\forall aH \in G/H)$, 所以 H 是 G/H 的单位元.

最后, 易见 $a^{-1}H$ 是 aH 的逆元. 这就证明了 G/H 关于 (3.3) 式规定的二元运算构成群. □

由于 H 在 G 中的指数就是 H 在 G 中的陪集个数, 所以 $|G/H| = |G:H|$. 特别地, 当 G 是有限群时, $|G/H| = \dfrac{|G|}{|H|}$. 为了书写方便, 商群 G/H 中的元素 aH 也经常表示成 $\overline{a}$, 商群 G/H 表示成 $\overline{G}$, 即

$$\overline{G} = G/H = \{\overline{a} = aH | a \in G\},$$

此时运算写为

$$\overline{a}\overline{b} = \overline{ab}, \quad (\overline{a})^{-1} = \overline{a^{-1}}.$$

作为特殊情形, 所有交换群的子群都是正规子群, 所以对于交换群的任一子群都可以构造相应的商群, 而且容易验证交换群的商群仍然可交换.

例如, 整数加法群是交换群, 且对于任一正整数 n, 子群 $n\mathbb{Z} \trianglelefteq \mathbb{Z}$, 此时相应的商群为

$$\mathbb{Z}/n\mathbb{Z} = \{\overline{i} = i + n\mathbb{Z} \,\big|\, i \in \mathbb{Z}\}.$$

由于在此商群中有

$$\overline{i} = \overline{j} \Longleftrightarrow i + n\mathbb{Z} = j + n\mathbb{Z} \Longleftrightarrow i - j \in n\mathbb{Z} \Longleftrightarrow n \,\big|\, (i-j),$$

所以商群

$$\mathbb{Z}/n\mathbb{Z} = \{\overline{0}, \overline{1}, \cdots, \overline{n-1}\}$$

是 n 阶有限群.

注意到陪集 $\overline{i} = i + n\mathbb{Z}$ 作为整数集合 $\mathbb{Z}$ 的子集恰恰等于整数 i 所属的模 n 剩余类, 见例 1.1.7, 同时商群 $\mathbb{Z}/n\mathbb{Z}$ 的以代表元定义方式得到的加法与命题 1.3.3 中规定的加法是一致的, 所以我们之前学过的模 n 剩余类加法群事实上是整数加群的商群. 这就是为什么我们用符号 $\mathbb{Z}/n\mathbb{Z}$ 来表示模 n 剩余类加法群的原因.

命题 3.4.6　设 G 是群, $N \trianglelefteq G$, $g \in G$, $gN \in G/N$, 证明:

(1) 对于任意 $m \in \mathbb{Z}$, 有 $(gN)^m = g^m N$;

(2) 设 $n = o(gN)$ 是 gN 在 G/N 中的阶, 则 n 是使得 $g^n \in N$ 的最小正整数;

(3) 设 $o(g), o(gN)$ 有限, 则 $o(gN) \mid o(g)$ (这里 $o(gN)$ 是 gN 在 G/N 中的阶, $o(g)$ 是 g 在 G 中的阶).

证明 (1) 当 $m \geqslant 1$ 时,

$$(gN)^m = \underbrace{(gN)\cdots(gN)}_{m\text{个}} = g^m N,$$

$$(gN)^{-m} = ((gN)^{-1})^m = \underbrace{(g^{-1}N)\cdots(g^{-1}N)}_{m\text{个}} = g^{-m}N.$$

当 $m = 0$ 时, $(gN)^0 = N = g^0 N$.

(2) 由元素阶的定义, n 是使得 $(gN)^n = N$ 的最小正整数. 注意到

$$(gN)^n = g^n N = N \Longleftrightarrow g^n \in N,$$

可推知 n 是使得 $g^n \in N$ 的最小正整数.

(3) 设 $o(g) = t$, 则 $g^t = e$. 所以 $(gN)^t = g^t N = N$. 由命题 3.2.6 (1), 有 $o(gN) \mid o(g)$. □

命题 3.4.7 循环群的商群还是循环群, 即设 $G = \langle a \rangle$, $H \leqslant G$ (必正规), 则 $G/H = \langle \overline{a} \rangle$.

证明 $\forall x \in G$, 因为 $G = \langle a \rangle$, 所以存在 $i \in \mathbb{Z}$, 使得 $x = a^i$. 于是 $\overline{x} = xH = a^i H = (aH)^i = \overline{a}^i \in \langle \overline{a} \rangle$. 这就证明了 $G/H \leqslant \langle \overline{a} \rangle$. 而显然 $\langle \overline{a} \rangle \leqslant G/H$, 所以 $G/H = \langle \overline{a} \rangle$. □

例 3.4.8 设 $G = (\mathbb{Z}, +) = \langle 1 \rangle$, $H = m\mathbb{Z}$, 则 $G/H = \mathbb{Z}/m\mathbb{Z} = \langle \overline{1} \rangle$, 且 $o(\overline{1}) = m$.

引入商群后, 我们可以用数学归纳法证明一些重要的群性质.

命题 3.4.8 设 G 为有限交换群, $|G| = n$, 证明: 对于 n 的任一素因子 p, G 中存在阶为 p 的元素.

证明 对 n 应用数学归纳法.

当 $n = 2$ 时, 由定理 3.3.2 可知 G 为 2 阶循环群, 结论显然成立.

假设结论对所有阶小于 n 的交换群成立. 考查阶为 n 的交换群 G, 并设素数 $p|n$.

$\forall a \in G$, $a \neq e$, 设 $o(a) = r > 1$.

若 $p \mid r$, 设 $r = pk$. 此时, 由命题 3.2.6 (2), 有 $o(a^k) = p$, 结论成立.

若 $p \nmid r$. 由于 G 可交换, 所以子群 $\langle a \rangle \trianglelefteq G$. 考查商群 $\overline{G} = G/\langle a \rangle$. 商群 $\overline{G}$ 仍然可交换 (见习题 3.4.12). 由于 $|\langle a \rangle| = o(a) = r$, 所以 $|\overline{G}| = \dfrac{n}{r} < n$, 且 $p \mid |\overline{G}|$. 由归纳假设, 存在 $\overline{x} \in \overline{G}$ (这里 $x \in G$, $\overline{x} = x\langle a \rangle$), 使得 $o(\overline{x}) = p$. 由命题 3.4.6 (3), 有 $o(\overline{x})|o(x)$, 所以 $p|o(x)$. 记 $o(x) = m$, $o(x^{\frac{m}{p}}) = p$.

综上, 由数学归纳法原理知结论成立. □

上面的命题被称为交换群的柯西 (Canchy) 定理, 柯西定理说的是, 对于任一有限群 G, 若素数 $p \mid |G|$, 则 G 中存在 p 阶元素. 我们将在 §3.9 中证明一般的柯西定理 (定理 3.9.2).

最后, 我们利用已学的知识解决两个群分类问题.

例 3.4.9 设 p 是奇素数, G 是 $2p$ 阶群, 证明: G 或者是循环群, 或者同构于二面体群 D_{2p}.

证明 由拉格朗日定理, $\forall x \in G$, 有 $o(x) = 1, 2, p$ 或 $2p$. 若 G 中存在 $2p$ 阶元素 a, 则 $G = \langle a \rangle$ 为循环群.

下设 G 中没有 $2p$ 阶元素. 若 G 中非单位元都是 2 阶的, 由定理 3.3.3, G 是交换群. 再由命题 3.4.8, G 中存在 p 阶元素, 矛盾.

所以, G 中必有至少一个 p 阶元素, 设为 a. 即 $\langle a \rangle$ 是 p 阶子群. 由例 3.3.3, $G \setminus \langle a \rangle$ 中都是 2 阶元素. 取 $b \in G \setminus \langle a \rangle$, $o(b) = 2$. 由于 $\langle a \rangle$ 在 G 中的指数为 2, 所以 $\langle a \rangle \trianglelefteq G$. 于是, 存在 $i \in \mathbb{Z}$, 使得

$$bab^{-1} = a^i \in \langle a \rangle.$$

因为

$$b^2 = e, \quad a = b^2ab^{-2} = b(bab^{-1})b^{-1} = ba^ib^{-1} = (bab^{-1})^i = a^{i^2}.$$

又注意到 $o(a) = p$, 所以 $i^2 \equiv 1 (\operatorname{mod} p)$, 即 $i = \pm 1 (\operatorname{mod} p)$, $bab^{-1} = a$ 或 $bab^{-1} = a^{-1}$. 若 $bab^{-1} = a$, 则 $ab = ba$. 由命题 3.2.6 (3), 有 $o(ab) = 2p$, 与假设无 $2p$ 阶元素矛盾, 所以 $i = -1, bab^{-1} = a^{-1}$. 我们有

$$H = \langle a, b \mid a^p = e, b^2 = e, bab^{-1} = a^{-1} \rangle \leqslant G.$$

由例 3.2.7, $H \cong D_{2p}$ 是 $2p$ 阶群, 所以 $G = H$ 同构于二面体群. □

例 3.4.10 设 p, q 是两个不同的奇素数, G 是 pq 阶交换群, 证明: G 是循环群.

证明 由命题 3.4.8, G 中存在一个 p 阶元素 x, 一个 q 阶元素 y. 再由命题 3.2.6 (3), 有 $o(xy) = pq$, 于是 $G = \langle xy \rangle$ 是循环群. □

习 题

3.4.1 证明: 群 G 中元素间的共轭关系是等价关系.

3.4.2 设 G 是群, $a \in G$, 证明: 共轭类 $C(a) = \{a\} \iff a \in Z(G)$.

3.4.3 对于群中的任意两个元素 a, b, 证明: ab 与 ba 的阶相等.

3.4.4 设 H 是群 G 的子群, $a \in G$, 证明:

$$aHa^{-1} = \{aha^{-1} \mid h \in H\}$$

也是 G 的一个子群, 并且 $aHa^{-1} \cong H$; 特别地, 有 $|aHa^{-1}| = |H|$.

3.4.5 设 H 是群 G 的子群, 证明: 若 $|H| = k$, 且 G 只有一个 k 阶子群, 则 $H \trianglelefteq G$.

3.4.6 设 $K \leqslant H \leqslant G$, 且 $K \trianglelefteq G$, 证明: K 也是 H 的正规子群.

3.4.7 设 G 是群, $H_1 \trianglelefteq G$, $H_2 \trianglelefteq G$, 证明: $H_1H_2 \trianglelefteq G$.

3.4.8 设 G 是群, 子群 $H \leqslant Z(G)$, 证明: H 正规于 G.

3.4.9 证明: 若 $G/Z(G)$ 是循环群, 则 G 是交换群.

3.4.10 设 $K \trianglelefteq G$, $|K| = 2$, 证明: $K \leqslant Z(G)$. (2 阶正规子群必含于中心).

3.4.11 写出 S_3, S_4 的全部正规子群.

3.4.12 设 G 是交换群, $H \leqslant G$ (此时 $H \trianglelefteq G$), 证明: 商群 G/H 也是交换群 (交换群的商群仍然是交换群).

3.4.13 证明: 商群 A_4/K_4 是交换群 (这说明非交换群的商群可以是交换群).

3.4.14 设 $H = \{(1), (12), (34), (12)(34)\}$, 证明: $H \leqslant S_4$ 且 $H \cong \mathrm{K}_4$, 但 $H \ntrianglelefteq S_4$ (这说明群 G 中可有两个同构子群, 使得一个是 G 的

正规子群, 一个不是 G 的正规子群).

3.4.15 设 m,n 为不同的正整数, 证明: $m\mathbb{Z}\cong n\mathbb{Z}\cong\mathbb{Z}$, $\mathbb{Z}/m\mathbb{Z}\not\cong\mathbb{Z}/n\mathbb{Z}$ (这说明群 G 中可有与 G 自身同构的真子群, 且设 H,K 为 G 的两个同构的子群, 但商群 $G/H, G/K$ 却不同构).

3.4.16 设群 G 的阶为 pq, 其中 p,q 为两个不同的奇素数, 证明: 若 G 有唯一的 p 阶和 q 阶子群, 则 G 是循环群.

§3.5 同态、同态基本定理

在 §2.1 中, 我们已经定义了群的同构. 在本节中, 我们介绍十分重要的同态的概念.

在本节中, 我们总假设 G 和 G_1 是群, 其单位元分别为 e 和 e_1.

定义 3.5.1 设 G 和 G_1 是群, φ 是 $G\to G_1$ 的映射. 如果 φ 保持群运算, 即对于所有的 $a,b\in G$, 都有 $\varphi(ab)=\varphi(a)\varphi(b)$, 称映射 φ 为由群 G 到群 G_1 的一个**群同态** (简称为**同态**). 如果同态 φ 是满射, 则称 φ 为**满同态**. 而如果同态 φ 是单射, 则称 φ 为**单同态**.

由定义 2.1.3, 既单又满的群同态就是群同构.

群 G 到自身的同态及同构具有重要的意义, 我们称之为群 G 的**自同态**和**自同构**. 我们以 $\mathrm{End}\,(G)$ 表示 G 的全体自同态组成的集合, 而以 $\mathrm{Aut}\,(G)$ 表示 G 的全体自同构组成的集合. 对于映射的乘法, $\mathrm{End}\,(G)$ 组成一个有单位元的半群, 而 $\mathrm{Aut}\,(G)$ 组成一个群, 叫作 G 的**自同构群**.

例 3.5.1 (1) 群 $(\mathbb{Z},+)$ 到自身的映射 $\varphi: n\mapsto 2n$ $(\forall n\in\mathbb{Z})$ 是 $(\mathbb{Z},+)$ 的自同态, 而且是单同态, 但不是满同态.

(2) 一般线性群 $\mathrm{GL}\,(2,\mathbb{R})$ 到非零实数乘法群 $(\mathbb{R}^*,\times)$ 的映射

$$\begin{aligned}&\varphi:\ \mathrm{GL}\,(2,\mathbb{R})\to\mathbb{R}^*,\\ &\boldsymbol{A}=\begin{pmatrix}a&b\\c&d\end{pmatrix}\mapsto ad-bc,\quad \forall\boldsymbol{A}\in\mathrm{GL}\,(2,\mathbb{R})\end{aligned}$$

是群同态, 并且是满同态, 但不是单同态.

(3) 设 G 是群, $H \trianglelefteq G$. 由商群中运算的定义立见

$$\pi: G \to \overline{G} = G/H,$$
$$a \mapsto \overline{a} = aH$$

是满的群同态. 这个同态称为由 G 到 G/H 的**典范同态**. 另外, 对于 $a \in G$, 我们容易看出 $\pi(a) = \overline{e} = H$ 的充要条件是 $a \in H$.

命题 3.5.1 设映射 $\varphi: G \to G_1$ 是群同态, 并设 $a \in G$. 则:

(1) $\varphi(e) = e_1, \varphi(a^{-1}) = (\varphi(a))^{-1}$;

(2) $\forall n \in \mathbb{Z}$, 有 $\varphi(a^n) = (\varphi(a))^n$;

(3) 如果 $o(a) < \infty$, 那么 $o(\varphi(a)) < \infty$, 且 $o(\varphi(a)) \,\big|\, o(a)$;

(4) 如果 φ 是群同构, 那么逆映射 φ^{-1} 是由 G_1 到 G 的群同构, 且有 $o(\varphi(a)) = o(a)$.

证明 (1) 注意到 $\varphi(e)\varphi(a) = \varphi(ea) = \varphi(a)$, 再由消去律得到 $\varphi(e) = e_1$.

又 $\varphi(a^{-1})\varphi(a) = \varphi(a^{-1}a) = \varphi(e) = e_1$, 同样得 $\varphi(a)\varphi(a^{-1}) = e_1$, 所以 $\varphi(a^{-1}) = (\varphi(a))^{-1}$.

(2) 当 $n = 0$ 时, 即为 $\varphi(e) = e_1$. 当 $n > 0$ 时, 由同态保运算得 $\varphi(a^n) = (\varphi(a))^n$. 而

$$\varphi(a^{-n}) = \varphi(\overbrace{a^{-1} \cdots a^{-1}}^{n\text{个}}) = (\varphi(a^{-1}))^n = ((\varphi(a))^{-1})^n = (\varphi(a))^{-n}.$$

(3) 设 $o(a) = m$, 则 $a^m = e$. 于是 $(\varphi(a))^m = \varphi(a^m) = \varphi(e) = e_1$. 所以 $o(\varphi(a)) < \infty$, 且由命题 3.2.6 (1) 得 $o(\varphi(a)) \,\big|\, o(a)$.

(4) 因为 φ 是双射, 所以 φ^{-1} 也是 G_1 到 G 的双射. 下证 φ^{-1} 保运算. $\forall a_1, b_1 \in G_1$, 由于 φ 是满的, 存在 $a, b \in G$, 使得 $a_1 = \varphi(a), b_1 = \varphi(b)$; 又由于 φ 是单的, 有 $\varphi^{-1}(a_1) = a, \varphi^{-1}(b_1) = b$. 于是

$$\varphi^{-1}(a_1b_1) = \varphi^{-1}(\varphi(a)\varphi(b)) = \varphi^{-1}(\varphi(ab)) = ab = \varphi^{-1}(a_1)\varphi^{-1}(b_1).$$

这就证明了 φ^{-1} 是由 G_1 到 G 的群同构.

最后, 注意到当 φ 是同构时, $a^m = e \Longleftrightarrow \varphi(a)^m = e_1$, 由元素阶的定义可知 $o(\varphi(a)) = o(a)$. □

例 3.5.2 令 $G_1=\langle a\rangle$ 是 4 阶循环群, $G_2=\langle b\rangle$ 是 6 阶循环群, 求 $G_1\to G_2$ 的所有群同态.

解 设 $\varphi: G_1\to G_2$ 是一个群同态. 由于 $\varphi(a^i)=\varphi(a)^i(\forall i\in\mathbb{Z})$, 所以同态 φ 由 $\varphi(a)$ 的取值唯一决定.

记 e' 为 G_2 的单位元. 因为 $e'=\varphi(a^4)=\varphi(a)^4$, 所以 $o(\varphi(a))\,\big|\,4$. 又由拉格朗日定理, 显然有 $o(\varphi(a))\,\big|\,6$. 所以 $o(\varphi(a))=1$ 或 2, 即 $\varphi(a)=e'$ 或 b^3, 同态 φ 至多有两种可能.

若 $\varphi(a)=e'$, 则 $\varphi(a^i)=e', i=1,2,3,4$, 此时 $\varphi: G_1\to G_2$ 是平凡同态.

若 $\varphi(a)=b^3$, 则 $\varphi(a^2)=e', \varphi(a^3)=b^3, \varphi(a^4)=e'$. 易验证这样定义的 φ 也是群同态.

综上, $G_1\to G_2$ 有两个群同态. □

设映射 φ 是由 G 到 G_1 的群同态. 令

$$\ker\varphi=\{a\in G\,\big|\,\varphi(a)=e_1\},$$

称之为同态 φ 的**核**. 令

$$\operatorname{im}\varphi=\{\varphi(a)\,\big|\,a\in G\},$$

称之为同态 φ 的**像**. 如果 φ 是满射, 则有 $\operatorname{im}\varphi=G_1$.

关于同态的像与核有下面的简单事实:

命题 3.5.2 设 $\varphi: G\to G_1$ 是群同态, 则 $\operatorname{im}\varphi$ 是 G_1 的子群, 而 $\ker\varphi$ 是 G 的正规子群.

证明 由 φ 是同态, 有 $e_1=\varphi(e)\in\operatorname{im}\varphi$, 故 $\operatorname{im}\varphi\neq\varnothing$. 对于任意 $a_1,b_1\in\operatorname{im}\varphi$, 存在 $a,b\in G$, 使得 $\varphi(a)=a_1$, $\varphi(b)=b_1$, 于是

$$a_1b_1^{-1}=\varphi(a)(\varphi(b))^{-1}=\varphi(a)\varphi(b^{-1})=\varphi(ab^{-1})\in\operatorname{im}\varphi.$$

故 $\operatorname{im}\varphi\leqslant G_1$.

由于 $e\in\ker\varphi$, 故 $\ker\varphi\neq\varnothing$. 对于任意 $a,b\in\ker\varphi$, 有

$$\varphi(ab^{-1})=\varphi(a)(\varphi(b))^{-1}=e_1\cdot e_1=e_1,$$

故 $ab^{-1} \in \ker\varphi$. 所以 $\ker\varphi \leqslant G$. 又对于任意 $a \in \ker\varphi$, $g \in G$, 有

$$\varphi(gag^{-1}) = \varphi(g)\varphi(a)\varphi(g^{-1}) = \varphi(g)e_1\varphi(g)^{-1} = e_1,$$

于是 $gag^{-1} \in \ker\varphi$. 这就证明了 $\ker\varphi \trianglelefteq G$. □

命题 3.5.3 设映射 φ 是由 G 到 G_1 的群同态, 则 φ 是单射当且仅当 $\ker\varphi = \{e\}$.

证明 先设 φ 是单的. $\forall a \neq e$, 有 $\varphi(a) \neq \varphi(e) = e_1$, 所以 $a \notin \ker\varphi$, 即 $\ker\varphi = \{e\}$.

反之, 设 $\ker\varphi = \{e\}$. $\forall a, b \in G$, 若 $\varphi(a) = \varphi(b)$, 则

$$e_1 = \varphi(a)(\varphi(b))^{-1} = \varphi(a)\varphi(b^{-1}) = \varphi(ab^{-1}),$$

即 $ab^{-1} \in \ker\varphi = \{e\}$. 故 $ab^{-1} = e$, 亦即 $a = b$. 所以 φ 是单的. □

下面的定理在群论中有基本的重要性.

定理 3.5.1 (群同态基本定理) 设 $\varphi: G \to G_1$ 是群同态, 则

$$G/\ker\varphi \cong \operatorname{im}\varphi.$$

证明 为了简单起见, 记 $\ker\varphi = H$. 定义映射

$$\begin{aligned} \psi:\ G/H &\to \operatorname{im}\varphi, \\ aH &\mapsto \varphi(a). \end{aligned}$$

我们来验证 ψ 是良定义的, 即 $\psi(aH)$ 与陪集代表 a 的选取无关. 事实上,

$$\begin{aligned} aH = bH &\iff b^{-1}a \in H \iff \varphi(b^{-1}a) = e_1 \\ &\iff \varphi(b)^{-1}\varphi(a) = e_1 \iff \varphi(a) = \varphi(b). \end{aligned} \tag{3.4}$$

由式 (3.4), 如果 $aH = bH$, 则 $\psi(bH) = \varphi(b) = \varphi(a) = \psi(aH)$, 即 ψ 是良定义的.

同样, 由于式 (3.4), 若 $\psi(aH) = \psi(bH)$, 则有 $aH = bH$. 故 ψ 是单射(事实上, 式 (3.4) 说明了同态 φ 下, $\varphi(a) = \varphi(b) \iff b \in aH$, 即像元素 $\varphi(a)$ 的原像集 $\varphi^{-1}(\varphi(a)) = aH$.)

下面证明 ψ 是群同构. 首先, $\forall aH, bH \in G/H$, 有

$$\psi((aH)(bH)) = \psi(abH) = \varphi(ab) = \varphi(a)\varphi(b) = \psi(aH)\psi(bH),$$

所以 ψ 是群同态. 设 $g \in \operatorname{im}\varphi$, 则存在 $a \in G$, 使得 $\varphi(a) = g$. 于是 $\psi(aH) = \varphi(a) = g$. 这说明 ψ 是满射. 这就证明了 ψ 是同构. □

推论 3.5.1 设 $\varphi: G \to G_1$ 是群的满同态, 则 $G/\ker\varphi \cong G_1$.

由同态基本定理的证明, 可知群同态 $\varphi: G \to \varphi(G)$ 是典范同态 $\pi: G \to G/\ker\varphi$ 与同构 $\psi: G/\ker\varphi \to \varphi(G)$ 的合成. 由于同构的群在代数结构上是完全一样的群, 所以研究群同态本质就是研究其对应的典范同态. 这就说明了群同态与正规子群及商群之间的本质关系: 群 G 上的任意一个群同态 φ 的核是一个正规子群且同态像是 G 的一个商群 $G/\ker\varphi$; 反之, 任给一个 G 的正规子群 K, 我们可构造典范同态 $\pi_K: G \to G/K$, 且此时 $\ker\pi_K = K$ (见例 3.5.1). 于是, 群 G 上的所有可能群同态与群的所有正规子群之间建立了对应, 而相应的同态像就是相应的商群.

下面我们应用群同态基本定理来证明凯莱定理和循环群的同构定理.

设 X 是一个非空集合, X 到自身的全体双射组成的集合对于映射的乘法 (即合成) 构成 X 的全变换群 S_X, 其子群称为 X 的**变换群**. 若 X 是 n 元有限集合, X 的全变换群也称为 n 元**对称群**, 其子群称为 n 元**置换群**.

在群论的最初阶段, 人们研究的是置换群, 即有限集合上的变换群. 19 世纪下半叶, 人们用公理方法给出了抽象群的定义 (例如定义 2.1.1). 于是自然要问: 变换群和抽象群这两个概念的外延是不是一样的? 下面要证明的凯莱定理说明二者是一样的, 即任一抽象群都同构于某个变换群.

设 G 是群. 对于任一 $a \in G$, 定义 G 上的变换

$$\begin{aligned} L(a):\ G &\to G, \\ g &\mapsto ag. \end{aligned}$$

$L(a)$ 称为由 a 引起的 (G 的) **左平移**. 对于任一 $g \in G$, 有

$$L(a)L(a^{-1})(g) = L(a)(a^{-1}g) = a(a^{-1}g) = g,$$

所以 $L(a)L(a^{-1}) = \mathrm{id}_G$. 同样 $L(a^{-1})L(a) = \mathrm{id}_G$. 故 $L(a)$ 是 G 上的双射 (见命题 1.1.2), 即 $L(a) \in S_G$, 其中 S_G 是集合 G 的全变换群.

定理 3.5.2 (凯莱定理) 任一群 G 都同构于某一集合上的变换群.

证明 以 $L(G)$ 记 G 的左平移的全体所构成的集合, 它是 G 的全变换群 S_G 的子集, 即

$$L(G) = \{L(a) \,\big|\, a \in G\} \subseteq S_G.$$

定义映射

$$\begin{aligned} L:\ G &\to S_G, \\ a &\mapsto L(a). \end{aligned}$$

$\forall a, b \in G$, 有

$$\begin{aligned} L(ab)(g) &= (ab)g = a(bg) = L(a)(L(b)(g)) \\ &= (L(a)L(b))(g), \quad \forall g \in G, \end{aligned}$$

所以 $L(ab) = L(a)L(b)$, 即 L 是 G 到 S_G 的群同态. 显然 $\mathrm{im}\, L = L(G)$. 由命题 3.5.2, 有 $L(G) \leqslant S_G$, 且 $L(G)$ 是集合 G 上的变换群. 设 $a \in \ker L$, 则 $L(a) = \mathrm{id}_G$, 即对于任意 $g \in G$, 有 $L(a)g = ag = g$. 由消去律, 有 $a = e$. 这就证明了 $\ker L = \{e\}$. 由同态基本定理, 即知 $G \cong L(G)$. 而 $L(G)$ 是集合 G 上的变换群, 故定理为真. □

作为特殊情形, 如果 G 是有限群, $|G| = n$, 则凯莱定理告诉我们: G 同构于对称群 S_n 的一个子群.

在本节的最后, 我们利用同态基本定理给出循环群的同构定理.

定理 3.5.3 无限循环群与 $(\mathbb{Z}, +)$ 同构, 有限 n 阶循环群与 $(\mathbb{Z}/n\mathbb{Z}, +)$ 同构. 由此推得同阶 (有限或无限) 循环群必互相同构.

证明 设 $G = \langle a \rangle$ 为循环群. 定义映射

$$\begin{aligned} \varphi:\ \mathbb{Z} &\to G, \\ m &\mapsto a^m. \end{aligned}$$

由 φ 的定义, φ 是满射, 且 $\forall m, n \in \mathbb{Z}$, 有

$$\varphi(m+n) = a^{m+n} = a^m a^n = \varphi(m)\varphi(n),$$

所以 φ 是从整数加法群 $(\mathbb{Z}, +)$ 到群 G 的满的群同态.

下面我们来计算正规子群 $\ker\varphi$. 由例 3.2.10, $\mathbb{Z}$ 的所有子群只有 $\{0\}$ 和 $n\mathbb{Z}$, 其中 n 是任一正整数. 因为 $\mathbb{Z}$ 是交换群, 所以它的所有子群都是正规子群.

情形 1: 如果 $\ker\varphi = \{0\}$, 由同态基本定理, 有 $G \cong \mathbb{Z}/\{0\} \cong \mathbb{Z}$. 这时 $|G| = \infty$.

情形 2: 如果 $\ker\varphi = n\mathbb{Z}$, 由同态基本定理, 有 $\mathbb{Z}/\ker\varphi = \mathbb{Z}/n\mathbb{Z} \cong G$. 这时 $|G| = n$, G 是有限循环群. □

上述定理告诉我们同阶的循环群必同构. 在本书中, 我们将用 C_n 来代表 n 阶循环 (抽象) 群.

习　题

3.5.1 证明: K_4 与 4 阶循环群不同构, 并给出 4 阶群的所有同构型.

3.5.2 证明例 3.5.1 的结论, 并求每个同态映射的核.

3.5.3 设 $\varphi: G \to G_1$ 是群同态, 记 $H = \ker\varphi$, 证明: $\forall a, b \in G$, 有 $\varphi(a) = \varphi(b) \Longleftrightarrow b \in aH$, 即像元素 $\varphi(a)$ 的原像集 $\varphi^{-1}(\varphi(a)) = aH$.

3.5.4 设 $G \leqslant S_n$, $\forall \sigma \in G$, 定义

$$\operatorname{sgn}(\sigma) = \begin{cases} 1, & \sigma \text{ 偶置换}, \\ -1, & \sigma \text{ 奇置换}. \end{cases}$$

(1) 证明: sgn 是由 G 到乘法群 $\{1, -1\}$ 的同态;

(2) 求 $\ker \mathrm{sgn}$;

(3) 证明: G 中若有奇置换, 则奇、偶置换各占一半.

3.5.5 设 φ 是由 G 到 G_1 的一个群同构.

(1) $\forall H \leqslant G$, 证明: $\varphi(H) \leqslant G_1$ 且 $H \cong \varphi(H)$; 若还有 $H \trianglelefteq G$, 则 $\varphi(H) \trianglelefteq G_1$.

(2) G 的子群集合与 G_1 的子群集合在 φ 的自然对应下 (即 $H \mapsto \varphi(H)$) 可建立一一对应, 且在此对应下正规子群对应正规子群.

3.5.6 设 φ 是由 G 到 G_1 的群满同态. 若 G 是交换群, 问: G_1 是否仍为交换群? 若 G 是非交换群, 问: G_1 是否一定是非交换群? 举例说明.

3.5.7 设 $\langle a \rangle \cong C_8, \langle b \rangle \cong C_{12}$, 给出 $\langle a \rangle \to \langle b \rangle$ 的所有同态 φ, 并指出相应的 $\ker \varphi$.

3.5.8 利用同态基本定理证明: $\mathrm{GL}(n, \mathbb{R})/\mathrm{SL}(n, \mathbb{R}) \cong \mathbb{R}^*$, 这里 $n \geqslant 2$, $\mathbb{R}^*$ 是非零实数构成的乘法群.

§3.6 同构定理

首先, 我们来研究商群的子群.

命题 3.6.1 设 G 是群, $H \trianglelefteq G$. 考查典范同态

$$\begin{aligned} \pi:\ G &\to \overline{G} = G/H, \\ a &\mapsto \overline{a} = aH, \quad \forall a \in G. \end{aligned}$$

令

$$\mathcal{S} = \{M \mid M \leqslant G, M \supseteq H\},$$

即 $\mathcal{S}$ 是 G 的包含 H 的全体子群组成的集合; 令

$$\mathcal{Q} = \{\overline{N} \mid \overline{N} \leqslant \overline{G}\},$$

即 $\mathcal{Q}$ 是 $\overline{G} = G/H$ 的全体子群组成的集合.

(1) 若 $M \in \mathcal{S}$, 则 $\pi(M) = M/H \in \mathcal{Q}$, 即 $\pi(M)$ 是 G/H 的一个子群.

(2) 若 $\overline{N}$ 是 $\overline{G}$ 的一个子群, 则其原像集合

$$\pi^{-1}(\overline{N})=\{x\in G\,|\,\pi(x)=\overline{x}\in\overline{N}\}\in\mathcal{S},$$

即 $\pi^{-1}(\overline{N})$ 是 G 的一个包含 H 的子群.

(3) π 诱导了 $\mathcal{S}\to\mathcal{Q}$ 的一个一一映射, 记为 π^*, 即

$$\begin{aligned}\pi^*:\mathcal{S}&\to\mathcal{Q},\\ M&\mapsto\pi(M),\quad\forall M\in\mathcal{S};\end{aligned}$$

并且求原像映射 $\pi^{-1}:\mathcal{Q}\to\mathcal{S}$ 是 π^* 的逆映射.

(4) 映射 $\pi^*:\mathcal{S}\to\mathcal{Q}$ 保持正规性: 若 K 是包含 H 的 G 的一个正规子群, 则 $\pi(K)=K/H\trianglelefteq G/H$; 若 $\overline{N}\trianglelefteq\overline{G}$, 则 $\overline{N}$ 的原像集合 $\pi^{-1}(\overline{N})\trianglelefteq G$.

证明 (1) 对于 G 的包含 H 的子群 M, 由于 π 是群同态, 所以 π 在 M 上的限制

$$\pi|_M:\ M\to\overline{G}$$

也是群同态, 故由命题 3.5.2,

$$\operatorname{im}(\pi|_M)=\pi(M)=\{\overline{x}=xH\,|\,x\in M\}=M/H$$

是 $\overline{G}$ 的子群.

(2) 对于 $\overline{G}$ 的任一子群 $\overline{N}$, 我们来验证 $\pi^{-1}(\overline{N})$ 是 G 的包含 H 的子群. 由于 $H=\ker\pi=\pi^{-1}(\overline{e})$, 且 $\overline{e}\in\overline{N}$, 所以 $H\subseteq\pi^{-1}(\overline{N})$, 且对于任意 $a,b\in\pi^{-1}(\overline{N})$, 有 $\pi(a)=\overline{a}\in\overline{N},\pi(b)=\overline{b}\in\overline{N}$. 于是有

$$\overline{a}\overline{b}^{-1}\in\overline{N}\Longrightarrow\overline{ab^{-1}}\in\overline{N}\Longrightarrow ab^{-1}\in\pi^{-1}(\overline{N}),$$

这就证明了结论 (2).

(3) 由 (1) 可知 π^* 的确是 $\mathcal{S}\to\mathcal{Q}$ 的一个映射, 而 (2) 告诉我们 π^{-1} 诱导出 $\mathcal{Q}\to\mathcal{S}$ 的一个映射. 先证 π^* 是单射. 设 M_1 和 M_2 都是 G 的包含 H 的子群, 且 $M_1\neq M_2$, 则不妨设 $M_1\not\subseteq M_2$, 即存在 $a\in M_1\setminus M_2$. 此时必有 $\pi(a)=\overline{a}\notin M_2/H$ (否则, 存在 $b\in M_2$, 使得 $\overline{a}=\overline{b}$, 即 $a\in bH\subseteq M_2$, 矛盾), 于是 $M_1/H\neq M_2/H$, π^* 是单射得证. 再证 π^* 是满射. 对于任意 $\overline{N}\leqslant\overline{G}$, 容易验证

$$\pi^*(\pi^{-1}(\overline{N}))=\pi(\pi^{-1}(\overline{N}))=\overline{N},\tag{3.5}$$

即 π^* 是满射.

综上, $\pi^*: \mathcal{S} \to \mathcal{Q}$ 是一一映射, 且由式 (3.5) 可推出原像映射 π^{-1} 是其逆映射.

(4) 若 K 为 G 的包含 H 的正规子群, 则对于任意 $\overline{g} \in G/H, \overline{k} \in K/H$, 有 $\overline{g}\overline{k}\overline{g}^{-1} = \overline{gkg^{-1}}$. 因为 $K \trianglelefteq G$, 得 $gkg^{-1} \in K$, 故 $\overline{gkg^{-1}} \in K/H$. 所以 $K/H \trianglelefteq G/H$.

若 $\overline{N} \trianglelefteq \overline{G}$, 则对于任意 $g \in G$ 和 $a \in \pi^{-1}(\overline{N})$, 有 $\pi(gag^{-1}) = \overline{gag^{-1}} = \overline{g}\,\overline{a}\,\overline{g}^{-1} \in \overline{N}$. 故 $gag^{-1} \in \pi^{-1}(\overline{N})$. 所以 $\pi^{-1}(\overline{N}) \trianglelefteq G$. □

上述命题可直接推导出下述推论, 这样商群的子群就可以清晰地表达出来.

推论 3.6.1 设 $H \trianglelefteq G$, 则商群 G/H 的任一子群可唯一表示成 M/H 的形式, 其中 $H \leqslant M \leqslant G$, 且 G/H 的任一正规子群可唯一表示成 N/H 的形式, 其中 $H \leqslant N \trianglelefteq G$.

群同构第一定理, 本质上讨论的就是商群的子群和商群的商群, 可叙述如下:

定理 3.6.1 (第一同构定理) 设 G 是群, $H \trianglelefteq G$, 则在典范同态

$$\pi: \ G \to G/H,$$
$$a \mapsto aH$$

下:

(1) G 的包含 H 的子群与 G/H 的子群一一对应;

(2) 在 (1) 中的对应下, 正规子群对应于正规子群;

(3) 如果 $K \trianglelefteq G$, 且 $K \supseteq H$, 那么

$$G/K \cong (G/H)/(K/H).$$

证明 (1) 和 (2) 见命题 3.6.1.

(3) 考虑映射

$$\varphi: \ G/H \to G/K,$$
$$aH \mapsto aK.$$

此映射是良定义的. 事实上, 若 $aH = bH$, 则 $a^{-1}b \in H \subseteq K$. 故

$$aK = bK.$$

对于 $aH, bH \in G/H$, 有

$$\begin{aligned}\varphi((aH)(bH)) &= \varphi(abH) = abK = (aK)(bK)\\ &= \varphi(aH)\varphi(bH),\end{aligned}$$

故 φ 是群同态. 考虑 $\ker\varphi$, 我们有

$$\begin{aligned}aH \in \ker\varphi &\Longleftrightarrow \varphi(aH) = K \Longleftrightarrow aK = K\\ &\Longleftrightarrow a \in K \Longleftrightarrow aH \in K/H,\end{aligned}$$

所以 $\ker\varphi = K/H$. 又显然 φ 是满的, 由同态基本定理即得所要证的结论. □

如果用满同态的像代替定理 3.6.1 中的 G/H, 即设 $\psi\colon G \to G_1$ 为满同态, 则由同态基本定理有同构 $\overline{\psi}\colon G/\ker\psi \cong G_1$. 于是 $\psi = \overline{\psi}\circ\pi$,

$$G \xrightarrow{\pi} G/\ker\psi \overset{\overline{\psi}}{\cong} G_1.$$

定理 3.6.1 可以改写如下 (见习题 3.5.5):

定理 3.6.1′ 设 $\psi\colon G \to G_1$ 为满同态, 则:

(1) ψ 自然诱导了 G 的包含 $\ker\psi$ 的子群与 G_1 的子群之间的一一对应;

(2) 在 (1) 中的对应下, 正规子群对应于正规子群;

(3) 如果 $K \trianglelefteq G$, 且 $K \supseteq \ker\psi$, 那么

$$G/K (\cong (G/\ker\psi)/(K/\ker\psi)) \cong \psi(G)/\psi(K).$$

下面我们利用第一同构定理来决定商群 $\mathbb{Z}/m\mathbb{Z}$ 中的所有子群. 事实上, 由定理 3.2.3, 也能容易地求出循环群 $\mathbb{Z}/m\mathbb{Z}$ 中的所有子群.

例 3.6.1 设 $m \in \mathbb{Z}^+$, 则 m 阶循环群 $\mathbb{Z}/m\mathbb{Z}$ 的所有子群为

$$\{d\mathbb{Z}/m\mathbb{Z} \,\big|\, d \,\big|\, m, 1 \leqslant d \leqslant m\}.$$

记 $\overline{d} = d + m\mathbb{Z} \in \mathbb{Z}/m\mathbb{Z}$, 则 $d\mathbb{Z}/m\mathbb{Z} = \langle \overline{d} \rangle$ 是 $\dfrac{m}{d}$ 阶子群.

证明 由例 3.2.10, $\mathbb{Z}$ 的所有子群为 $d\mathbb{Z}, d \geqslant 0$, 而且 $m\mathbb{Z} \subseteq d\mathbb{Z}$ 的充要条件是 $d|m$. 再由推论 3.6.1, 商群 $\mathbb{Z}/m\mathbb{Z}$ 的所有子群为

$$\{d\mathbb{Z}/m\mathbb{Z} \,\big|\, d \,\big|\, m, 1 \leqslant d \leqslant m\},$$

且

$$d\mathbb{Z}/m\mathbb{Z} = \{kd + m\mathbb{Z} \,\big|\, k \in \mathbb{Z}\} = \{k\overline{d} \,\big|\, k \in \mathbb{Z}\} = \langle \overline{d} \rangle,$$

其中 $d = 1$ 对应于子群 $\mathbb{Z}/m\mathbb{Z}$, 而 $d = m$ 对应于平凡子群 $\{\overline{0}\}$.

最后, 由命题 3.2.6 (2), 有

$$o(\overline{d}) = o(d\overline{1}) = \frac{m}{(m,d)} = \frac{m}{d},$$

于是 $|\langle \overline{d} \rangle| = o(\overline{d}) = \dfrac{m}{d}$. □

习题 3.5.5 告诉我们, 若 $\psi : G \to G_1$ 是群同构, 则 G 的 (正规) 子群与 G_1 的 (正规) 子群在 ψ 下一一对应. 应用这个结论和定理 3.5.3, 我们得到:

定理 3.6.2 设 $G = \langle a \rangle$ 为循环群.

(1) 若 $|G| = \infty$, 则 G 的全部子群为 $\{\langle a^d \rangle \,\big|\, d \geqslant 0, d \in \mathbb{Z}\}$, 且除掉平凡子群外都是无穷阶的;

(2) 若 $|G| = m$, 则 G 的全部子群为 $\{\langle a^d \rangle \,\big|\, d \,\big|\, m, 1 \leqslant d \leqslant m\}$, 且 $|\langle a^d \rangle| = m/d$.

证明 (1) 由定理 3.5.3, 映射

$$\begin{aligned} \varphi :\ \mathbb{Z} &\to G, \\ i &\mapsto a^i \end{aligned}$$

是群同构. 注意到 $d\mathbb{Z} = \langle d \rangle$ 在此同构下对应于 $\langle a^d \rangle$, 由例 3.2.10 即得结论.

(2) 定理 3.5.3 及群同态基本定理告诉我们, 映射

$$\varphi' : \mathbb{Z}/m\mathbb{Z} \to G,$$
$$\bar{i} \mapsto a^i$$

是群同构 (请读者自行验证). 在此同构下, 子群 $\langle \bar{d} \rangle$ 对应于 $\langle a^d \rangle$. 由例 3.6.1, 可得结论. □

上述定理告诉我们, 对于 m 阶循环群 G, 拉格朗日定理的逆命题是成立的, 即对于 m 的任意正因子 d, 循环群 G 存在 (唯一) 的 d 阶子群. 事实上, 拉格朗日定理的逆命题对有限交换群都是成立的.

命题 3.6.2 *设 G 为有限交换群, $m \,\big|\, |G|$, 证明: G 中存在 m 阶子群.*

证明 对 $|G|$ 做数学归纳法. 当 $|G| = 1, 2$ 时, 命题成立.

假设命题当 $|G| < n$ 时成立, 下设 $|G| = n$, $m \,\big|\, n$.

设 p 是 m 的一个素因子, 即 $p|m$. 由交换群的柯西定理, G 中存在 p 阶元素 x. 又因为 G 是交换群, 所以 $\langle x \rangle \trianglelefteq G$. 考查商群 $\overline{G} = G/\langle x \rangle$. 此时 $|\overline{G}| = \dfrac{n}{p}$, 且 $\dfrac{m}{p} \bigg| \dfrac{n}{p}$. 由归纳假设, $\overline{G}$ 存在 $\dfrac{m}{p}$ 阶子群 $\overline{H}$. 由第一同构定理, G 存在子群 H, 使得 $\overline{H} = H/\langle x \rangle$. 计算得 $|H| = |\overline{H}|\,|\langle x \rangle| = m$, 故 G 存在 m 阶子群.

由数学归纳原理, 知命题成立. □

定理 3.6.3 (第二同构定理) *设 G 是群, $H \trianglelefteq G$, $K \leqslant G$, 则:*

(1) $KH \leqslant G$, $H \cap K \trianglelefteq K$;

(2) $(KH)/H \cong K/(H \cap K)$.

证明 (1) 由命题 3.4.4, 知 $HK = KH$, $KH \leqslant G$. 由定理 3.2.2, 有 $H \cap K \leqslant K$. 设 $a \in H \cap K$, $k \in K$. 由 $H \trianglelefteq G$, 知 $kak^{-1} \in H$. 又由 $a \in K$ 和 $k \in K$, 知 $kak^{-1} \in K$. 所以 $kak^{-1} \in H \cap K$. 这就证明了 $H \cap K \trianglelefteq K$.

(2) 考虑映射

$$\varphi : K \to KH/H,$$
$$k \mapsto kH.$$

设 $k_i \in K$ $(i=1,2)$, 则

$$\varphi(k_1k_2)=(k_1k_2)H=(k_1H)(k_2H)=\varphi(k_1)\varphi(k_2).$$

所以 φ 是群同态.

对于任一 $khH \in KH/H$, 有 $\varphi(k)=kH=khH$, 所以 φ 是满同态. 由同态基本定理, 只要再证明 $\ker\varphi = H\cap K$ 即可. 事实上, $\forall k\in K$, 有

$$k\in\ker\varphi \Longleftrightarrow \varphi(k)=kH=H \Longleftrightarrow k\in H.$$

所以 $\ker\varphi=H\cap K$. □

习　　题

3.6.1　在命题 3.6.1 (3) 的证明中, 对于任意 $M\in\mathcal{S}$, 直接证明: $\pi^{-1}(\pi^*(M))=M$. 由此说明 π^* 是单射 (利用习题 3.5.3).

3.6.2　证明: $S_4=S_3\mathrm{K}_4$, $S_4/\mathrm{K}_4\cong S_3$ (可应用第二同构定理).

3.6.3　设 $H\trianglelefteq G$, $|G:H|=p$ (p 为素数), 并设 $K\leqslant G$ 且 $K\nleqslant H$. 证明:

(1) $HK=G$;

(2) $G/H\cong K/(H\cap K)$ 是 p 阶循环群 (可应用第二同构定理).

3.6.4　$\mathbb{Z}/6\mathbb{Z}=\langle\overline{1}\rangle$ 为 6 阶加法群.

(1) 证明: $\mathbb{Z}$ 中包含 $6\mathbb{Z}$ 的子群为 $6\mathbb{Z},3\mathbb{Z},2\mathbb{Z},\mathbb{Z}$.

(2) 由第一同构定理, 证明: $\mathbb{Z}/6\mathbb{Z}$ 的所有子群为

$$\{6\mathbb{Z}/6\mathbb{Z}=\{\overline{0}\},3\mathbb{Z}/6\mathbb{Z},2\mathbb{Z}/6\mathbb{Z},\mathbb{Z}/6\mathbb{Z}\}.$$

(3) 验证

$$3\mathbb{Z}/6\mathbb{Z}=\{0+6\mathbb{Z},3+6\mathbb{Z}\}=\langle\overline{3}\rangle\cong C_2;$$
$$2\mathbb{Z}/6\mathbb{Z}=\{0+6\mathbb{Z},2+6\mathbb{Z},4+6\mathbb{Z}\}=\langle\overline{2}\rangle\cong C_3.$$

(4) 由第一同构定理, 证明:

$$(\mathbb{Z}/6\mathbb{Z})/(2\mathbb{Z}/6\mathbb{Z})\cong\mathbb{Z}/2\mathbb{Z};\quad (\mathbb{Z}/6\mathbb{Z})/(3\mathbb{Z}/6\mathbb{Z})\cong\mathbb{Z}/3\mathbb{Z}.$$

*§3.7 数学故事 —— 分类有限单群的艰难历程

从群论诞生的时代起, 寻找和分类有限单群就是研究群论的数学家的主攻问题之一. 交错群 A_n ($n \geqslant 5$) 为单群是伽罗瓦发现的, 他应用这个结果证明了五次及以上的一般方程 (即系数为字母的方程) 不能用根式求解. 这是他引入群的概念的主要目的. 之后, 特别是有了抽象群的概念之后, 群论学家面临的一个自然的问题是对于任意正整数 n, 决定 n 阶群有多少互不同构的类型. 在若尔当–霍尔德 (Jordan-Hölder) 定理发现以后, 明确提出了所谓的霍尔德纲领, 即把分类 n 阶群的工作分为两步: (1) 决定所有的有限单群; (2) 由 n 阶群的诸因子群构造出 n 阶群. 这第二步工作就叫作群的扩张理论. 这样, 从 19 世纪下半叶开始, 决定所有的有限单群就成了群论的主攻问题.

这个问题有两方面含义: 一是找出所有的有限单群; 二是证明任一有限单群必同构于找到的单群之一.

考虑到有限单群异常的复杂性, 这两方面工作的进展都不算缓慢. 对于第一方面, 伽罗瓦最早找到了 A_n, 1901 年迪克森 (Dickson) 分类了任意有限域上的典型单群, 找到了 6 个无限族. 1955 年和 1959 年, 舍瓦莱 (Chevalley) 和斯坦伯格 (Steinberg) 分别发现了所谓的舍瓦莱群和斯坦伯格群, 又发现了 9 个新的无限族, 再加上 1960 年发现的铃木 (Suzuki) 单群和 1961 年发现的雷 (Ree) 型单群, 一共找到了有限单群的 18 个无限族. 另外, 人们早就知道, 存在有限单群是不在这 18 个无限族之中的, 它们叫作零散单群. 在 1861 年和 1873 年, 马蒂厄 (Mathieu) 发现了最早的 5 个零散单群 $M_{11}, M_{12}, M_{22}, M_{23}$ 和 M_{24}. 戏剧性的是, 之后大约 100 年, 人们没有再发现零散单群. 第 6 个零散单群是 1965 年扬科 (Janko) 发现的 J_1. 之后一发而不可收, 在 11 年中人们又发现了 20 个零散单群, 使得零散单群的队伍扩大到 26 个. 最后发现的第 26 个零散单群是 J_4, 还是扬科发现的. 到此为止, 群论界公认: 有限单群已经找全了, 就是这 18 个无限族和 26 个零散群. 对于第二方面, 即证明任一有限单群必同构于找到的单群之一, 也进展巨大. 举几个重要的成果: 1904 年伯恩赛德 (Burnside) 证明了非交换单群至少

高林斯坦

有 3 个不同的素因子, 1963 年费特 (Feit) 和汤普森 (Thompson) 证明了奇数阶群可解, 即单群必有偶数阶, 1972 年高林斯坦 (D. Gorenstein, 1923—1992) 提出了 16 步有限单群分类纲领, 即证明了这 16 步, 第二方面问题就解决了. 并且在 1981 年群论界认为 "有限单群分类已经完成". 当年的《自然》杂志也撰文称有限单群分类的完成是 20 世纪科学 (不只是数学) 的伟大成果之一. 一时数学界形成 "单群热", 似乎不谈谈单群就落伍了一样. 这是单群分类情况的一面, 另一面是数学家要看到单群分类的证明的发表. 可是写单群分类证明又是一条漫长的至今未走完的路. 实事求是地说, 高林斯坦对此是严肃认真的. 他在 1982 年写了介绍单群分类的书 *Finite Simple Groups*, 给数学界的专家和一般群论学者讲述了单群分类的概况, 并宣布要写一个大约 3000 页的可读的 (对专家而言) 证明. 他说干就干, 1983 年就出版了证明的第 1 卷. 然而, 就在他信心满满按计划往下写时, 发现了两个问题: 一是证明将比预想的 3000 页长很多; 二是所谓 "拟薄型" 单群分类证明有漏洞 (这是 1984 年发现的). 于是, 他放弃了继续写下去的计划, 准备重新打鼓另开张, 写所谓的 "第二代证明". 第二代证明的写作是在高林斯坦 1992 年去世以后才开始, 由他的合作者里昂 (R. Lyons) 和所罗门 (R. Solomon) 写的 (但该书的第一作者仍署名高林斯坦). 目前这个证明已经出版了 6 卷. 第 6 卷是 2005 年出版的, 至今又过去了十多年, 仍没看到第 7 卷出版. 原先他们估计, 第二代证明写完大约要用 5000 页, 但写到第 6 卷, 已经 3000 多页了, 还看不到尽头. 另外, "拟薄型" 单群的问题已经被阿施巴赫 (M. Aschbacher) 和史密斯 (S.D. Smith) 解决, 他们的证明已经出版, 又是 1100 多页. 不仅如此, 阿施巴赫感到, 第二代证明仍太长, 特别是最棘手的所谓特征 2 型单群的分类. (过于技术性的术语不能在这里介绍, 感兴趣的读者可参考有关专著.) 他准备和

汤普森

施特尔马赫 (Stellmacher)、德尔加多 (Delgado) 等人联合写所谓的 “第三代证明” . 这就意味着所谓第二代证明的写作又半途而废了. 作者写作本节时, 第三代证明还没看到有一卷出版, 但离高林斯坦 1983 年出版的证明第 1 卷, 已经过去了三十多年.

作者有一个 “伤众” 的看法: 一个定理, 如果连专家可读的证明还没写出, 是不好说它已经成立了. 也许有限单群分类定理是个例外吧.

在单群分类的过程中, 出现了不少群论的新理论和新方法, 特别是汤普森 (J. G. Thompson, 1930—) 创立的 “局部分析方法”, 它不仅对单群分类,而且对有限群论本身起着重要的作用. 因为这个出色的工作, 他获得了 1970 年的菲尔兹奖 (Fields Medal).

§3.8 群的直积

从已知的一些群出发可以构造新的群, 其中最简单的途径就是构造直积.

定义 3.8.1 设 G_1, G_2 是群, 在 G_1, G_2 作为集合的笛卡儿积

$$G_1 \times G_2 = \{(a,b) \,|\, a \in G_1, b \in G_2\}$$

上定义如下乘法:

$$(a_1,b_1)(a_2,b_2) := (a_1a_2, b_1b_2), \quad \forall (a_1,b_1),(a_2,b_2) \in G_1 \times G_2,$$

则 $G_1 \times G_2$ 在此运算下构成群 (请读者自行验证), 称为 G_1 与 G_2 的 **(外) 直积**, 仍然记为 $G_1 \times G_2$. 此时 G_1 和 G_2 称为直积 $G_1 \times G_2$ 的**直积因子**.

注 上述在笛卡儿积上定义运算的方式称为分量定义法，即第一个分量做群 G_1 的乘法，第二个分量做群 G_2 的乘法. 由于每个分量的运算都是相应的群的运算，容易验证直积的乘法结合律自然成立；设 e_1 和 e_2 分别为 G_1 和 G_2 的单位元，则 (e_1, e_2) 是直积 $G_1 \times G_2$ 的单位元；对于 $(a, b) \in G_1 \times G_2$，运算的分量定义法告诉我们 $(a, b)^{-1} = (a^{-1}, b^{-1})$，其中 a^{-1} 是 a 在 G_1 中的逆元，b^{-1} 是 b 在 G_2 中的逆元.

对于群的外直积，我们有如下简单性质：

命题 3.8.1 设 G_1, G_2 是群，则：

(1) $G_1 \times G_2 \cong G_2 \times G_1$；

(2) 如果 G_1, G_2 是有限群，那么 $|G_1 \times G_2| = |G_1||G_2|$；

(3) 如果 G_1, G_2 是交换群，那么 $G_1 \times G_2$ 也是交换群.

证明 (1) 只需验证映射 $\rho: G_1 \times G_2 \to G_2 \times G_1$ 使得 $(a, b) \mapsto (b, a)$ 是群同构. 具体证明过程留给读者.

(2) 显然.

(3) 这是因为对于任意 $(a_1, b_1), (a_2, b_2) \in G_1 \times G_2$，有

$$(a_1, b_1)(a_2, b_2) = (a_1 a_2, b_1 b_2) = (a_2 a_1, b_2 b_1) = (a_2, b_2)(a_1, b_1). \qquad \square$$

命题 3.8.2 直积 $G_1 \times G_2$ 中有两个子群

$$\overline{G}_1 = \{(a, e_2) \mid a \in G_1\}, \quad \overline{G}_2 = \{(e_1, b) \mid b \in G_2\}$$

(其中 e_1 和 e_2 分别为 G_1 和 G_2 的单位元)，它们满足：

(1) $\overline{G}_i \trianglelefteq G_1 \times G_2, i = 1, 2$；

(2) $\overline{G}_1 \cap \overline{G}_2 = \{(e_1, e_2)\}$；

(3) $G_1 \times G_2 = \overline{G}_1 \overline{G}_2$；

(4) $\forall (a, e_2) \in \overline{G}_1, (e_1, b) \in \overline{G}_2$，有

$$(a, e_2)(e_1, b) = (a, b) = (e_1, b)(a, e_2),$$

即 $\overline{G}_1$ 与 $\overline{G}_2$ 中的元素可交换；

(5) $(G_1 \times G_2)/\overline{G}_1 \cong G_2$，且 $(G_1 \times G_2)/\overline{G}_2 \cong G_1$.

证明 容易验证 $\overline{G}_1,\overline{G}_2$ 是 $G_1\times G_2$ 的子群 (留给读者验证).

(1) 对于任意 $(a',b')\in G_1\times G_2$ 和 $(a,e_2)\in\overline{G}_1$, 有

$$(a',b')(a,e_2)(a',b')^{-1}=(a'aa'^{-1},b'e_2b'^{-1})=(a'aa'^{-1},e_2)\in\overline{G}_1,$$

故 $\overline{G}_1\trianglelefteq G_1\times G_2$. 同样 $\overline{G}_2\trianglelefteq G_1\times G_2$.

(2), (3), (4) 是显然的.

(5) 考查映射 $\rho:G_1\times G_2\to G_2$, 使得 $\rho:(a,b)\mapsto b$. 可验证 ρ 是群满同态, 且 $\ker\rho=\overline{G}_1$. 由同态基本定理, 即可证明 $(G_1\times G_2)/\overline{G}_1\cong G_2$. 同理可证 $(G_1\times G_2)/\overline{G}_2\cong G_1$. □

因为映射 $a\mapsto(a,e_2)$ 是从 G_1 到 $\overline{G}_1$ 的同构, 映射 $b\mapsto(e_1,b)$ 是从 G_2 到 $\overline{G}_2$ 的同构, 所以 (外) 直积 $G_1\times G_2=\overline{G}_1\overline{G}_2$ 也可看成是由其子群 $\overline{G}_1(\cong G_1)$ 和 $\overline{G}_2(\cong G_2)$ 做乘法构成的, 为此, 我们引入下述 (内) 直积的定义.

定义 3.8.2 设 G 是群, G_1,G_2 是 G 的子群. 若 $G=G_1G_2$, 且映射 $(g_1,g_2)\mapsto g_1g_2$ 是 $G_1\times G_2\to G$ 的群同构映射, 我们就称群 G 为其子群 G_1,G_2 的 **(内) 直积**, 仍然记为 $G_1\times G_2$.

定理 3.8.1 设 G 是群, G_1,G_2 是 G 的子群. 若 G 满足下述三个条件:

(1) $G_i\trianglelefteq G, i=1,2$;

(2) $G=G_1G_2$;

(3) $G_1\cap G_2=\{e\}$,

则 G 是子群 G_1,G_2 的 (内) 直积.

证明 做外直积 $G_1\times G_2$, 我们考查如下映射:

$$\varphi:G_1\times G_2\to G,$$
$$(g_1,g_2)\mapsto g_1g_2.$$

下面证明 φ 是同构.

由条件 (2), 对于任意 $g\in G$, 存在 $g_1\in G_1$, $g_2\in G_2$, 使得 $g=g_1g_2$, 所以 φ 是满射. 由条件 (3), g 的这种表示法是唯一的. 这是因为, 若 $g_1g_2=h_1h_2$, 其中 $g_1,h_1\in G_1,g_2,h_2\in G_2$, 则有 $h_1^{-1}g_1=h_2g_2^{-1}\in$

$G_1 \cap G_2 = \{e\}$. 这就说明了 $g_1 = h_1, g_2 = h_2$. 而这种表示法的唯一性就说明了 φ 是单射.

最后, 由例 3.4.5, 条件 (1) 和 (3) 可推出 G_1 与 G_2 中的元素是可交换的. 于是

$$\begin{aligned}\varphi((g_1, g_2)(h_1, h_2)) = \varphi((g_1h_1, g_2h_2)) = g_1h_1g_2h_2 = g_1g_2h_1h_2 \\ = \varphi((g_1, g_2))\varphi((h_1, h_2)).\end{aligned}$$

所以 φ 是 $G_1 \times G_2$ 到 G 的同构. □

例 3.8.1 记 C_i 是 i 阶循环群, 证明: 若 $(m, n) = 1$, 则

$$C_m \times C_n \cong C_{mn}.$$

证明 方法一 将 $C_m \times C_n$ 看成外直积.

令 $C_m = \langle a \rangle$, $C_n = \langle b \rangle$, 并令 e_1, e_2 分别为 C_m, C_n 的单位元, 则 $(a, b) = (a, e_2)(e_1, b) \in C_m \times C_n$.

注意到对于任意正整数 m, 有

$$(a, e_2)^m = (a^m, e_2) = (e_1, e_2) \Longleftrightarrow a^m = e_1,$$

所以 $o((a, e_2)) = o(a) = m$. 同理 $o(e_1, b) = o(b) = n$. 又易知 (a, e_2) 与 (e_1, b) 可交换. 由命题 3.2.6 (3), 有 $o((a, b)) = mn = |C_m \times C_n|$. 再由命题 3.2.7 (2), $C_m \times C_n = \langle (a, b) \rangle$ 是 mn 阶循环群.

方法二 我们对 C_{mn} 做 (内) 直积分解.

设 $C_{mn} = \langle a \rangle$. 考查子群 $G_1 = \langle a^n \rangle$, $G_2 = \langle a^m \rangle$, 则 $G_1 \cong C_m, G_2 \cong C_n$. 由拉格朗日定理, 有 $|G_1 \cap G_2| | (m, n)$, 所以 $G_1 \cap G_2 = \{e\}$. 因为 C_{mn} 可交换, 所以子群 G_1, G_2 都是 C_{mn} 的正规子群. 由定理 3.3.4, 计算得

$$|G_1G_2| = \frac{|G_1||G_2|}{|G_1 \cap G_2|} = |G_1||G_2| = mn = |C_{mn}|,$$

所以 $C_{mn} = G_1G_2$. 由定理 3.8.1, C_{mn} 是子群 G_1, G_2 的内直积. 所以

$$C_m \times C_n \cong C_{mn}.$$ □

直积的概念容易推广到有限多个群的情形. 设 $G_1, \cdots, G_n$ 是群, 在笛卡儿积 $G_1 \times \cdots \times G_n$ 上定义运算为按分量进行, 即 $\forall (a_1, \cdots, a_n)$, $(b_1, \cdots, b_n) \in G_1 \times \cdots \times G_n$, 有

$$(a_1, \cdots, a_n)(b_1, \cdots, b_n) := (a_1 b_1, \cdots, a_n b_n).$$

容易验证 $G_1 \times \cdots \times G_n$ 关于这个运算构成群, 称为 $G_1, \cdots, G_n$ 的**(外)直积**, 仍然记为 $G_1 \times \cdots \times G_n$. 此时 G_i $(i = 1, \cdots, n)$ 称为 $G_1 \times \cdots \times G_n$ 的**直积因子**.

同两个群的情形一样, 令 $G = G_1 \times \cdots \times G_n$, 记

$$\overline{G}_i = \{(e_1, \cdots, e_{i-1}, a_i, e_{i+1}, \cdots e_n) \,|\, a_i \in G_i\}, \quad i = 1, \cdots, n.$$

我们可证明

$$\overline{G}_i \trianglelefteq G, \quad G = \overline{G}_1 \cdots \overline{G}_n.$$

注意到正规子群的乘积仍然是正规子群, 我们有子群乘积

$$\overline{G}_1 \cdots \overline{G}_{i-1} \overline{G}_{i+1} \cdots \overline{G}_n \trianglelefteq G,$$

且

$$\overline{G}_i \cap (\overline{G}_1 \cdots \overline{G}_{i-1} \overline{G}_{i+1} \cdots \overline{G}_n) = \{(e_1, \cdots, e_n)\}.$$

最后, 注意到 $G_i \cong \overline{G}_i$, 我们可类似推广有限多个子群的内直积的定义.

定义 3.8.3 设 G 是群, $G_1, \cdots, G_n$ 是 G 的子群. 若 G 等于乘积 $G_1 \cdots G_n$, 且映射 $(g_1, \cdots, g_n) \mapsto g_1 \cdots g_n$ 是 $G_1 \times \cdots \times G_n \to G$ 的群同构映射, 我们就称群 G 为其子群 $G_1, \cdots, G_n$ 的 **(内) 直积**, 仍然记为 $G_1 \times \cdots \times G_n$.

外直积的概念侧重于从已知群出发去构造新的群, 而内直积的概念侧重于将已知群做分解, 但二者是同构的, 所以它们本质是一样的, 我们都用符号 $G_1 \times \cdots \times G_n$ 来表示.

命题 3.8.3 设 G 是群, $G_1, \cdots, G_n$ 是 G 的子群, 若 G 满足如下条件:

(1) $G_i \trianglelefteq G$, $i = 1, \cdots, n$;

(2) $G = G_1 \cdots G_n$;

(3) $G_i \cap (G_1 \cdots \widehat{G}_i \cdots G_n) = \{e\}$ $(i = 1, \cdots, n)$, 这里 $\widehat{G}_i$ 表示去掉 G_i,

则 G 是 $G_1, \cdots, G_n$ 的内直积.

证明 做外直积 $G_1 \times \cdots \times G_n$, 我们考查如下映射:

$$\varphi: G_1 \times \cdots \times G_n \to G,$$
$$(g_1, \cdots, g_n) \mapsto g_1 g_2 \cdots g_n.$$

下面证明 φ 是同构.

由条件 (2), 对于任意 $g \in G$, 存在 $g_i \in G_i, i \in \{1, \cdots n\}$, 使得 $g = g_1 \cdots g_n$, 所以 φ 是满射. 由条件 (3) 以及习题 3.8.3, g 的这种表示法是唯一的, 所以 φ 是单射.

最后, 对于任意 $i \neq j$, 有 $G_i \cap G_j \subseteq G_i \cap (G_1 \cdots \widehat{G}_i \cdots G_n) = \{e\}$. 由例 3.4.5, 可知 G_i 与 G_j 中的元素是可交换的. 于是

$$\begin{aligned}\varphi((g_1, \cdots, g_n)(h_1, \cdots, h_n)) &= \varphi((g_1 h_1, \cdots, g_n h_n)) \\ &= g_1 h_1 g_2 h_2 \cdots g_n h_n = g_1 g_2 \cdots g_n h_1 h_2 \cdots h_n \\ &= \varphi((g_1, \cdots, g_n))\varphi((h_1, \cdots, h_n)).\end{aligned}$$

所以, φ 是由 $G_1 \times \cdots \times G_n$ 到 G 的同构. □

例 3.8.2 证明: $GF(p)$ 上 n 维线性空间 V 的加法群同构于

$$G = \underbrace{C_p \times \cdots \times C_p}_{n\text{个}},$$

其中 C_p 是 p 阶循环群.

证明 设 $C_p = \langle a \rangle$, 则

$$G = \{(a^{x_1}, \cdots, a^{x_n}) \mid 0 \leqslant x_i \leqslant p-1\}.$$

又可设

$$V = \{(x_1, \cdots, x_n) \mid 0 \leqslant x_i \leqslant p-1\}.$$

请读者验证

$$\sigma:\ (V,+)\to G,$$
$$(x_1,\cdots,x_n)\mapsto(a^{x_1},\cdots,a^{x_n})$$

是群同构. □

作为直积结构的应用, 本节最后我们讨论有限交换群的分类定理. 我们先引入下述概念:

定义 3.8.4 设 p 为素数,群 G 的阶是 n, $p^m\,||\,n$ (即 $p^m\mid n$ 且 $p^{m+1}\nmid n$), 称 G 的 p^m 阶子群为 G 的**西罗 (Sylow) p 子群**.

若 G 的阶是素数 p 的方幂, 则称 G 为一个 **p 群**.

设 G 是有限交换群, $|G|=p_1^{m_1}\cdots p_n^{m_n}$, 其中 $p_1,\cdots,p_n$ 是两两不同的素数. 由命题 3.6.2, G 的西罗 p_i 子群存在. 令 P_i 为 G 的一个西罗 p_i 子群. 我们有下述定理:

定理 3.8.2 设有限交换群 G 的阶为 $p_1^{m_1}\cdots p_n^{m_n}$, 其中 $p_1,\cdots,p_n$ 是两两不同的素数, 则 $G=P_1\times\cdots\times P_n$, 其中 P_i 为 G 的西罗 p_i 子群.

证明 由于 G 可交换, 因此 $P_i\trianglelefteq G$. 由命题 3.4.4 (2), 正规子群的乘积仍然是正规子群, 所以任意有限个 P_i 相乘还是子群. 又因为两个阶互素的子群的交是平凡的, 利用定理 3.3.4 计算可得

$$|P_1P_2|=\frac{|P_1||P_2|}{|P_1\cap P_2|}=|P_1||P_2|=p_1^{m_1}p_2^{m_2},$$
$$|P_1P_2P_3|=\frac{|P_1P_2||P_3|}{|P_1P_2\cap P_3|}=|P_1P_2||P_3|=p_1^{m_1}p_2^{m_2}P_3^{m_3}.$$

依次计算, 可得到 $|P_1\cdots P_n|=p_1^{m_1}\cdots p_n^{m_n}$, 所以 $G=P_1\cdots P_n$.

同上计算还可知, $\forall i$, 有

$$|P_1\cdots\widehat{P_i}\cdots P_n|=p_1^{m_1}\cdots p_{i-1}^{m_{i-1}}p_{i+1}^{m_{i+1}}\cdots p_n^{m_n},$$

所以 $P_i\cap(P_1\cdots\widehat{P_i}\cdots P_n)=\{e\}$.

综上, 由命题 3.8.3, 可知 $G=P_1\times\cdots\times P_n$ 是其西罗 p_i 子群的 (内) 直积. □

由上述定理, 有限交换群的分类问题可转化为有限交换 p 群的分类问题. 下面我们给出有限交换 p 群的分类定理:

定理 3.8.3 有限交换 p 群 H 可分解为循环子群的直积, 即

$$H = \langle a_1 \rangle \times \cdots \times \langle a_s \rangle,$$

且直因子个数 s 及诸直因子的阶 $p^{r_1}, \cdots, p^{r_s}$ (不妨设 $r_1 \geqslant \cdots \geqslant r_s$), 由 H 的同构型唯一决定, 称为有限交换 p 群 H 的型不变量.

本书略去定理 3.8.3 的证明. 设有限交换 p 群 H 的阶为 p^m. 运用此定理, 若 H 的型不变量为 $(p^{r_1}, \cdots, p^{r_s})$, 其中 $r_1 \geqslant \cdots \geqslant r_s, r_1 + \cdots + r_s = m$, 则 $H \cong C_{p^{r_1}} \times \cdots \times C_{p^{r_s}}$. 所以, p^m 阶交换群 H 的同构型与

$$m = r_1 + \cdots + r_s, \quad r_1 \geqslant \cdots \geqslant r_s \geqslant 1$$

的分解一一对应.

例 3.8.3 (1) 设 p 为素数, 求 p^2, p^3 阶交换群的所有同构型;

(2) 写出 12 阶交换群的所有同构型.

解 (1) 由于 $2 = 2, 2 = 1 + 1$, 即 2 有 2 个划分, 所以 p^2 阶交换群的同构型为 $C_{p^2}, C_p \times C_p$.

同样, 由于 $3 = 3, 3 = 2 + 1, 3 = 1 + 1 + 1$, 即 3 有 3 个划分, 所以 p^3 阶交换群的同构型为 $C_{p^3}, C_{p^2} \times C_p, C_p \times C_p \times C_p$.

(2) 设 G 为 12 阶交换群. 由于 $12 = 3 \cdot 4$, 所以 G 的西罗 3 子群 P_1 为 3 阶群, 而其西罗 2 子群 P_2 是 4 阶的. 因为 3 是素数, 所以西罗 3 子群 $P_1 \cong C_3$. 而由 (1), 西罗 2 子群 P_2 有 2 个可能的同构型: $C_4, C_2 \times C_2$.

综上, 由定理 3.8.2, 12 阶交换群的同构型为

$$C_3 \times C_4, \quad C_3 \times C_2 \times C_2.$$

□

习 题

3.8.1 设 G 是群, G_1, G_2 是 G 的子群, 且 $G = G_1 G_2$, 证明: 下述 3 个命题等价:

(1) $G_1 \cap G_2 = \{e\}$;

(2) G 的任一元素表示为 G_1 与 G_2 的元素乘积的表示法唯一;

(3) G 的单位元表示为 G_1 与 G_2 的元素乘积的表示法唯一.

3.8.2 设 G 是群, G_1, G_2 是 G 的子群, 且 $G = G_1G_2, G_1 \cap G_2 = \{e\}$, 证明: 下述 2 个命题等价:

(1) $G_1 \trianglelefteq G, G_2 \trianglelefteq G$;

(2) G_1 的元素与 G_2 的元素可交换.

3.8.3 设 G 是群, $G_1, \cdots, G_n$ 是 G 的正规子群, 且 $G = G_1 \cdots G_n$. 证明: 下述 3 个命题等价:

(1) $G_i \cap (G_1 \cdots \widehat{G}_i \cdots G_n) = \{e\}$ $(\forall i = 1, \cdots, n)$, 这里 $\widehat{G}_i$ 表示去掉 G_i;

(2) G 的任一元素表示为 $G_1, \cdots, G_n$ 的元素乘积的表示法唯一;

(3) G 的单位元表示为 $G_1, \cdots, G_n$ 的元素乘积的表示法唯一.

3.8.4 设 G 是群, $G_1, \cdots, G_n$ 是 G 的子群. 若 $G = G_1 \cdots G_n$, 且 $G_i \cap (G_1 \cdots \widehat{G}_i \cdots G_n) = \{e\}$ $(\forall i = 1, \cdots, n)$, 这里 $\widehat{G}_i$ 表示去掉 G_i. 证明下述 2 个命题等价:

(1) $G_i \trianglelefteq G, i = 1, \cdots, n$;

(2) 若 $i \neq j$, 则 G_i 的元素与 G_j 的元素可交换.

3.8.5 设 $G_i (i = 1, \cdots, n)$ 是群, $\{i_1, \cdots, i_n\}$ 是 $\{1, \cdots, n\}$ 的一个排列, 证明: 群的直积 $G_1 \times \cdots \times G_n \cong G_{i_1} \times \cdots \times G_{i_n}$.

3.8.6 证明: K_4 同构于 $C_2 \times C_2$, 所以 4 阶群的同构型是 C_4, $C_2 \times C_2$.

3.8.7 设内直积 $G = G_1 \times \cdots \times G_n$, $a_i \in G_i$, 证明: $o(a_1 \cdots a_n) = [o(a_1), \cdots, o(a_n)]$ (利用命题 3.2.6 (4), 对 n 做数学归纳法).

3.8.8 设 $m, n \in \mathbb{Z}$, 证明: $C_{mn} \cong C_m \times C_n$ 当且仅当 m 与 n 互素.

3.8.9 设 H, K 为 G 的正规子群, 证明: 如果 $H \cap K = \{e\}$, 则 G 同构于 $G/H \times G/K$ 的子群.

3.8.10 完成例 3.8.2 的证明.

3.8.11 设 $M_i \trianglelefteq G_i, 1 \leqslant i \leqslant n$. 证明:

(1) $M_1 \times \cdots \times M_n \trianglelefteq G_1 \times \cdots \times G_n$.

(2) $(G_1 \times \cdots \times G_n)/(M_1 \times \cdots \times M_n) \cong (G_1/M_1) \times \cdots \times (G_n/M_n)$.

§3.9 群在集合上的作用

本节讲述群在集合上的作用的初步知识. 群作用的思想和方法无论在理论上和应用上都是基本的, 具有重要作用.

定义 3.9.1 设 $\Omega = \{\alpha, \beta, \gamma, \cdots\}$ 是一个非空集合, 其元素称作点. 所谓群 G 在集合 Ω 上的一个**作用**是指映射

$$f: G \times \Omega \to \Omega,$$
$$(x, \alpha) \mapsto f(x, \alpha), \text{ 也简记为 } x(\alpha)$$

满足:

(1) $e(\alpha) = \alpha, \forall \alpha \in \Omega$;

(2) $x(y(\alpha)) = (xy)(\alpha), \forall x, y \in G, \forall \alpha \in \Omega$.

在上述定义中, 我们总把 $x(\alpha)$ 看作群中元素 x 作用在点 α 上得到的新的点, 当然这个作用要求满足定义中的条件 (1), (2). 事实上, 条件 (1), (2) 使得每个群作用关联一个群同态.

引理 3.9.1 设群 G 作用在集合 Ω 上, 并用 S_Ω 表示 Ω 上的对称群. $\forall x \in G$, 定义映射

$$\sigma_x : \Omega \to \Omega,$$
$$\alpha \mapsto x(\alpha),$$

则 $\sigma_x \in S_\Omega$ 是双射, 称为在这个作用下群元素 x 诱导出的 Ω 上的置换. 令

$$\varphi : G \to S_\Omega,$$
$$x \mapsto \sigma_x,$$

则 φ 是群同态. 我们称同态 φ 为关联于这个群作用的**置换表示**.

证明 先验证 $\sigma_{x^{-1}}$ 是 σ_x 的逆映射. $\forall \alpha \in \Omega$, 有

$$\begin{aligned}(\sigma_x \sigma_{x^{-1}})(\alpha) &= \sigma_x((\sigma_{x^{-1}})(\alpha)) \\ &= x((x^{-1})(\alpha)) = (xx^{-1})(\alpha) = e(\alpha) \\ &= \alpha,\end{aligned}$$

即 $\sigma_x\sigma_{x^{-1}} = \mathrm{id}$ 是恒等映射. 同样可验证 $\sigma_{x^{-1}}\sigma_x = \mathrm{id}$, 故 σ_x 是可逆映射. 由命题 1.1.2, σ_x 是 Ω 上的双射.

下证 φ 是群同态, $\forall x_1, x_2 \in G, \forall \alpha \in \Omega$, 有

$$\sigma_{x_1x_2}(\alpha) = (x_1x_2)(\alpha) = x_1(x_2(\alpha)) = \sigma_{x_1}(\sigma_{x_2}(\alpha)) = (\sigma_{x_1}\sigma_{x_2})(\alpha),$$

所以

$$\varphi(x_1x_2) = \sigma_{x_1x_2} = \sigma_{x_1}\sigma_{x_2} = \varphi(x_1)\varphi(x_2).$$ □

反之, 任给一个 $G \to S_\Omega$ 的同态 (置换表示), 我们也可以定义一个群作用使其关联于这个同态.

引理 3.9.2 设 $\varphi: G \to S_\Omega$ 是群同态, 定义映射

$$f: G \times \Omega \to \Omega,$$
$$(x, \alpha) \mapsto x(\alpha) := \varphi(x)(\alpha),$$

则映射 f 是 G 在集合 Ω 上的一个作用, 且其关联置换表示即为 φ.

证明 $\forall \alpha \in \Omega, \forall x, y \in G$, 有

(1) $e(\alpha) = \varphi(e)(\alpha) = \mathrm{id}(\alpha) = \alpha$;

(2) $(xy)(\alpha) = \varphi(xy)(\alpha) = (\varphi(x)\varphi(y))(\alpha)$
$= \varphi(x)(\varphi(y)(\alpha)) = x(y(\alpha))$.

故映射 f 是 G 在集合 Ω 上的一个作用, 且容易验证其关联置换表示即为 φ. □

上述两个引理告诉我们, 群作用的本质就是由群 G 到对称群 S_Ω 的一个群同态. 所以, 我们有下述群作用的等价定义:

定义 3.9.2 设 $\Omega = \{\alpha, \beta, \gamma, \cdots\}$ 是一个非空集合, 所谓群 G 在 Ω 上的一个**作用**指的是由 G 到 S_Ω 的一个群同态 φ, 即对于每个元素 $x \in G$, 令 $x(\alpha) = \varphi(x)(\alpha)$. 我们称 $\ker\varphi$ 为这个**作用的核**. 可知

$$\ker\varphi = \{x \in G \mid x(\alpha) = \alpha, \forall \alpha \in \Omega\}$$

是 G 的一个正规子群. 如果 $\ker\varphi = \{e\}$, 则称 G **忠实地**作用在 Ω 上, 并称 φ 为**忠实作用**; 如果 $\ker\varphi = G$, 则称 G **平凡地**作用在 Ω 上, 并称 φ 为**平凡作用**.

例 3.9.1 (1) 设 G 是群, Ω 是一个非空集合. $\forall \alpha \in \Omega, \forall x \in G$, 定义 $x(\alpha) = \alpha$. 容易验证 $e(\alpha) = \alpha\ (\forall \alpha \in \Omega)$, 且 $(xy)(\alpha) = \alpha = x(y(\alpha))(\forall \alpha \in \Omega, \forall x, y \in G)$. 故此映射是群作用, 其关联置换表示为

$$\begin{aligned}\varphi : G &\to S_\Omega,\\ x &\mapsto \mathrm{id}.\end{aligned}$$

我们有 $\ker \varphi = G$, 即这个作用为平凡作用.

(2) 设 Ω 是一个非空集合, $G \leqslant S_\Omega$. 则变换群 (置换群) G 给出了 Ω 上的一个自然作用, 即群中元素 x 作用在点 α 上即为这个置换 x 作用在 α 上, 其关联置换表示为

$$\begin{aligned}\varphi : G &\to S_\Omega,\\ x &\mapsto x.\end{aligned}$$

我们有 $\ker \varphi = \{e\}$, 即这个自然作用是一个忠实作用.

(3) 令 $G = D_{2n}$ 为正 n 边形的二面体群, $\forall \sigma \in G$, 则 σ 自然作用在一个正 n 边形 $\{1, \cdots, n\}$ 上, 其中 $1, \cdots, n$ 代表这个正 n 边形的 n 个不同顶点. 令 $\Omega = \{1, \cdots, n\}$, 则 G 给出了 Ω 上的一个自然作用. 由上例, 这是一个忠实作用. 当 $n = 3$ 时, 相应的置换表示为

$$\varphi : D_6 \to S_3,$$

它是一个单同态. 比较两边群的阶数, 知 φ 是满射, 故 $D_6 \cong S_3$. 这给出了这个群同构的又一个证明.

(4) 设 G 为群, $\Omega = G$. 定义

$$x(g) = xg, \quad \forall x \in G, \forall g \in \Omega = G.$$

上式右边指群 G 中元素 x 与 g 做乘法. 可验证 $e(g) = eg = g(\forall g \in \Omega = G)$ 以及 $xy(g) = xyg = x(y(g))(\forall x, y \in G, \forall g \in \Omega)$, 故这个映射的确是群 G 在集合 G 上的一个作用. 任意 $x \in G$ 诱导了 G 上的一个双

射, 称为 x 诱导的左乘变换, 或 x 引起的 G 的左平移, 记为 $L(x)$. 这个作用所关联的置换表示为

$$\begin{aligned} L: G &\to S_G, \\ x &\mapsto L(x), \end{aligned}$$

称为**左正则表示**. 由于 $\ker L = \{x \in G \mid xg = g, \forall g \in G\} = \{e\}$, 这个作用是一个忠实作用. 这样 G 就同构于 S_G 的一个子群. 这即是我们前面证明的凯莱定理 (定理 3.5.2).

(5) 设 G 是群, $\Omega = G$. 定义

$$x(g) = xgx^{-1}, \quad \forall x \in G, \forall g \in \Omega = G.$$

上式右边指在群 G 中 x 共轭作用于 g 上. 可验证这是一个群作用 (留作习题), 称为 G 上的**共轭作用**. $\forall x \in G$, 令

$$\begin{aligned} \sigma_x: G &\to G, \\ g &\mapsto xgx^{-1}, \end{aligned}$$

称 $\sigma_x \in S_G$ 为 x 诱导的**共轭变换**. 可验证 $\sigma_x \in \mathrm{Aut}\,(G)$, 所以也称 σ_x 为 x 诱导的**内自同构**. 共轭作用所关联的置换表示为

$$\begin{aligned} \varphi: G &\to \mathrm{Aut}\,(G) \leqslant S_G, \\ x &\mapsto \sigma_x, \end{aligned}$$

其核 $\ker\varphi = \{x \in G \mid xgx^{-1} = g, \forall g \in G\} = Z(G) \trianglelefteq G$. 记

$$\mathrm{Inn}\, G = \{\sigma_x \mid x \in G\},$$

即 $\mathrm{Inn}\, G$ 是全体内自同构组成的集合, 它恰好是同态 φ 的像集合, 即 $\varphi(G) = \mathrm{Inn}\, G$. 由同态基本定理, 有 $\mathrm{Inn}\, G \leqslant \mathrm{Aut}\,(G)$, 且

$$G/Z(G) \cong \mathrm{Inn}\, G.$$

由上面这些例子已经看到群作用的思想可以帮助我们研究群的性质, 它还可以帮助我们研究所作用集合的组合性质. 为此, 我们引入下面的定义:

设群 G 作用于集合 Ω 上, 可如下定义集合 Ω 上的一个二元关系: 设 $\alpha,\beta\in\Omega$,

$$\alpha\sim\beta \Longleftrightarrow \text{存在 } x\in G, \text{ 使得 } x(\alpha)=\beta.$$

二元关系 "$\sim$" 是 Ω 上的等价关系, 确切地说, "$\sim$" 具有:

(1) 反身性: $\alpha\sim\alpha, \forall\alpha\in\Omega$ (因为存在 $e\in G$, 使得 $e(\alpha)=\alpha$).

(2) 对称性: 若 $\alpha_1\sim\alpha_2$, 即存在 $g\in G$, 使得 $g(\alpha_1)=\alpha_2$, 两端以 g^{-1} 作用, 得 $g^{-1}g(\alpha_1)=g^{-1}(\alpha_2)$, 即 $\alpha_1=g^{-1}(\alpha_2)$, 于是 $\alpha_2\sim\alpha_1$.

(3) 传递性: 若 $\alpha_1\sim\alpha_2, \alpha_2\sim\alpha_3$, 即存在 $g_1,g_2\in G$, 使得 $g_1(\alpha_1)=\alpha_2$, $g_2(\alpha_2)=\alpha_3$, 则

$$(g_2g_1)(\alpha_1)=g_2(g_1(\alpha_1))=g_2(\alpha_2)=\alpha_3,$$

即 $\alpha_1\sim\alpha_3$.

这个等价关系将集合 Ω 划分为若干等价类, 每个等价类叫作 G 在 Ω 上的一个**轨道**. 一个轨道所包含的元素个数叫作该轨道的**长度**. 将点 $\alpha\in\Omega$ 所在的轨道记为 $O(\alpha)$, 即

$$O(\alpha)=\{x(\alpha)\,|\,x\in G\}.$$

于是 $O(\alpha)=O(\beta)\Longleftrightarrow\beta\in O(\alpha)$.

由于 "$\sim$" 是 Ω 上的等价关系, Ω 是诸轨道的无交并, 于是我们有下述简单但非常基本的命题:

命题 3.9.1 设群 G 作用于有限集合 Ω, 并设 $O_1,O_2,\cdots,O_s$ 是所有的轨道, 则有:

(1) $\Omega=O_1\cup O_2\cup\cdots\cup O_s$;

(2) $|\Omega|=|O_1|+|O_2|+\cdots+|O_s|$.

定义 3.9.3 如果 G 在 Ω 上只有一个轨道, 即 Ω 本身, 则称 G 在 Ω 上的作用是**传递的**.

例如, 例 3.9.1 (4) 的左正则表示是一个传递作用, 因为对于任意两个群 G 的元素 a,b, 都存在群 G 的元素 ba^{-1}, 使得 $b=(ba^{-1})a$. 而例 3.9.1 (5) 中群 G 的共轭变换, 当 $|G|>1$ 时是不传递的, 因为单位元 e 所在的轨道 $O(e)=\{e\}$ 长度为 1, 无法传递.

命题 3.9.2 设群 G 作用在集合 Ω 上. 对于每个点 $\alpha\in\Omega$, 令

$$G_\alpha=\{x\in G\,|\,x(\alpha)=\alpha\},$$

则 G_α 是 G 的子群, 叫作点 α 的**稳定子群**.

证明 首先 $e\in G_\alpha$, G_α 是 G 的非空子集. 设 $x,y\in G_\alpha$, 有 $x(\alpha)=\alpha$, $y(\alpha)=\alpha$, 于是

$$x^{-1}(\alpha)=x^{-1}(x(\alpha))=\alpha,\quad (xy)(\alpha)=x(y(\alpha))=x(\alpha)=\alpha,$$

即 $x^{-1}\in G_\alpha$, $xy\in G_\alpha$. 所以 $G_\alpha\leqslant G$. □

关于点稳定子群, 我们有下述简单性质:

命题 3.9.3 设群 G 作用在集合 Ω 上.

(1) 设 K 是这个作用的核, 则 $K=\bigcap\limits_{\alpha\in\Omega}G_\alpha$.

(2) 对于任意 $y\in G$, $\alpha\in\Omega$, 记 $y(\alpha)=\beta$, 则点 β 的稳定子群 $G_\beta=yG_\alpha y^{-1}$ (这条性质说明, 同一条轨道上的点的稳定子群在 G 中是彼此共轭的).

证明 (1) 由定义显然成立.

(2) $x\in G_\beta\Longleftrightarrow x(y(\alpha))=y(\alpha)\Longleftrightarrow (y^{-1}xy)(\alpha)=\alpha\Longleftrightarrow y^{-1}xy\in G_\alpha\Longleftrightarrow x\in yG_\alpha y^{-1}$, 于是 $G_\beta=yG_\alpha y^{-1}$. □

定理 3.9.1 (轨道公式) 设群 G 作用在集合 Ω 上, $\alpha\in\Omega$, 则

$$|O(\alpha)|=|G:G_\alpha|.$$

特别地, 若 G 有限, 则轨道 $O(\alpha)$ 的长度是 $|G|$ 的因子.

证明 我们只需在 G_α 的全体左陪集组成的集合与 α 所在的轨道 $O(\alpha)$ 之间建立起一一对应即可. 定义

$$\varphi:\ \{gG_\alpha\,|\,g\in G\}\to O(\alpha),$$
$$gG_\alpha\mapsto g(\alpha),\quad \forall g\in G.$$

我们首先要验证上面定义的 φ 是良定义的, 即若 $g_1G_\alpha = g_2G_\alpha$, 则必有 $g_1(\alpha) = g_2(\alpha)$. 这是因为

$$g_1G_\alpha = g_2G_\alpha \Longleftrightarrow g_1^{-1}g_2 \in G_\alpha \Longleftrightarrow (g_1^{-1}g_2)(\alpha) = \alpha$$
$$\Longleftrightarrow g_1(\alpha) = g_2(\alpha).$$

上式也说明了 φ 是单射, 即若 $g_1(\alpha) = g_2(\alpha)$, 则必有 $g_1G_\alpha = g_2G_\alpha$. 显然, 由 φ 的定义, φ 是满射, 故 φ 是双射. □

这个定理虽然简单, 但它是群作用的最基本的结果.

例 3.9.2 设 $G = \langle(12)(345)\rangle \leqslant S_6$ 自然作用于 $\Omega = \{1,2,3,4,5,6\}$. 计算得到轨道

$$O(1) = \{1,2\} = O(2), \quad O(3) = \{3,4,5\} = O(4) = O(5), \quad O(6) = \{6\}.$$

再计算点 i 的稳定子群 $G_i, (i = 1, 2, \cdots, 6)$, 得到

$$G_1 = \langle(345)\rangle = G_2, \quad G_3 = \langle(12)\rangle = G_4 = G_5, \quad G_6 = G.$$

由轨道公式, 有

$$|O(1)| = \frac{|G|}{|G_1|} = \frac{6}{3} = 2, \quad |O(3)| = \frac{|G|}{|G_3|} = \frac{6}{2} = 3,$$

而 $|O(6)| = \dfrac{|G|}{|G_6|} = 1$.

注 令 $\sigma = (12)(345) \in S_6$, 于是 σ 表示成两个不相交轮换的乘积. 在命题 3.1.1 中, 我们证明了这种表示法在不计次序的意义下是唯一的. 现在, 从作用的角度重新来看, 每个轮换对应了 σ 生成的循环群作用下的一条轨道, 当 σ 取定之后, 这个群作用就固定下来了, 其轨道也就决定了, 所以这样的不交轮换乘积的表示法在不计次序的意义下一定是唯一的.

例 3.9.3 (1) 设 G 是群, 取 $\Omega = G$. 考查 G 在 Ω 上的共轭作用, 即

$$x(g) = xgx^{-1}, \quad \forall x \in G, \forall g \in \Omega = G.$$

对于 Ω 中的一点 g, 计算可得其稳定子群

$$G_g = \{x \in G \,|\, xgx^{-1} = g\} = \{x \in G \,|\, xg = gx\},$$

这个子群也称为元素 g 在群 G 中的**中心化子**, 记为 $C_G(g)$. 我们用 $C(g)$ 代表包含 g 的轨道, 即

$$C(g) = \{xgx^{-1} \,|\, \forall x \in G\}.$$

这条轨道就是前面定义的 g 在 G 中的共轭类, 见定义 3.4.2. 由轨道公式, 有 $|C(g)| = |G : C_G(g)|$. 特别地, 我们有

$$|C(g)| = 1 \iff C_G(g) = G \iff g \in Z(G).$$

由命题 3.9.1, 我们又一次得到了群的类方程

$$|G| = \sum_i |C_i|,$$

其中 C_i 遍历 G 的一切共轭类.

(2) 在例 3.4.1 中, 我们已经求出了 A_4 的 4 个共轭类 $C((1)), C((12)(34)), C((123)), C((132))$, 其长度分别为 1, 3, 4, 4. 计算知 $C_{A_4}((1)) = A_4$, 故 $|C((1))| = |A_4 : A_4| = 1$.

而

$$|C_{A_4}((12)(34))| = \frac{|A_4|}{|C((12)(34))|} = 4,$$

又显然容易验证

$$\mathrm{K}_4 = \{(1), (12)(34), (13)(24), (14)(23)\} \leqslant C_{A_4}((12)(34)),$$

比较阶数得到

$$C_{A_4}((12)(34)) = \mathrm{K}_4.$$

(上式也可直接证明, 参见例 3.1.2.)

上面共轭作用的例子非常重要, 我们将其总结为下述命题, 证明留给读者:

命题 3.9.4 设 G 是一个有限群.

(1) G 中元素 g 所在的共轭类 $C(g)$ 的长度为 $|C(g)|=|G:C_G(g)|$, 且是 $|G|$ 的因子. 特别地, $|C(g)|=1 \Longleftrightarrow g\in Z(G)$.

(2) 设 $\{g_1,\cdots,g_s\}$ 是全体使得 $|C(g_i)|>1$ 的共轭类的代表元组成的集合, 则

$$|G|=|Z(G)|+\sum_{i=1}^{s}|C(g_i)|.$$

上式称为有限群 G 的类方程.

推论 3.9.1 有限 p 群 G 的中心 $Z(G)$ 非平凡, 即 $|Z(G)|>1$.

证明 设 $\{g_1,\cdots,g_s\}$ 是全体使得 $|C(g_i)|>1$ 的共轭类的代表元组成的集合. 由命题 3.9.4 (1), 知 $p\,\big|\,|C(g_i)|$. 考查 G 的类方程

$$|G|=|Z(G)|+\sum_{i=1}^{s}|C(g_i)|,$$

由于 $|Z(G)|\geqslant 1$, $p\,\big|\,|G|$, 可推出 $p\,\big|\,|Z(G)|$, 故 $Z(G)$ 非平凡. □

在命题 3.4.8 中, 我们已经证明了交换群的柯西定理. 现在利用类方程, 我们可以证明一般有限群的柯西定理.

定理 3.9.2 (柯西定理) 设 G 为有限群, 素数 $p\,\big|\,|G|$, 则 G 中至少存在一个阶为 p 的元素.

证明 对 $n=|G|$ 应用数学归纳法.

当 $n=1,2$ 时, 定理显然成立.

下设定理对所有阶小于 n 的群成立. 我们考查 n 阶群 G 的类方程.

设 $\{g_1,\cdots,g_s\}$ 是全体使得 $|C(g_i)|>1$ 的共轭类的代表元组成的集合 (s 可为 0, 这时 $G=Z(G)$ 是交换群), 则 G 的类方程为

$$|G|=|Z(G)|+\sum_{i=1}^{s}|C(g_i)|.$$

若 $p\,\big|\,|Z(G)|$, 因为交换群的柯西定理成立, 所以交换子群 $Z(G)$ 中存在一个阶为 p 的元素.

若 $p\nmid|Z(G)|$, 此时 G 不可交换, $s \geqslant 1$. 于是, 存在 $g_i(i\in\{1,\cdots,s\})$, 使得 $p\nmid|C(g_i)|$. 由轨道公式知

$$|C(g_i)| = \frac{|G|}{|C_G(g_i)|} > 1,$$

故 $|C_G(g_i)| < n$, 且 $p\,\big|\,|C_G(g_i)|$. 由归纳假设知, 子群 $C_G(g_i)$ 中存在 p 阶元素.

综上, 由数学归纳原理知定理成立. □

本节的最后, 我们再看一个重要的关于传递作用的例子, 它是左正则表示的推广.

例 3.9.4 设 G 是群, $H \leqslant G$. 取 $\Omega = \{gH\,\big|\,g\in G\}$ 为 H 的全体左陪集组成的集合. 我们如下规定 G 在 Ω 上的一个作用: $\forall x\in G$, 定义映射

$$x(gH) := xgH, \quad \forall gH \in \Omega.$$

请读者自行验证这是一个群作用. 我们将与其相关联的置换表示记为 π_H, 称为 G 在 H 的左陪集空间 Ω 上的**左乘变换**. 当 $H=\{e\}$ 时, 这就是左正则表示.

这个作用是传递的, 因为对于任意 $g_1H, g_2H\in\Omega$, 存在 $x=g_2g_1^{-1}\in G$, 使得 $x(g_1H)=g_2H$.

下求点 $gH\in\Omega$ 的稳定子群 G_{gH}:

$$x\in G_{gH} \iff xgH = gH \iff (g^{-1}xg)H = H \iff x\in gHg^{-1},$$

故

$$G_{gH} = gHg^{-1}.$$

特别地, Ω 中的点 H 的稳定子群即为 H. 由传递性和轨道公式, 有 $\Omega = O(H) = |G:H|$. 再由命题 3.9.3 (1), 这个作用的核为

$$K = \bigcap_{g\in G} gHg^{-1}.$$

可证明核 K 是包含于 H 的 G 的极大正规子群. 这个子群叫作 **H 在 G 中的核**, 记作 H_G 或 $\mathrm{Core}_G(H)$.

例 3.9.5 设 G 是有限群, p 为 $|G|$ 的最小素因子, 证明: G 的指数为 p 的子群 (如果存在) 必正规.

证明 设 $H \leqslant G$, 且 $|G:H| = p$. 考查 G 在 H 的左陪集空间上的左乘作用. 这个作用的核为 $K = \mathrm{Core}_G(H)$, 故 G/K 同构于 S_p 的一个子群. 于是 $|G/K| \,\big|\, p!$.

设 $|H:K| = k$, 则 $|G:K| = |G:H||H:K| = pk$. 故 $pk \,\big|\, p!$. 这就推出了 $k \,\big|\, (p-1)!$. 又由于 k 是 $|G|$ 的因子, 而 p 为 $|G|$ 的最小素因子, 这就迫使 $k=1$, 从而 $H = K \trianglelefteq G$. □

上面这个例子是 "指数为 2 的子群正规" 的推广.

习 题

3.9.1 完成例 3.9.1 (5) 的证明.

3.9.2 证明: $S_n (n \geqslant 2)$ 在集合 $\{1, \cdots, n\}$ 上的自然作用是传递的, 并求点 1 的稳定子群.

3.9.3 证明: $A_n (n \geqslant 3)$ 在集合 $\{1, \cdots, n\}$ 上的自然作用是传递的, 并求点 1 的稳定子群.

3.9.4 计算 $C_{A_4}((123)), C_{A_4}((132))$, 并计算 $C_{S_4}((123)), C_{S_4}((132))$.

3.9.5 设 $\sigma = (12 \cdots m) \in S_n$ 是一个 m 长轮换, 求 S_n 中 σ 所在的共轭类的长度 $|C(\sigma)|$, 并求 $C_{S_n}(\sigma)$.

3.9.6 求 D_8 的所有共轭类的长度及相应代表元的中心化子.

3.9.7 求 S_4 的所有共轭类的长度及相应代表元的中心化子.

3.9.8 证明: p^2 阶群交换, 给出其所有的同构型 (请不要使用定理 3.8.3).

3.9.9 设 G 作用在 Ω 上, $H \leqslant G$, O 是 H 的轨道, 证明: 对于任意 $x \in G$, $x(O)$ 是 xHx^{-1} 的轨道.

3.9.10 设 G 在 Ω 上的作用是传递的, $N \trianglelefteq G$, 证明: N 在 Ω 上所有轨道的长都相等.

3.9.11 若交换群 G 忠实而传递地作用在 Ω 上, 证明: $G_\alpha = 1$, $\forall \alpha \in \Omega$. 特别地, 有 $|G| = |\Omega|$.

3.9.12 设 G 是一个 p 群, 证明: 存在 $x \in Z(G)$, 使得 $\langle x \rangle \trianglelefteq G$, 且 $|\langle x \rangle| = p$.

3.9.13 设 G 是一个 p 群, $|G| = p^n$, 证明: 存在 G 的正规子群 $H_i, 1 \leqslant i \leqslant n-1$, 使得 $|H_i| = p^i$, 且

$$H_1 \trianglelefteq H_2 \trianglelefteq \cdots \trianglelefteq H_{n-1} \trianglelefteq G$$

(提示: 利用上题, 对 n 做数学归纳法).

3.9.14 设 G 为 p 群, 证明: 任意一个指数为 p 的子群都正规.

3.9.15 设 G 是有限群, $H < G$, 且 $|G : H| = n > 1$, 证明: G 必含有一个指数整除 $n!$ 的非平凡正规子群, 或者 G 同构于 S_n 的一个子群.

3.9.16 证明: 非交换 6 阶群 G 一定有一个不正规的 2 阶子群. 由此证明: $G \cong S_3$ (利用左乘变换).

3.9.17 考查 G 在 G 上的左正则作用 $\pi : G \to S_G$. 设 $x \in G$, $o(x) = n$, 并设 $|G| = mn$, 证明: $\pi(x)$ 可表示成 m 个不交 n 长轮换的乘积.

3.9.18 令 G, π 如上一题定义, 证明: 若 $\pi(G)$ 中有一个奇置换, 则 G 有指数为 2 的子群.

3.9.19 如果有限群 G 的阶是 $2k$, 其中 k 是一个奇数, 证明: G 有指数为 2 的子群.

§3.10 西 罗 定 理

已经学过的拉格朗日定理告诉我们, 子群的阶是群阶的因子. 在某些特殊情况, 拉格朗日定理的逆命题是成立的, 比如有限循环群 (见定理 3.6.2)、有限交换群 (见命题 3.6.2)、p 群 (见习题 3.9.13). 但对一般的有限群, 拉格朗日定理的逆命题是不成立的, 见例 3.4.3. 设 p 为素数, 群 G 的阶是 n, $p^m \parallel n$ (即 $p^m \mid n$, 且 $p^{m+1} \nmid n$), 称 G 的 p^m 阶子群为 G 的西罗 p 子群. 西罗定理告诉我们, 有限群的西罗 p 子群一

定是存在的. 西罗定理是有限群论的最重要定理之一, 它是西罗 (P. L. M. Sylow) 在 1872 年证明的.

定理 3.10.1 (第一西罗定理) 设 G 为有限群, p 为素数, $p^k \mid |G|$ $(k \geqslant 1)$, 则 G 有 p^k 阶子群. 特别地, G 存在西罗 p 子群.

证明 对 G 的阶做数学归纳法, 并注意到 $|G|$ 是 p 的倍数. 若 $|G|$ 等于素数 p 时, 结论显然成立. 设结论对阶小于 n 的群成立, 并设 $|G| = n$.

先假定 $p \mid |Z(G)|$. 由命题 3.4.8, $Z(G)$ 中有 p 阶元素 x. $\forall g \in G$, 有 $gxg^{-1} = gg^{-1}x = x$, 可推知 $\langle x \rangle \trianglelefteq G$. 记 $Z = \langle x \rangle$, 考查商群 $\overline{G} = G/Z$. 因为 $|G/Z| = \dfrac{|G|}{p} < |G|$, 且 $p^{k-1} \mid |\overline{G}|$, 所以由归纳假设, $\overline{G}$ 中存在 p^{k-1} 阶子群 $\overline{H}$. 由第一同构定理, G 存在子群 H, 使得 $\overline{H} = H/\langle x \rangle$. 计算得 $|H| = p^k$, 故 G 存在 p^k 阶子群.

下面设 $p \nmid |Z(G)|$, 则 G 不是交换群. 考查群 G 的类方程:

$$|G| = |Z(G)| + \sum_{j=1}^{s} |C(y_j)|,$$

其中 $C(y_j)$ $(j = 1, \cdots, s$, 且 $s \geqslant 1)$ 为 G 的所有长度大于 1 的共轭类. 这推出至少存在一个 j, 不妨设 $j = 1$, 使得 $|C(y_1)|$ 与 p 互素. 由于 $|C(y_1)| = |G : C_G(y_1)|$, 可推出 $C_G(y_1)$ 是 G 的真子群, 且 $p^k \mid |C_G(y_1)|$, 由归纳假设, 定理对 $C_G(y_1)$ 成立, 于是也对 G 成立. □

定理 3.10.2 (第二西罗定理) 设 P 是 G 的一个西罗 p 子群, H 是 G 的任一 p 子群, 则必存在 $g \in G$, 使得 $H \leqslant gPg^{-1}$.

由此易见, 群 G 的任意两个西罗 p 子群在 G 中共轭.

证明 设 $H \leqslant G$, $|H| = p^k$.

取 Ω 为 P 的所有左陪集组成的集合. 设 $|G| = mp^n$, $(m, p) = 1$, 则 $|P| = p^n$, $|\Omega| = m$.

类似于例 3.9.4, 定义 H 在 Ω 上的左乘作用如下: 对于 $h \in H$, $a \in G$, 规定 $h(aP) := haP$. 容易证明这是一个群作用. 由定理 3.9.1, 点 aP 所在的轨道 $O(aP)$ 的长度满足 $|O(aP)| \mid |H|$, 而 $|H| = p^k$, 所以 $|O(aP)| = 1$ 或 p^t $(1 \leqslant t \leqslant k)$. 因为 Ω 是其所有轨道的不交并,

且 $|\Omega| = m$ 不是 p 的倍数, 所以至少存在一条长度为 1 的轨道. 我们设存在 $g \in G$, 使得 $|O(gP)| = 1$. 这等价于 $hgP = gP$ $(\forall h \in H)$, 即 $g^{-1}hg \in P$, 亦即 $h \in gPg^{-1}$. 故 $H \subseteq gPg^{-1}$. □

推论 3.10.1 设 P 是 G 的一个西罗 p 子群, 则 $P \trianglelefteq G$ 当且仅当 G 的西罗 p 子群唯一.

例 3.10.1 (1) $|S_3| = 6$, 其西罗 2 子群是 2 阶的, 由于 S_3 中所有的 2 阶元素为 $(12), (13), (23)$, 故 S_3 有 3 个西罗 2 子群 $\langle(12)\rangle, \langle(13)\rangle, \langle(23)\rangle$. 同样, 得到 S_3 有 1 个西罗 3 子群 $\langle(123)\rangle$.

(2) $|A_4| = 12 = 3 \cdot 4$, 其西罗 3 子群是 3 阶的, 由于 A_4 中所有的 3 阶元有 8 个, 故 A_4 有 4 个西罗 3 子群 $\langle(123)\rangle, \langle(134)\rangle, \langle(124)\rangle, \langle(234)\rangle$. 而 $\mathrm{K}_4 = \{(1), (12)(34), (13)(24), (14)(23)\}$ 是 A_4 的正规西罗 2 子群, 所以是 A_4 的唯一西罗 2 子群.

我们考虑下面定义的一个作用. 令 G 是一个有限群, 设 $\Omega = \{P_1, \cdots, P_s\}$ 是其所有的西罗 p 子群组成的集合, 注意到西罗 p 子群的共轭子群仍然是西罗 p 子群, 我们可定义 G 在 Ω 上的一个 (共轭) 作用: $\forall x \in G$, 定义

$$x(P_i) := xP_ix^{-1},$$

即 x 将 P_i 映到其共轭子群 xP_ix^{-1}. 请读者自行验证这是一个群作用. 由定理 3.10.2, 任意两个西罗 p 子群都在 G 中共轭的, 所以这是一个传递作用. 记 $P = P_1$, 其点稳定子群为

$$G_P = \{x \in G \,|\, xPx^{-1} = P\}.$$

我们称这个子群为子群 P 在 G 中的**正规化子**, 记为 $N_G(P)$. 由此定义, 有 $P \trianglelefteq N_G(P)$. 显然 P 也是 $N_G(P)$ 的西罗 p 子群. 由推论 3.10.1, P 是 $N_G(P)$ 的唯一西罗 p 子群. 最后, 轨道公式告诉我们, G 的西罗 p 子群的个数为

$$|\Omega| = |G : N_G(P)|.$$

下面的第三西罗定理对 G 的西罗 p 子群的个数做了一定的研究.

定理 3.10.3 (第三西罗定理) 有限群 G 的西罗 p 子群的个数 n_p 是 $|G|$ 的因子, 并且 $n_p \equiv 1 \pmod p$.

证明 设 P 是 G 的一个西罗 p 子群. 由本定理前面的分析, G 的西罗 p 子群的个数为 $n_p = |G : N_G(P)|$, 于是 n_p 是 $|G|$ 的因子.

下面证明第二个结论. 如果 $n_p = 1$, 结论当然成立. 故可设 $n_p > 1$. 设 $\Omega = \{P_1 = P, \cdots, P_{n_p}\}$ 是其所有西罗 p 子群组成的集合. 我们考查群 P 共轭作用于 Ω 上, 即 $\forall g \in P$, 定义

$$g(P_i) := gP_ig^{-1}.$$

容易验证, 这是 P 在 Ω 上的一个作用. 这实际上是将群 G 在 Ω 上的共轭作用限制在其子群 P 上来考虑.

$\forall P_i \in \Omega$, 其所在轨道的长度为 $|O(P_i)| \mid |P|$. 若 $|O(P_i)| = 1$, 则对于任意 $g \in P$, 有 $gP_ig^{-1} = P_i$. 这说明 $P \leqslant N_G(P_i)$, 故 P, P_i 都是 $N_G(P_i)$ 的西罗 p 子群. 而 P_i 是 $N_G(P_i)$ 的唯一西罗 p 子群, 故 $P_i = P$, 即 P 共轭作用于 Ω 上有且只有一个不动点 P, 其他点所在的轨道长度都大于 1 且是 p 的方幂. 这就推出了 $|\Omega| = n_p \equiv 1 (\mathrm{mod}\, p)$. □

由第三西罗定理, 我们有下面这个推论.

推论 3.10.2 设 n_p 是有限群 G 的西罗 p 子群的个数, 并设 $|G| = p^n m, (p, m) = 1$, 则存在 $t \in \mathbb{Z}$, 使得 $n_p = tp + 1$, 且 $n_p \mid m$.

例 3.10.2 证明: 15 阶群 G 一定是循环群, 且同构于 C_{15}.

证明 $|G| = 15 = 3 \cdot 5$. 记 n_3 是 G 的西罗 3 子群的个数, n_5 是 G 的西罗 5 子群的个数. 由推论 3.10.2, 存在整数 t, 使得 $n_3 = 3t + 1$, 且 $n_3 \mid 5$. 这就推出 $n_3 = 1$. 同理, 存在整数 k, 使得 $n_5 = 5k + 1$, 且 $n_5 \mid 3$, 可推出 $n_5 = 1$. 令 H 是 G 的唯一的西罗 3 子群. 因为 $|H| = 3$, 所以 $H \cong C_3$. 由推论 3.10.1, 有 $H \trianglelefteq G$. 同理, 令 K 是 G 的唯一的西罗 5 子群, 则 $K \cong C_5$, 且 $K \trianglelefteq G$. 由习题 3.3.6, 有 $H \cap K = \{e\}$. 再由定理 3.3.4, 有 $HK = |H||K| = 15$, 故 $G = HK$. 由定理 3.8.1, 有 $G = H \times K$. 最后, 由例 3.8.1, 得到 $G \cong C_{15}$. □

例 3.10.3 设群 G 的阶是 72, 证明: G 不是单群, 即 G 有非平凡真正规子群.

证明 $72 = 2^3 \cdot 3^2$. 设 n_3 是 G 的西罗 3 子群的个数, 则存在整数 t, 使得 $n_3 = 3t + 1$, 且 $n_3 | 8$. 于是 $n_3 = 1$ 或 $n_3 = 4$. 若 $n_3 = 1$,

则 G 的西罗 3 子群存在、唯一, 且是 G 的一个正规子群, 故 G 不是单群. 下设 $n_3 = 4$, 此时 G 有 4 个西罗 3 子群, 记为 $P_i, i = 1, 2, 3, 4$. 令 $\Omega = \{P_1, P_2, P_3, P_4\}$. 考查 G 在 Ω 上的共轭作用, 即 $\forall x \in G$, 定义

$$x(P_i) = xP_ix^{-1}.$$

它对应的置换表示为

$$\varphi : G \to S_4.$$

由第二西罗定理知这是一个传递作用, 故 $\ker\varphi \neq G$. 又由于 $|G| = 72, |S_4| = 24$, 由同态基本定理可推出 φ 一定不是单射, 即 $\ker\varphi \neq \{e\}$. 所以, $\ker\varphi$ 是 G 的非平凡真正规子群.

综上, G 不是单群. □

例 3.10.4 设群 G 的阶是 30, 证明: G 不是单群, 并且 G 存在 15 阶子群.

证明 $30 = 2 \cdot 3 \cdot 5$. 设 n_3 是 G 的西罗 3 子群的个数, n_5 是 G 的西罗 5 子群的个数. 由第三西罗定理, 容易推出 $n_3 = 1$ 或 10, $n_5 = 1$ 或 6. 若 G 是单群, 则 $n_3 = 10$, 且 $n_5 = 6$. 注意到这 10 个西罗 3 子群都是 3 阶循环群, 且任意 2 个相交是平凡的. 由于每个西罗 3 子群都包含 2 个不同的 3 阶元素, 这样这 10 个不同的西罗 3 子群给出了群 G 中 $10 \cdot 2 = 20$ 个不同的 3 阶元素. 同样的计算得到, 6 个不同的西罗 5 子群给出了群 G 中 $6 \cdot 4 = 24$ 个不同的 5 阶元素, 于是 G 中元素的个数大于 $20 + 24 = 44$, 与 $|G| = 30$ 矛盾. 这就证明了 G 至少有一个正规的西罗 3 子群或一个正规的西罗 5 子群, 所以 G 不是单群. 令 H 是一个西罗 3 子群, K 是一个西罗 5 子群, 则或者 $H \trianglelefteq G$, 或者 $K \trianglelefteq G$. 由命题 3.4.4 (1), 知 HK 是 G 的子群. 再由定理 3.3.4, 有 $|HK| = 15$. 故 G 存在 15 阶子群 HK. □

西罗

历史的注 西罗 (P. L. M. Sylow, 1832—1918) 是挪威数学家. 他在 1894 年

成为数学期刊 *Acta Mathematica* 的编辑, 后又被哥本哈根大学授予荣誉博士, 1898 年起在克里斯蒂安尼亚大学任教.

西罗定理是有限群论最基本的定理, 由西罗于 1872 年发表在下列文章中: Sylow, L. (1872), *Théorèmes sur — les groupes de substitutions*, Math. Ann. (in French) 5 (4): 584 — 594. 刚发表时并没有给出证明, 10 年后他才提供了证明.

习　题

3.10.1　写出 S_4 的一个西罗 2 子群和一个西罗 3 子群, 并证明: $n_2 = 3, n_3 = 4$.

3.10.2　求 S_5 的一个西罗 5 子群, 并求其西罗 5 子群的个数.

3.10.3　设 P 是有限群 G 的一个西罗 p 子群.

(1) 若 H 是 G 的一个 p 子群, 且 $H \subseteq N_G(P)$, 证明: $H \subseteq P$;

(2) 记 $L = N_G(P)$, 证明: $N_G(L) = L$.

3.10.4　设群 G 的阶为 pm, p 是素数, $m < p$, 证明: G 不是单群.

3.10.5　设群 G 的阶是 35, 证明: $G \cong C_{35}$ 是循环群.

3.10.6　设群 G 的阶是 85, 证明: $G \cong C_{85}$ 是循环群.

3.10.7　设群 G 的阶是 99, 证明: G 是交换群, 并且写出其全部同构型.

3.10.8　设群 G 的阶是 175, 证明: G 是交换群, 并且写出其全部同构型.

3.10.9　证明: 12 阶、36 阶群不是单群 (提示: 仿照例 3.10.3).

3.10.10　证明: 255 阶、148 阶群不是单群.

3.10.11　证明: 56 阶群不是单群.

3.10.12　设 p, q 是两个不同的素数, 证明: p^2q 阶群不是单群.

3.10.13　请应用西罗定理来证明 $2p$ 阶有限群或者同构于 C_{2p}, 或者同构于 D_{2p}.

3.10.14　证明: 30 阶群的西罗 3 子群和西罗 5 子群一定都正规.

*§3.11 数学故事 —— 群论创始人伽罗瓦

17 岁时, 伽罗瓦在方程论中做出了划时代的重要发现, 这个发现在其后的一百多年中对数学发生着无止境的影响.

——埃里克 · 坦普尔 · 贝尔

群论的创始人伽罗瓦 (Évariste Galois) 是法国的天才数学家. 他生于 1811 年 10 月 25 日, 卒于 1832 年 5 月 30 日, 在这个世界上生活不足 21 年.

伽罗瓦

伽罗瓦诞生在离巴黎不远的地方, 当时巴黎是世界上著名的数学研究中心. 少年时他就对数学有浓厚的兴趣. 由于出身富裕, 又有受过良好教育的双亲, 他在 15 岁时进入了巴黎一所最好的中学, 并开始数学的研究. 他对方程的根式解问题情有独钟.

所谓根式解问题, 就是要找一个表示方程的根的公式, 它通过方程系数的四则运算和开方运算来表达方程的所有根. 前面我们已经复习了一元二次方程的求根公式, 并且学习了一元三次方程的解法, 也提到五次和更高次方程不能用根式解. 伽罗瓦要研究的问题是究竟什么样的方程可以用根式解.

他仔细地研读了当时数学界的权威人物高斯、拉格朗日、柯西和阿贝尔等人的著作, 并因此把其他功课都耽误了. 这使得他毕业时想进巴黎综合工业学校的愿望两次落空, 只好进了一家预备学校. 在该学校的第一年, 即 1829 年, 他完成四篇论文. 他把两篇关于方程论的文章呈送法国科学院的柯西, 但被柯西遗失了. 第二年, 他又交给法国科学院一篇仔细重写好的文章, 这次他的文章转给了傅里叶. 可惜不久傅里叶去世了, 文章也被遗失了. 这时, 著名数学家泊松建议他把研究成果重新写成论文, 于是他写了《关于用根式解方程的可解性条件》一文. 这是 1831 年的事. 他写好后, 交给泊松, 但又被泊松以该文难以理解而退回. 事实上, 这是他在方程论中唯一一篇完成的论文. 第二年, 即 1832 年, 他在一场决斗中被杀, 结束了他不足 21 岁的年轻生命.

在他死的前夜, 他匆忙写了一份关于其研究的说明, 交给了他的一个朋友. 这份说明被保留了下来. 直到 1846 年, 在他去世 14 年之后, 法国《数学杂志》上才发表了伽罗瓦的部分论文, 特别是 1831 年写的《关于用根式解方程的可解性条件》一文, 使人们知道了他在方程论方面的工作. 又经过了数十年, 数学界才逐渐理解了伽罗瓦工作的重大意义. 并且, 对他提出的群的概念也进行了深入的研究, 终于使得群论成为数学的一个重要的新分支.

伽罗瓦是怎样解决高次方程的根式解问题的呢? 有兴趣的读者可以参看专门讲述伽罗瓦理论的书籍.

最后, 还要提到的题外话是, 伽罗瓦不仅是个天才数学家, 而且还是个革命家. 在 1830 年七月革命时, 伽罗瓦积极支持革命. 因此两次被捕, 他在监狱里度过了生命中最后一年的大部分时光. 他还因为公开批评他所在学校的学监对革命不支持而遭到开除学籍的处分.

第 4 章　环

§4.1　子　环

定义 4.1.1　设 $(R;+,\cdot)$ 是环, S 是 R 的非空子集. 如果 S 关于 R 的加法和乘法也构成一个环, 则称 S 为 R 的**子环**.

由定义 4.1.1, R 本身和零环是任一环都有的两个子环. 类似于命题 3.2.2, 我们也有如下子环判别法则:

命题 4.1.1　设 $(R;+,\cdot)$ 是环, S 是 R 的非空子集, 则 S 是 R 的子环的充要条件是:

(1) S 关于加法构成 R 的加法群的子群, 即对于任意 $a,b\in S$, 有 $a-b\in S$;

(2) S 对于 R 的乘法是封闭的, 即对于任意 $a,b\in S$, 有 $ab\in S$.

证明　若 S 是 R 的子环, 则 S 关于 R 的加法和乘法封闭, 且 S 关于加法构成 R 的加法群的子群, 条件 (1), (2) 成立.

反过来, 若非空子集 S 关于加法构成子群 (当然对加法封闭) 且对乘法封闭, 则 S 上的加法和乘法自然满足乘法结合律以及加法和乘法之间的分配律, 且 $(S,+)$ 是交换群. 由环的定义 (定义 2.2.1), 可知 $(S;+,\cdot)$ 是环, 故它是 R 的子环. □

例 4.1.1　证明:

(1) 整数环 $(\mathbb{Z};+,\cdot)$ 的所有子环是 $\{n\mathbb{Z}\,|\,n\geqslant 0, n\in\mathbb{Z}\}$;

(2) 模 m 剩余类环 $\mathbb{Z}/m\mathbb{Z}$ 的所有子环是 $\{d\mathbb{Z}/m\mathbb{Z}\,|\,d\,|\,m, 1\leqslant d\leqslant m\}$, 这里

$$d\mathbb{Z}/m\mathbb{Z}=\{\overline{kd}\,|\,k\in\mathbb{Z}\}=\left\{\overline{d},\overline{2d},\cdots,\overline{\frac{m}{d}d}\right\}$$

是模 m 剩余类环 $\mathbb{Z}/m\mathbb{Z}$ 的 $\dfrac{m}{d}$ 阶子集.

证明 (1) 由于 $(\mathbb{Z};+,\cdot)$ 的子环一定是 $(\mathbb{Z},+)$ 的加法子群, 所以由例 3.2.10 可知, 所有可能的子环是 $\{n\mathbb{Z}\,|\,n\geqslant 0\}$. 再验证 $n\mathbb{Z}(n\geqslant 0)$ 的确是子环. 由子环判别法则 (命题 4.1.1), 只需再验证 $n\mathbb{Z}$ 对乘法封闭. 这是显然的, 即

$$(nk_1)(nk_2)\in n\mathbb{Z},\quad \forall k_1,k_2\in\mathbb{Z}.$$

综上, $(\mathbb{Z};+,\cdot)$ 的所有子环是 $\{n\mathbb{Z}\,|\,n\geqslant 0,n\in\mathbb{Z}\}$.

(2) 由例 3.6.1 知, 模 m 剩余类环 $\mathbb{Z}/m\mathbb{Z}$ 的所有加法子群是

$$\{d\mathbb{Z}/m\mathbb{Z}\,|\,d\,|\,m,1\leqslant d\leqslant m\}.$$

我们再验证当 d 是 m 的正因子时, $d\mathbb{Z}/m\mathbb{Z}$ 的确是子环. 由子环判别法则只需再验证乘法的封闭性. $\forall k_1,k_2\in\mathbb{Z}$, 计算得

$$\overline{k_1d}\cdot\overline{k_2d}=\overline{k_1k_2d^2}\in d\mathbb{Z}/m\mathbb{Z},$$

所以 $d\mathbb{Z}/m\mathbb{Z}$ 的确是 $\mathbb{Z}/m\mathbb{Z}$ 的子环. 综上, $\mathbb{Z}/m\mathbb{Z}$ 的所有子环是

$$\{d\mathbb{Z}/m\mathbb{Z}\,|\,d\,|\,m,1\leqslant d\leqslant m\}.$$ □

下面我们来讨论复数域 (当然是环) 的一类重要的子环 —— 高斯整环.

例 4.1.2 复数域的子集

$$\mathbb{Z}[\mathrm{i}]=\{a+b\mathrm{i}\,|\,a,b\in\mathbb{Z}\}$$

关于复数的加法和乘法构成一个整环, 称为**高斯整环**.

证明 先证 $\mathbb{Z}[\mathrm{i}]$ 是 $\mathbb{C}$ 的子环. 因为 $0\in\mathbb{Z}[\mathrm{i}]$, 所以 $\mathbb{Z}[\mathrm{i}]$ 非空. 对于任意 $\alpha=a+b\mathrm{i},\beta=c+d\mathrm{i}\in\mathbb{Z}[\mathrm{i}]$, 因为 $a,b,c,d\in\mathbb{Z}$, 我们有

$$\alpha-\beta=(a-c)+(b-d)\mathrm{i}\in\mathbb{Z}[\mathrm{i}],$$
$$\alpha\beta=(a+b\mathrm{i})(c+d\mathrm{i})=(ac-bd)+(bc+ad)\mathrm{i}\in\mathbb{Z}[\mathrm{i}].$$

由子环判别法则, $\mathbb{Z}[\mathrm{i}]$ 是 $\mathbb{C}$ 的子环, 当然是环. 由于 $\mathbb{C}$ 中乘法可交换, 且 $1\in\mathbb{Z}[\mathrm{i}]$, 所以子环 $\mathbb{Z}[\mathrm{i}]$ 是有单位交换环. 又因为域 $\mathbb{C}$ 中无零因子, 所以 $\mathbb{Z}[\mathrm{i}]$ 中也没有零因子. 这就证明了 $\mathbb{Z}[\mathrm{i}]$ 是整环. □

为了更好地研究高斯整环 $\mathbb{Z}[\mathrm{i}]$, 我们引入范数的概念. 对于任意 $\alpha = a + b\mathrm{i} \in \mathbb{Z}[\mathrm{i}]$, 定义 α 的**范数**为

$$\mathrm{N}(\alpha) = (a + b\mathrm{i})(a - b\mathrm{i}) = a^2 + b^2 = |\alpha|^2,$$

它是复数 α 的模的平方. 所以范数一定是一个非负整数. 我们有下述基本事实:

命题 4.1.2 设 $\alpha, \beta \in \mathbb{Z}[\mathrm{i}]$, 则:

(1) $\alpha = 0 \iff \mathrm{N}(\alpha) = 0$;

(2) $\mathrm{N}(\alpha\beta) = \mathrm{N}(\alpha)\mathrm{N}(\beta)$;

(3) α 是 $\mathbb{Z}[\mathrm{i}]$ 中的乘法可逆元 $\iff \mathrm{N}(\alpha) = 1$.

证明 (1) 由范数定义显然.

(2) 利用复数模的运算性质, 得

$$\mathrm{N}(\alpha\beta) = |\alpha\beta|^2 = |\alpha|^2|\beta|^2 = \mathrm{N}(\alpha)\mathrm{N}(\beta).$$

(3) 设 α 是乘法可逆元, 则存在 $\beta \in \mathbb{Z}[\mathrm{i}]$, 使得 $\alpha\beta = 1$. 于是

$$1 = \mathrm{N}(1) = \mathrm{N}(\alpha\beta) = \mathrm{N}(\alpha)\mathrm{N}(\beta).$$

注意到 $\mathrm{N}(\alpha), \mathrm{N}(\beta)$ 是非负整数, 可推出 $\mathrm{N}(\alpha) = 1$.

反之, 设 $\alpha = a + b\mathrm{i}$, 且 $1 = \mathrm{N}(\alpha) = (a + b\mathrm{i})(a - b\mathrm{i})$, 于是 $a - b\mathrm{i}$ 是 $\alpha = a + b\mathrm{i}$ 的乘法逆元. □

由上述命题, 我们得到 $\mathbb{Z}[\mathrm{i}]$ 的乘法单位群

$$\mathbb{Z}[\mathrm{i}]^\times = \{\pm 1, \pm \mathrm{i}\}.$$

类似地, 设 $d \neq 0, 1$, 且 d 是一个无平方因子的整数, 定义复数域的子集

$$\mathbb{Z}[\sqrt{d}] = \{a + b\sqrt{d} \mid a, b \in \mathbb{Z}\},$$

类似于例 4.1.2, 我们可证明 $\mathbb{Z}[\sqrt{d}]$ 是一个整环.

体和域都是特殊的环, 所以我们同样有子域 (子体) 的概念.

定义 4.1.2 设 $(F;+,\cdot)$ 是域 (体), K 是 F 的非空子集, 且 $0,1\in K$. 如果 K 关于 F 的加法和乘法也构成一个域 (体), 则称 K 为 F 的**子域 (子体)**.

类似于命题 4.1.1, 我们有如下子域 (子体) 判别法则:

命题 4.1.3 设 F 为域 (或体), K 是 F 的子集, $0,1\in K$, 则 K 为 F 的子域 (子体) 的充要条件是:

(1) $\forall a,b\in K$, 有 $a-b\in K$, 即 K 为 F 的加法子群;

(2) $\forall a,b\in K\setminus\{0\}$, 有 $ab^{-1}\in K\setminus\{0\}$, 即 $K\setminus\{0\}$ 为 $F\setminus\{0\}$ 的乘法子群.

命题 4.1.3 的证明留作练习.

习　　题

4.1.1　设 R 是环, H,S 为 R 的子环, 证明:

(1) $H\cap S$ 为 R 的子环;

(2) 若干子环的交还是子环.

4.1.2　证明: $\mathbb{Z}[\mathrm{i}]^{\times}=\{\pm1,\pm\mathrm{i}\}$.

4.1.3　设 $d\neq 0,1$, 且 d 是一个无平方因子的整数, 定义复数域的子集

$$\mathbb{Z}[\sqrt{d}]=\{a+b\sqrt{d}\ \mid a,b\in\mathbb{Z}\}.$$

证明: $\mathbb{Z}[\sqrt{d}]$ 是一个整环.

4.1.4　设 $R=\left\{\begin{pmatrix}a & b\\ 0 & 0\end{pmatrix}\middle| a,b\in\mathbb{C}\right\}$, $S=\left\{\begin{pmatrix}a & 0\\ 0 & 0\end{pmatrix}\middle| a\in\mathbb{C}\right\}$, 证明:

(1) R 关于矩阵的加法和乘法构成 $M_2(\mathbb{C})$ 的子环, 且 S 为 R 的子环;

(2) R 无乘法单位元, S 有乘法单位元.

4.1.5　给出环 R 和它的子环 S 的例子, 使得它们分别满足以下条件:

(1) R 有单位元, 但 S 没有单位元;

(2) R 没有单位元, 但 S 有单位元;

(3) R 与 S 都有单位元;

(4) R 不是交换群, 但 S 是交换群.

4.1.6 设 R 是环, $a \in R$. 如果存在正整数 n, 使得 $a^n = 0$, 则称 a 为一个**幂零元**. 证明: 如果 a 是有单位环中的幂零元, 则 $1-a$ 可逆.

4.1.7 $\bar{i} \in \mathbb{Z}/n\mathbb{Z}$ 是幂零元的充要条件是 n 的每个素因子都是整数 i 的素因子.

4.1.8 设 R 为环, 证明: $Z(R) = \{a \in R \,|\, ra = ar, \forall r \in R\}$ 是 R 的子环, 称为 R 的中心.

4.1.9 设 R 为有限环, S 为 R 的子环, 证明: $|S|\,\big|\,|R|$.

4.1.10 证明命题 4.1.3.

§4.2 理想及商环

类似于群论中的商群, 为了能定义陪集集合上的乘法, 从而定义商环, 我们需要对子环增加一些限制而引入 "理想" 的概念. 理想在环论中的地位类似于正规子群在群论中的地位.

定义 4.2.1 设 $(R;+,\cdot)$ 是环, I 是 R 的加法子群, 并且对于任意 $r \in R, a \in I$, 有 $ra \in I$ ($ar \in I$), 则称 I 为 R 的一个**左 (右) 理想**. 由定义容易得到左 (右) 理想都是子环. 如果一个子环同时是环 R 的左、右理想, 则称为**双边理想**, 简称为**理想**.

在本书中, 我们将主要讨论 (双边) 理想. 容易证明 $\{0\}$ 和 R 本身是 R 的两个理想. 由定义 4.2.1, 判断环 R 的非空子集 I 是 R 的理想需要验证:

(1) I 关于加法构成群, 即 $\forall a, b \in I$, 有 $a - b \in I$;

(2) $\forall r \in R, \forall a \in I$, 有 $ra \in I$, 且 $ar \in I$.

例 4.2.1 (1) 证明: 整数环 $(\mathbb{Z};+,\cdot)$ 的所有理想是

$$\{n\mathbb{Z} \,|\, n \geqslant 0, n \in \mathbb{Z}\};$$

(2) 证明: 模 m 剩余类环 $\mathbb{Z}/m\mathbb{Z}$ 的所有理想是

$$\{d\mathbb{Z}/m\mathbb{Z} \mid d \mid m, 1 \leqslant d \leqslant m\}.$$

证明 (1) 由于 $(\mathbb{Z};+,\cdot)$ 的理想一定是 $(\mathbb{Z},+)$ 的加法子群, 所以由例 3.2.10 可知, 所有可能的理想是 $\{n\mathbb{Z} \mid n \geqslant 0\}$. 下面验证 $n\mathbb{Z}(n \geqslant 0)$ 是理想. 已证明 $n\mathbb{Z}$ 是加法子群, 只需再验证对于任意 $r \in \mathbb{Z}$, 有

$$r(nk) = nrk \in n\mathbb{Z}, \quad (nk)r = nkr \in n\mathbb{Z}, \quad \forall k \in \mathbb{Z}.$$

综上, $(\mathbb{Z};+,\cdot)$ 的所有理想是 $\{n\mathbb{Z} \mid n \geqslant 0, n \in \mathbb{Z}\}$.

(2) 留作习题. □

下面我们来研究子环及理想的若干运算性质.

命题 4.2.1 设 R 是环.

(1) 若 H, S 为 R 的子环, 则 $H \cap S$ 为 R 的子环. 更一般地, 若干子环的交是子环.

(2) 若 H 为 R 的理想, S 为 R 的子环, 则 $H \cap S$ 为 S 的理想.

(3) 若 H, S 为 R 的理想, 则 $H \cap S$ 为 R 的理想. 更一般地, 若干理想的交是理想.

命题 4.2.1 的证明留给读者.

设 H, N 为环 R 的子环, 定义

$$H + N := \{h + n \mid h \in H, n \in N\},$$

即 $H + N$ 为加法群的两个子群的和. 由于环的加法群可交换, 所以 $H + N = N + H$, 由定理 3.2.1, $H + N$ 仍为加法子群, 但一般不是子环.

命题 4.2.2 设 R 为环.

(1) 若 H 为 R 的子环, N 为 R 的理想, 则 $H + N$ 为 R 的子环.

(2) 若 H, N 为 R 的理想, 则 $H + N$ 为 R 的理想.

(3) 若 $H_1, \cdots, H_n (n \geqslant 3)$ 是 R 的理想, 同上定义

$$H_1 + \cdots + H_n = \{h_1 + \cdots + h_n \mid h_i \in H_i, i = 1, \cdots, n\},$$

则 $H_1 + \cdots + H_n$ 是 R 的理想.

证明 (1) 已知 $H+N$ 是环 R 的加法子群, 只要再证乘法的封闭性即可. 设 $a,b\in H+N$, 则存在 $a_1,b_1\in H,a_2,b_2\in N$, 使得 $a=a_1+a_2,b=b_1+b_2$. 注意到 H 是子环, 有 $a_1b_1\in H$, 而由 N 是理想, 可推出 $a_1b_2,a_2b_1,a_2b_2\in N$, 所以

$$(a_1+a_2)(b_1+b_2)=a_1b_1+a_1b_2+a_2b_1+a_2b_2\in H+N.$$

(2), (3) 的证明留作习题. □

定义 4.2.2 设 R 是环, $M\subseteq R$ (允许 $M=\varnothing$), 则称 R 的所有包含 M 的理想的交 (还是理想) 为**由 M 生成的理想**, 记作 (M), 并称 M 为理想 (M) 的一个**生成系**. 由有限多个元素生成的理想叫作**有限生成理想**;由一个元素 a 生成的理想 (a) 叫作**主理想**.

由定义 4.2.2, 当 $M=\varnothing$, 有 $(M)=\{0\}$. 如同生成子群的最小性, 我们同样有 (M) 是 R 的包含 M 的最小理想, 即我们有下面的命题:

命题 4.2.3 设 R 是环, $M\subseteq R$. 设 H 是 R 的理想, 且 $M\subseteq H$, 则必有理想 $(M)\subseteq H$.

证明 由定义 4.2.2 立得. □

当 $M=\{a_1,\cdots,a_n\}$ 是有限集合时, 我们有

$$(M)=(a_1)+\cdots+(a_n). \tag{4.1}$$

这是因为, 由命题 4.2.3, 有 $(a_i)\subseteq(M),(i=1,\cdots,n)$, 而 (M) 是理想, 对加法封闭, 所以 $(M)\supseteq(a_1)+\cdots+(a_n)$; 反过来, 理想 $(a_1)+\cdots+(a_n)$ 包含集合 M, 再由命题 4.2.3, 有 $(M)\subseteq(a_1)+\cdots+(a_n)$, 可得式 (4.1).

当 $M\neq\varnothing$, 由定义 4.2.2, 我们可知包含 M 的最小理想 (M) 是由所有可能的有限个 M 的元素做加法、减法, 并与 R 的元素做可能的左乘、右乘得到的最小理想, 于是

$$(M)=\left\{\sum_{\text{有限}} m_i+r_jm_j'+m_k''s_k+u_tm_t'''v_t \;\middle|\; m_i,m_j',m_k'',m_t'''\in M\cup -M,\ r_j,s_k,u_t,v_t\in R\right\},$$

其中 $-M=\{-m \mid m\in M\}$.

若 R 是有单位环, 有 $1,-1\in R$, 则

$$(M)=\left\{\sum_{\text{有限}} r_i m_i s_i \,\middle|\, m_i\in M,\ r_i,s_i\in R\right\};$$

若 R 是有单位交换环, 则

$$(M)=\left\{\sum_{\text{有限}} r_i m_i \,\middle|\, m_i\in M,\ r_i,\in R\right\}. \tag{4.2}$$

特别地, 对主理想我们有:

命题 4.2.4 设 R 为环, $a\in R$.

(1) $(a)=\left\{\sum_{\text{有限}} ma+xa+ay+r_i a s_i \,\middle|\, x,y,r_i,s_i\in R, m\in\mathbb{Z}\right\}$;

(2) 若 R 是有单位环, 则

$$(a)=\left\{\sum_{\text{有限}} r_i a s_i \,\middle|\, r_i,s_i\in R\right\};$$

(3) 若 R 是有单位交换环, 则

$$\begin{aligned}(a)=aR&=\{ar \mid r\in R\}\\ &=Ra=\{ra \mid r\in R\}.\end{aligned}$$

命题 4.2.4 的证明留给读者.

例 4.2.2 证明:

(1) 整数环 $\mathbb{Z}$ 的理想 $n\mathbb{Z}=(n)$ 是主理想, 其中 $n\in\mathbb{Z}_{\geqslant 0}$.

(2) 模 m 剩余类环 $\mathbb{Z}/m\mathbb{Z}$ 的理想 $d\mathbb{Z}/m\mathbb{Z}=(\bar{d})$, 其中 $d \mid m, 1\leqslant d\leqslant m$.

证明 (1) 整数环 $\mathbb{Z}$ 是有单位交换环,

$$n\mathbb{Z}=\{kn \mid k\in\mathbb{Z}\},$$

注意其中的 kn 代表 n 的 k 倍, 也等于环 $\mathbb{Z}$ 中的乘积 $k\cdot n$. 由命题 4.2.4(3), 得 $n\mathbb{Z}=(n)$.

(2) 模 m 剩余类环 $\mathbb{Z}/m\mathbb{Z}$ 是有单位交换环,

$$d\mathbb{Z}/m\mathbb{Z}=\{\overline{kd}=\overline{k}\ \overline{d}\,\big|\,k\in\mathbb{Z}\}.$$

由命题 4.2.4 (3), 得 $d\mathbb{Z}/m\mathbb{Z}=(\overline{d})$. □

由例 4.2.1, 整数环 $\mathbb{Z}$ 与模 m 剩余类环 $\mathbb{Z}/m\mathbb{Z}$ 的理想都是主理想.

例 4.2.3 设 $m,n\in\mathbb{Z}$, 证明:

(1) 二元生成的理想 $(m,n)=(m)+(n)=(d)$, 其中 $d=\gcd(n,m)$;

(2) $(m)\cap(n)=(l)$, 其中 $l=\operatorname{lcm}[n,m]$.

证明 (1) 由式 (4.1), 有

$$(m,n)=(n)+(m)=\{kn+lm\,\big|\,k,l\in\mathbb{Z}\}.$$

因为 $d=\gcd(n,m)$, 所以存在 $x,y\in\mathbb{Z}$, 使得 $d=xn+ym$. 故 $d\in(m)+(n)$. 由命题 4.2.3, 有 $(d)\subseteq(m)+(n)$. 又因为 $d\,\big|\,n,d\,\big|\,m$, 所以 $\{n,m\}\subseteq(d)$. 再由命题 4.2.3, 有 $(n,m)\subseteq(d)$. 故

$$(d)=(n,m)=(n)+(m).$$

(2) 因为 $m\,\big|\,l,n\,\big|\,l$, 所以 $l\in(m)\cap(n)$. 由命题 4.2.3, 有 $(l)\subseteq(m)\cap(n)$. 反过来, $\forall x\in(m)\cap(n)$, 有 $m\,\big|\,x,n\,\big|\,x$, 所以 $[m,n]\,\big|\,x$, 即 $x\in(l)$. 由 x 的任意性, 知 $(m)\cap(n)\subseteq(l)$. □

设 I 是环 R 的理想. 由于环 R 关于加法构成交换群, 所以加法群 $(I,+)\trianglelefteq(R,+)$. 于是可构造 (加法) 商群:

$$(R/I,+)=\{\overline{r}=r+I\,\big|\,r\in R\},$$

其加法运算 (代表元定义法) 为

$$\overline{r}+\overline{s}=\overline{r+s},\quad\forall r,s\in R.$$

同样采用代表元定义法, 我们还可以在 I 的加法陪集集合 $R/I=\{r+I\,\big|\,r\in R\}$ 上再定义乘法:

$$(r+I)(s+I):=(rs)+I,\quad\forall r,s\in R,$$

即 $\overline{r}\cdot\overline{s}=\overline{rs}$. I 是理想保证了上述定义与代表元选取无关, 是良定义的. 事实上, 若

$$r_1+I=r+I,\quad s_1+I=s+I,$$

则 $r_1\in r+I$, $s_1\in s+I$. 于是, 存在 $a,b\in I$, 使得

$$r_1=r+a,\quad s_1=s+b.$$

由于 I 是理想, 所以 $rb,as,ab\in I$. 故

$$r_1s_1=(r+a)(s+b)=rs+rb+as+ab\in rs+I,$$

即有

$$r_1s_1+I=rs+I.$$

定理 4.2.1 设 I 是环 R 的理想. 在 I 的加法陪集集合 $\{r+I\,|\,r\in R\}$ 上采用代表元定义法定义加法和乘法:

$$(r+I)+(s+I)=(r+s)+I,\quad (r+I)(s+I)=(rs)+I,\tag{4.3}$$

则此集合关于上述定义的加法和乘法构成环, 称为 R 关于 I 的**商环**, 仍记为 R/I.

证明 由于 $(R,+)$ 是交换群, 所以 R/I 是加法交换群. 只需再验证乘法结合律、加法和乘法间的分配律即可 (验证留给读者). 故由环的定义知 I 的加法陪集集合 $\{r+I\,|\,r\in R\}$ 关于式 (4.3) 定义的加法和乘法构成环. □

设 I 是环 R 的理想. 由商环的定义可知, $\overline{0}$ 是 R/I 的 (加法) 零元. 若 R 还是有单位环, $1\in R$ 是乘法单位元. 则 $\overline{1}$ 是 R/I 的乘法单位元, 所以商环 R/I 也是有单位环. 若 R 是交换环, 则容易证明商环 R/I 也是交换环.

例 4.2.4 对于任意正整数 n, $n\mathbb{Z}$ 是整数环 $\mathbb{Z}$ 的理想. 在 §3.4 中, 我们已经知道模 n 剩余类加法群事实上是整数加群的商群 $(\mathbb{Z}/n\mathbb{Z},+)$, 同样, 注意到商环 $\mathbb{Z}/n\mathbb{Z}$ 上的乘法即是模 n 剩余类环上定义的剩余类乘法, 所以模 n 剩余类环就是商环 $\mathbb{Z}/n\mathbb{Z}$.

习 题

4.2.1 证明命题 4.2.1.

4.2.2 设 R 是环, $\{H_i\}$ 为 R 的一族理想, 且 $H_1 \subseteq \cdots \subseteq H_k \subseteq H_{k+1} \subseteq \cdots$, 则 $\bigcup\limits_{i=1}^{\infty} H_i$ 是 R 的理想.

4.2.3 设 R 是有单位环, I 是 R 的理想, $a \in R$ 是乘法可逆元, 则

$$a \in I \Longleftrightarrow I = R.$$

4.2.4 设 F 是域, I 是 F 的理想, 证明: $I = \{0\}$ 或 $I = F$.

4.2.5 证明例 4.2.1 (2).

4.2.6 证明命题 4.2.2 (2), (3).

4.2.7 令 $R = M(2, \mathbb{R})$ 是 2×2 实矩阵环, 再令:

(1) $A = \left\{ \begin{pmatrix} a & 0 \\ b & 0 \end{pmatrix} \middle| a, b \in \mathbb{R} \right\}$;

(2) $B = \left\{ \begin{pmatrix} a & b \\ 0 & 0 \end{pmatrix} \middle| a, b \in \mathbb{R} \right\}$;

(3) $C = \left\{ \begin{pmatrix} a & b \\ 0 & c \end{pmatrix} \middle| a, b, c \in \mathbb{R} \right\}$.

证明: A, B, C 都是 R 的子环, A 是 R 的左理想, B 是 R 的右理想, 但它们都不是 R 的理想, 而 C 既不是 R 的左理想, 也不是 R 的右理想.

4.2.8 设 R 是有单位交换环, 1 是 R 的单位元, P 是 R 的理想, $P \neq R$, 证明: R/P 也是有单位交换环, $\bar{1}$ 是 R/P 的单位元.

4.2.9 整数环 $\mathbb{Z}$ 有理想 $12\mathbb{Z}$, 做商环 $R = \mathbb{Z}/12\mathbb{Z}$. 请写出 R 的所有子环和理想.

4.2.10 证明: 交换环 R 的全体幂零元组成一个理想 (称为 R 的**幂零根**或**小根**).

4.2.11 设 I 是有单位交换环 R 的一个理想, 令

$$\mathrm{rad} I = \{x \in R \mid \text{存在正整数 } n, \text{使得 } x^n \in I\},$$

证明: rad$I$ 是 R 的理想 (称为 I 的**根理想**).

§4.3 一元多项式环

在 "高等代数" 课程中, 已经介绍了数域上关于不定元的多项式环. 完全类似地, 我们定义了有单位交换环 R 上关于未定元 x 的多项式环 $R[x]$, 参见例 2.2.4. 在本节中, 我们首先给出多项式、未定元及多项式环的严格定义.

设 P 是有单位交换环, R 是 P 的子环, 且 $1 \in R$. $\forall u \in P$, 令

$$R[u] = \{a_0 + a_1 u + \cdots + a_n u^n \,\big|\, a_i \in R, n \in \mathbb{Z}_{\geqslant 0}\}.$$

注意到当 $m < n$ 时,

$$a_0 + a_1 u + \cdots + a_m u^m = a_0 + a_1 u + \cdots + a_m u^m + 0u^{m+1} + \cdots + 0u^n,$$

运用 P 中加法、乘法的运算法则, 可知

$$\sum_{i=0}^{n} a_i u^i + \sum_{i=0}^{n} b_i u^i = \sum_{i=0}^{n} (a_i + b_i) u^i,$$

$$\sum_{i=0}^{n} a_i u^i \cdot \sum_{j=0}^{m} b_j u^j = \sum_{k=0}^{m+n} c_k u^k,$$

其中

$$c_k = a_0 b_k + a_1 b_{k-1} + \cdots + a_k b_0 = \sum_{i+j=k} a_i b_j.$$

所以 $R[u]$ 对加法、减法、乘法封闭, 是 P 的子环. 显然 $\{R, u\} \subseteq R[u]$, 所以 $1 \in R[u]$. 子环 $R[u]$ 也是有单位交换环, 且容易看出 $R[u]$ 是 P 中包含 $\{R, u\}$ 的最小子环 (即从集合 $\{R, u\}$ 出发做可能的加法, 减法和乘法所得到的子环). 我们称 $R[u]$ 为**元素 u 在 R 上的多项式环**, 也称为 R **上添加元素 u 生成的子环**.

例 4.3.1 证明: $\sqrt{3}$ 在 $\mathbb{Q}$ 上的多项式环 ($\mathbb{Q}$ 上添加 $\sqrt{3}$ 生成的子环)

$$\mathbb{Q}[\sqrt{3}] = \{f(\sqrt{3}) \,|\, f(x) \in \mathbb{Q}[x]\} = \{a + b\sqrt{3} \,\,|\, a, b \in \mathbb{Q}\}.$$

证明 令 $f(x)=a+bx\in\mathbb{Q}[x]$, 则 $f(\sqrt{3})=a+b\sqrt{3}$. 所以

$$\{a+b\sqrt{3}\ \big|\, a,b\in\mathbb{Q}\}\subseteq\{f(\sqrt{3})\,\big|\,f(x)\in\mathbb{Q}[x]\}.$$

反过来, 对于任意 $g(x)\in\mathbb{Q}[x]$, 由高等代数中的带余除法 (见定理 4.3.4), 存在 $q(x),r(x)\in\mathbb{Q}[x]$, 使得

$$g(x)=(x^2-3)q(x)+r(x),$$

其中 $r(x)=0$ 或 $r(x)\neq 0$, 且 $\deg r(x)<2$, 所以总可设

$$r(x)=a'+b'x,\quad a',b'\in\mathbb{Q}.$$

代入 $x=\sqrt{3}$, 得 $g(\sqrt{3})=r(\sqrt{3})=a'+b'\sqrt{3}$. 所以

$$\{a+b\sqrt{3}\ \big|\, a,b\in\mathbb{Q}\}\supseteq\{f(\sqrt{3})\,\big|\,f(x)\in\mathbb{Q}[x]\}.$$ □

根据例 4.3.1, 再由例 2.3.1, 子环 $\mathbb{Q}[\sqrt{3}]$ 实际上是复数域的子域, 即对乘法逆也是封闭的.

$R[u]$ 的元素称作 u 在 R 上的一个**多项式**. 若 u 的一个多项式 $a_0+a_1u+\cdots+a_nu^n=0$, 则称这个关系式为 u 在 R 上的一个**代数关系**. 讨论 u 是否有非平凡的 R 上的代数关系, 即是否有不全为 0 的 $a_0,a_1,\cdots,a_n\in R$, 使得 $a_0+a_1u+\cdots+a_nu^n=0$ 对决定 $R[u]$ 的环结构有重要的意义. 为此, 我们有如下定义:

定义 4.3.1 设 P 是有单位交换环, R 是 P 的子环, 且 $1\in R$. P 中的一个元素 x 叫作 R 上的**未定元**, 如果对于任意正整数 n, 任意 $a_0,a_1,\cdots,a_n\in R$, 有

$$a_0+a_1x+a_2x^2+\cdots+a_nx^n=0\Longleftrightarrow a_0=a_1=\cdots=a_n=0.$$

在例 4.3.1 中, $\sqrt{3}$ 不是 $\mathbb{Q}$ 上的未定元, 因为 $\sqrt{3}$ 在 $\mathbb{Q}$ 上有非平凡的代数关系: $(\sqrt{3})^2-3=0$. 给定环 P 与子环 R, P 中不一定存在 R 上的未定元. 例如, 在复数域 $\mathbb{C}$ 中不存在实数域 $\mathbb{R}$ 上的未定元. 这是因为对于任意 $u=a+b\mathrm{i}\in\mathbb{C}$, 有 $u^2+(-2a)u+(a^2+b^2)=0$. 但是, 给定

一个有单位交换环 R, 我们总能构造一个环 $P \supseteq R$, 使得 P 中存在 R 上的未定元 x, 且 $P = R[x]$ 是 R 上关于这个未定元 x 的多项式环. 下面两个定理分别说明了这样的多项式环的存在性及 (同构意义下) 唯一性, 其证明需要用到环同构的概念.

设 R 和 R_1 是环. 映射 $\varphi: R \to R_1$ 称为由 R 到 R_1 的一个**环同构**, 如果 φ 是双射, 且保持环运算, 即对于任意 $a, b \in R$, 有

$$\varphi(a+b) = \varphi(a) + \varphi(b), \quad \varphi(ab) = \varphi(a)\varphi(b).$$

如果存在由 R 到 R_1 的一个环同构, 则称环 R 同构于环 R_1, 也称环 R 和 R_1 是**同构的**, 记为 $R \cong R_1$. 与群同构的概念一样, 若两个环 R 和 R_1 同构, 即 $R \cong R_1$, 则在代数结构上它们是完全一致的, 可认为这两个环是一样的.

定理 4.3.1 设 R 是有单位交换环, 则一定存在环 R 上的一个未定元 x, 和 x 在 R 上的多项式环 $R[x]$, 称为有单位交换环 R 上关于未定元 x 的**一元多项式环**, 简称为 R 上的一元多项式环.

证明 设 R 是有单位交换环, 构造集合 P, 其元素为无限序列

$$(a_0, a_1, a_2, \cdots), \quad a_i \in R \text{ 且只有有限多个 } a_i \neq 0.$$

如下规定集合 P 上的加法和乘法: 设 $f = (a_0, a_1, a_2, \cdots) \in P$, $g = (b_0, b_1, b_2, \cdots) \in P$, 规定

$$\begin{aligned} f + g &:= (a_0 + b_0, a_1 + b_1, a_2 + b_2, \cdots), \\ f \cdot g &:= (c_0, c_1, c_2, \cdots), \end{aligned}$$

其中 $c_n = \sum_{i=0}^{n} a_i b_{n-i} (n \geqslant 0)$. 请读者自行验证 $f+g, f \cdot g$ 所对应的无限序列只有有限项不是零, 所以仍然属于 P.

集合 P 关于加法有结合律和交换律, 构成交换群, 其中零元为 $(0, 0, 0, \cdots)$, $f = (a_0, a_1, a_2, \cdots)$ 的负元为 $-f = (-a_0, -a_1, -a_2, \cdots)$. 集合 P 关于乘法有结合律 (留给读者验证) 和交换律, 加法、乘法之间

有分配律. 注意到

$$\begin{aligned}(1,0,0,\cdots)\cdot(a_0,a_1,a_2,\cdots)&=(a_0,a_1,a_2,\cdots)\cdot(1,0,0,\cdots)\\&=(a_0,a_1,a_2,\cdots),\end{aligned}$$

所以 $(1,0,0,\cdots)$ 是 P 的乘法单位元, 于是 P 关于上述加法乘法构成有单位交换环. 令

$$R_0=\{(a,0,0,\cdots)\,\big|\,a\in R\},$$

由于 $\forall a,b\in R$, 有

$$\begin{aligned}&(a,0,0,\cdots)-(b,0,0,\cdots)=(a-b,0,0,\cdots)\in R_0,\\&(a,0,0,\cdots)\cdot(b,0,0,\cdots)=(ab,0,0,\cdots)\in R_0,\end{aligned}$$

所以 R_0 是 P 的子环, 且容易验证映射

$$\begin{aligned}\varphi:\ &R\to R_0,\\&a\mapsto(a,0,0,\cdots),\quad\forall a\in R\end{aligned}$$

是 $R\to R_0$ 的环同构.

将 R_0 与 R 等同看待, 即把 $(a,0,\cdots,0,\cdots)\in R_0$ 仍记为 $a\in R$, 此时 R 可看成包含于 P 的一个子环 (严格证明将用到挖补定理, 见定理 4.4.4), 再用 x 来记 $(0,1,0,\cdots)$, 容易验证对于任意正整数 m, 有

$$x^m=(\underbrace{0,\cdots,0}_{m\text{ 个}},1,0,\cdots).$$

在上述记号下, $\forall f=(a_0,a_1,a_2,\cdots,a_n,0,0,\cdots)\in P$, 我们可有表示式

$$f=a_0+a_1x+a_2x^2+\cdots+a^nx^n,$$

也记为 $f(x)$, 而此时环 P 即为 x 在 R 上的多项式环 $R[x]$.

最后, 设 $f(x)=a_0+a_1x+a_2x^2+\cdots+a_nx^n\in P$, 且 $f(x)=0$, 即

$$(a_0,a_1,a_2,\cdots,a_n,0,0,\cdots)=(0,0,0,\cdots).$$

由此可推出 $a_0 = a_1 = a_2 = \cdots = a_n = 0$, 故 $x \in P$ 是 R 上的一个不定元, 而 $P = R[x]$ 为 R 上关于不定元 x 的一元多项式环. □

下面的定理则说明有单位交换环 R 上关于未定元的多项式环在同构意义下是唯一的.

定理 4.3.2 设 R, R' 是有单位交换环, x, y 分别是其上的未定元, 若 $R \cong R'$, 则 $R[x] \cong R'[y]$.

证明 设 $\varphi : R \to R'$ 的一个环同构. 对于任意

$$f(x) = a_0 + a_1x + \cdots + a_nx^n \in R[x],$$

定义

$$\begin{aligned} \widetilde{\varphi}:\ & R[x] \to R'[y], \\ & f(x) \mapsto g(y) = a_0' + a_1'y + \cdots + a_n'y^n, \end{aligned}$$

其中 $a_i' = \varphi(a_i), i = 0, \cdots, n$.

请读者验证 $\widetilde{\varphi}$ 是 $R[x] \to R'[y]$ 的环同构. □

设多项式

$$f(x) = a_0 + a_1x + a_2x^2 + \cdots + a_nx^n \in R[x],$$

我们称 $a_ix^i (i = 0, \cdots, n)$ 为 $f(x)$ 的第 i 次项, a_i 为第 i 次项**系数**. 特别地, 称 a_0 为 $f(x)$ 的**常数项**. 若 $a_n \neq 0$, 则称 a_nx^n 为 $f(x)$ 的**首项**, 称 a_n 为 $f(x)$ 的**首项系数**. 首项系数为 1 的多项式称为**首一多项式**, 而 n 称作 $f(x)$ 的**次数**, 记作 $\deg f(x) = n$. 零次多项式即为非零常数多项式, 而规定零多项式的次数是 $-\infty$.

设 R 为有单位交换环, x 是 R 上的一个未定元. 定理 4.3.1 告诉我们, R 上一元多项式环 $R[x]$ 也是有单位交换环. 将 R 的任意元素看作常数多项式, 则 R 是 $R[x]$ 的子环. 下面我们研究一下整环 R 上的多项式环.

定理 4.3.3 设 R 为整环.

(1) 若 $p(x), q(x) \in R[x]$ 是非零多项式, 则

$$\deg p(x)q(x) = \deg p(x) + \deg q(x);$$

(2) $R[x]$ 为整环;

(3) $R[x]$ 的乘法单位群 $R[x]^\times = R^\times$.

证明 (1) 设 $p(x)$ 的首项为 $a_n x^n (a_n \neq 0)$, $q(x)$ 的首项是 $b_m x^m$ $(b_m \neq 0)$. 由于 R 是整环, 无零因子, 所以 $a_n b_m \neq 0$. 于是, $p(x)q(x)$ 的首项是 $a_n b_m x^{n+m}$. 这就证明了

$$\deg p(x)q(x) = \deg p(x) + \deg q(x).$$

(2) 因为 R 是有单位交换环, 所以 $R[x]$ 是有单位交换环, 只要再证 $R[x]$ 中无零因子即可. 设非零多项式 $p(x), q(x) \in R[x]$, 由 (1) 的证明可知 $p(x)q(x) \neq 0$, 所以 $R[x]$ 中无零因子, 它是整环.

(3) 由于 $R \subseteq R[x]$, 所以 $R^\times \subseteq R[x]^\times$. 反过来, 设 $p(x) \in R[x]^\times$, 则存在 $q(x) \in R[x]$, 使得 $p(x)q(x) = 1$. 于是

$$0 = \deg 1 = \deg p(x) + \deg q(x),$$

这就使得 $\deg p(x) = \deg q(x) = 0$, 所以 $p(x) = p \in R$, $q(x) = q \in R$ 为常数多项式, $pq = 1$ 说明 $p \in R^\times$. 故 $R[x]^\times \subseteq R^\times$. □

例 4.3.2 (1) 当 $R = \mathbb{Z}, \mathbb{Q}, \mathbb{R}, \mathbb{C}$ 时, $R[x]$ 是整环, 且

$$\mathbb{Z}[x]^\times = \mathbb{Z}^\times = \{\pm 1\}, \quad \mathbb{Q}[x]^\times = \mathbb{Q}^\times = \mathbb{Q}^*,$$
$$\mathbb{R}[x]^\times = \mathbb{R}^\times = \mathbb{R}^*, \quad \mathbb{C}[x]^\times = \mathbb{C}^\times = \mathbb{C}^*.$$

(2) 令 n 是正整数, 当系数环 (指多项式系数所在的环) 为 $\mathbb{Z}/n\mathbb{Z}$ 时, $(\mathbb{Z}/n\mathbb{Z})[x]$ 是有单位交换环. 令 p 是素数, $\mathbb{Z}/p\mathbb{Z}$ 是有限域, 当系数环为 $\mathbb{Z}/p\mathbb{Z}$ 时, $(\mathbb{Z}/p\mathbb{Z})[x]$ 是整环, 且 $(\mathbb{Z}/p\mathbb{Z})[x]^\times = (\mathbb{Z}/p\mathbb{Z})^\times = (\mathbb{Z}/p\mathbb{Z}) \setminus \{0\}$.

(3) 考察系数环为 $\mathbb{Z}/3\mathbb{Z}$ 的多项式环 $(\mathbb{Z}/3\mathbb{Z})[x]$. 令

$$p(x) = x^2 + 2x + 1, \quad q(x) = x^3 + x + 2 \in (\mathbb{Z}/3\mathbb{Z})[x],$$

则 (注意系数 $2 = \overline{2} = 2 + 3\mathbb{Z}, 1 = \overline{1} = 1 + 3\mathbb{Z} \in \mathbb{Z}/3\mathbb{Z}$, 系数之间的运算是 $\mathbb{Z}/3\mathbb{Z}$ 中的运算. 为了简便, 我们总将 $\overline{a}$ 记为 a)

$$p(x) + q(x) = x^3 + x^2 + 3x + 3 = x^3 + x^2,$$

$$p(x)q(x) = x^5 + 2x^4 + 2x^3 + 4x^2 + 5x + 2$$
$$= x^5 + 2x^4 + 2x^3 + x^2 - x + 2.$$

(4) 在 $(\mathbb{Z}/2\mathbb{Z})[x]$ 中, $x^2+1=(x+1)^2$ 可表示成一个多项式的平方; 而在 $\mathbb{Z}[x]$ 中, x^2+1 无法表示成某个多项式的平方.

(5) 在 $(\mathbb{Z}/4\mathbb{Z})[x]$ 中, 令

$$p(x) = 2x^2, \quad q(x) = 2x^3, \quad 得\ p(x)q(x) = 4x^5 = 0,$$

所以 $p(x), q(x)$ 是 $(\mathbb{Z}/4\mathbb{Z})[x]$ 中的零因子, $(\mathbb{Z}/4\mathbb{Z})[x]$ 不是整环.

最后, 我们来看一下域上的多项式环. 令 F 为一个域, 则 $F[x]$ 是整环. 当 F 为数域时, 在 "高等代数" 课程中已经学习了 $F[x]$ 上的整除理论. 我们将在第五章中系统学习整环的整除理论. 回到多项式环, 数域上一元多项式的带余除法可推广到一般域上, 证明完全一样, 留给读者.

定理 4.3.4 (带余除法) 设 F 为域, $f(x), g(x) \in F[x], f(x) \neq 0$, 则存在唯一的 $q(x), r(x) \in F[x]$, 使得

$$g(x) = q(x)f(x) + r(x),$$

其中 $r(x) = 0$ 或 $r(x) \neq 0, \deg r(x) < \deg f(x)$.

域 F 上多项式环 $F[x]$ 的一个主理想为

$$(f(x)) = \{f(x)g(x) \mid g(x) \in F[x]\},$$

下面的定理告诉我们, $F[x]$ 的所有理想都是主理想.

定理 4.3.5 设 F 为域, 则 $F[x]$ 的理想都是主理想.

证明 理想 (0) 是主理想. 设 I 为 $F[x]$ 的一个非 (0) 理想. 取 $0 \neq f(x) \in I$, 使得 $\deg f(x)$ 是 I 中非零多项式中次数最低的一个. 显然有 $(f(x)) \subseteq I$. 反过来, 设 $g(x) \in I$, 由带余除法, 存在 $q(x), r(x) \in F[x]$, 使得 $g(x) = f(x)q(x) + r(x)$, 其中 $r(x) = 0$ 或 $r(x) \neq 0, \deg r(x) < \deg f(x)$. 因为 $r(x) = g(x) - f(x)q(x) \in I$, 由 $f(x)$ 的选择, 有 $r(x) = 0$, 所以 $g(x) = f(x)q(x) \in (f(x))$. 这就证明了 $I = (f(x))$. □

例 4.3.3 设 F 是域, $f(x) \in F[x]$, 且 $\deg f(x) = n \geqslant 1$, 证明: 商环 $F[x]/(f(x))$ 中的非零元可唯一表示成某个次数低于 n 的多项式的陪集, 即

$$K = F[x]/(f(x)) = \{\overline{c_{n-1}x^{n-1} + \cdots + c_1x + c_0} \mid c_i \in F\}.$$

这里 $\overline{g(x)} = g(x) + (f(x)) \in F[x]/(f(x))$.

证明 对于任意 $g(x) \in F[x]$, 由带余除法, 存在 $q(x), r(x) \in F[x]$, 使得

$$g(x) = q(x)f(x) + r(x),$$

其中 $r(x) = 0$ 或 $r(x) \neq 0, \deg r(x) < n$. 我们总可设

$$r(x) = c_{n-1}x^{n-1} + \cdots + c_1x + c_0, \quad c_i \in F.$$

故 $\overline{g(x)} = \overline{r(x)}$.

若 $\overline{g_1(x)} = \overline{g_2(x)}$, 则 $f(x) \mid (g_1(x) - g_2(x))$. 所以, 当 $\deg g_1(x)$, $\deg g_2(x)$ 都小于 $\deg f(x)$ 时,

$$\overline{g_1(x)} = \overline{g_2(x)} \Longleftrightarrow g_1(x) = g_2(x).$$

这就证明了陪集 $\overline{r(x)}$ 的次数低于 n 的代表元是唯一的.

所以

$$K = F[x]/(f(x)) = \{\overline{c_{n-1}x^{n-1} + \cdots + c_1x + c_0} \mid c_i \in F\},$$

且此表示法是唯一的. □

例 4.3.4 令 $R = \mathbb{Q}[x]$ 是 $\mathbb{Q}$ 上一元多项式环, 并令 $I = (x^2 + 1)$ 是 $\mathbb{Q}[x]$ 的主理想, 证明: 商环 $R/I = \{\overline{a + bx} \mid a, b \in \mathbb{Q}\}$, 并计算商环中元素 $\overline{3 - 5x}$ 和 $\overline{2 + 3x}$ 的和与积.

证明 由例 4.3.3, 有

$$R/I = \{\overline{a + bx} \mid a, b \in \mathbb{Q}\}.$$

计算得

$$\begin{aligned}\overline{3-5x}+\overline{2+3x}&=\overline{5-2x},\\ \overline{3-5x}\cdot\overline{2+3x}&=\overline{6-x-15x^2}\\ &=\overline{6-x-15(x^2+1)+15}\\ &=\overline{21-x}.\end{aligned}$$ □

设 R 是有单位交换环. 有了 R 上一元多项式环的定义, 就可以定义二元多项式环为一元多项式环上的一元多项式环. 归纳地, 我们可以定义**多元多项式环**: 像通常一样, 以 $x_1,\cdots,x_n$ 为变元的 R 上的 n 元多项式环记为 $R[x_1,\cdots,x_n]$, 可归纳地定义为

$$R[x_1,\cdots,x_n]=R[x_1,\cdots,x_{n-1}][x_n].$$

若 R 是整环, 则可归纳地证明 $R[x_1,\cdots,x_n]$ 仍是整环, 且 $R[x_1,\cdots,x_n]$ 的可逆元与 R 的可逆元是一样的, 即 $R[x_1,\cdots,x_n]^\times=R^\times$.

习　　题

4.3.1　设 R 为有单位交换环, $f(x),g(x)\in R[x]$, 则:

(1) $\deg(f(x)+g(x))\leqslant\max\{\deg f(x),\deg g(x)\}$;

(2) $\deg f(x)g(x)\leqslant\deg f(x)+\deg g(x)$.

4.3.2　设 $p(x)=2x^3-3x^2+4x-5, q(x)=7x^3+33x-4$ 为 $R[x]$ 中的多项式. 当 R 为下述整环时, 计算 $p(x)+q(x),p(x)q(x)$:

(1) $R=\mathbb{Z}$;　(2) $R=\mathbb{Z}/2\mathbb{Z}$;　(3) $R=\mathbb{Z}/3\mathbb{Z}$.

4.3.3　设 F 为域, 非零多项式 $u(x),v(x)\in F[x]$.

(1) 证明:

$$(u(x))\subseteq(v(x))\Longleftrightarrow v(x)\,\big|\,u(x);$$

$$(u(x))=(v(x))\Longleftrightarrow v(x)=ku(x),\quad k\in F^*,$$

其中 $F^*=F\backslash\{0\}$.

(2) 设 $d(x)=\gcd(u(x),v(x))$ 为最大公因式, $m(x)=\operatorname{lcm}[u(x),v(x)]$ 为最小公倍式, 证明:

$$(u(x))+(v(x))=(d(x)),\quad (u(x))\cap(v(x))=(m(x)).$$

4.3.4 设 $R=\mathbb{Z}[x]$ 是 $\mathbb{Z}$ 上的一元多项式环.

(1) 令 I 由所有次数高于或等于 2 的多项式组成;

(2) 令 I 由所有常数项为偶数的多项式组成;

(3) 令 I 由所有首项系数为偶数的多项式组成,

问: I 是否为 R 的理想?

4.3.5 设 d 是一个无平方因子的整数, $\mathbb{Q}$ 上添加复数 $\sqrt{d}$ 生成的子环 $\mathbb{Q}[\sqrt{d}]=\{f(\sqrt{d})\,|\,f(x)\in\mathbb{Q}[x]\}$. 用带余除法证明:

$$\mathbb{Q}[\sqrt{d}]=\{a+b\sqrt{d}\ \,|\,a,b\in\mathbb{Q}\}$$

(特别地, 当 $d=-1$ 时, 我们有 $\mathbb{Q}[\mathrm{i}]=\{a+b\mathrm{i}\,|\,a,b\in\mathbb{Q}\}$).

4.3.6 证明: $\mathbb{R}$ 上添加复数 i 生成的子环

$$\mathbb{R}[\mathrm{i}]=\{a+b\mathrm{i}\,|\,a,b\in\mathbb{R}\}=\mathbb{C}.$$

4.3.7 令 $R=\mathbb{Q}[x]$ 是 $\mathbb{Q}$ 上的一元多项式环, $I=(x^2+1)$ 是 $\mathbb{Q}[x]$ 的主理想, 证明: 商环 $R/I\cong\mathbb{Q}[\mathrm{i}]$.

4.3.8 设 R 是有单位交换环, x 是 R 上的不定元. 令

$$R[[x]]=\left\{\sum_{n=0}^{\infty}a_nx^n\middle|a_n\in R\right\},$$

如下定义 $R[[x]]$ 的加法和乘法:

$$\sum_{n=0}^{\infty}a_nx^n+\sum_{n=0}^{\infty}b_nx^n=\sum_{n=0}^{\infty}(a_n+b_n)x^n,$$
$$\sum_{n=0}^{\infty}a_nx^n\cdot\sum_{n=0}^{\infty}b_nx^n=\sum_{n=0}^{\infty}\left(\sum_{i=0}^{n}a_ib_{n-i}\right)x^n,$$

则 R 成为环, 叫作 R 上的形式幂级数环. 证明:

(1) $R[[x]]$ 是有单位交换环, 并且单位元是 R 中的单位元 1;.

(2) $1-x$ 是 $R[[x]]$ 中的可逆元, 其逆为 $1+x+\cdots+x^n+\cdots$;

(3) $\sum\limits_{n=0}^{\infty}a_nx^n$ 是 $R[[x]]$ 中的可逆元当且仅当 a_0 是 R 中的可逆元.

4.3.9 证明 $\mathbb{Z}$ 上多项式环的带余除法: 设 $f(x), g(x) \in \mathbb{Z}[x]$, $g(x) \neq 0$, 且 $g(x)$ 的首项是 ± 1, 则存在唯一的 $q(x), r(x) \in \mathbb{Z}[x]$, 使得 $f(x) = q(x)g(x) + r(x)$, 其中 $r(x) = 0$ 或 $r(x) \neq 0, \deg r(x) < \deg g(x)$ (提示: 证明与"高等代数"课程中数域上多项式的带余除法的证明相同).

§4.4 环的同态与同构

定义 4.4.1 设 R 和 R_1 是环. 映射 $\varphi: R \to R_1$ 称为由 R 到 R_1 的一个**环同态**, 如果 φ 保持环运算, 即对于任意 $a, b \in R$, 有

$$\varphi(a+b) = \varphi(a) + \varphi(b), \quad \varphi(ab) = \varphi(a)\varphi(b).$$

如果 φ 又是单 (满) 射, 则称 φ 为**单 (满) 环同态**.既单又满的环同态称为**环同构**. 若 $\varphi: R \to R_1$ 是环同构, 则称环 R 和环 R_1 **同构**, 记为 $R \cong R_1$.

设 $\varphi: R \to R_1$ 是环同态. 由定义 4.4.1, φ 当然也是加法群 $(R, +) \to (R_1, +)$ 的群同态. 加法群 $(R, +)$ 的零元的原像集合是群同态 φ 的核, 也称为环同态 φ 的**核**, 仍记为 $\ker \varphi$, 即

$$\ker \varphi = \{a \in R \mid \varphi(a) = 0\}.$$

同样, $\varphi(R)$ 称为 φ 的**像**, 也记为 $\operatorname{im} \varphi$.

命题 4.4.1 设 $\varphi: R \to R_1$ 是环同态, 则 φ 是单同态的充要条件是 $\ker \varphi = \{0\}$.

证明 由于 φ 也是加法群 $(R, +) \to (R_1, +)$ 的群同态, 由命题 3.5.3, 知

$$\varphi \text{ 是单同态} \Longleftrightarrow \ker \varphi = \{0\}.$$

□

命题 4.4.2 设 $\varphi: R \to R_1$ 是环同态, 则 $\operatorname{im} \varphi$ 是 R_1 的子环, $\ker \varphi$ 是 R 的理想.

证明 因环同态也是环的加法群的同态, 由命题 3.5.2, $\operatorname{im} \varphi$ 是 R_1 的加法子群. 对于任意 $a_1, b_1 \in \operatorname{im} \varphi$, 存在 $a, b \in R$, 使得 $\varphi(a) = a_1$,

$\varphi(b) = b_1$, 于是

$$a_1b_1 = \varphi(a)\varphi(b) = \varphi(ab) \in \operatorname{im}\varphi.$$

故 $\operatorname{im}\varphi$ 是 R_1 的子环.

由命题 3.5.2, 知 $\ker\varphi$ 是 R 的加法子群. 对于任意 $a \in \ker\varphi$ 和 $r \in R$, 有 $\varphi(ra) = \varphi(r)\varphi(a) = \varphi(r)0 = 0$, 故 $ra \in \ker\varphi$. 同样 $ar \in \ker\varphi$. 所以, $\ker\varphi$ 是 R 的理想. □

我们再给出环同态的一些基本性质.

命题 4.4.3 设 $\varphi: R \to R_1$ 是环同态, $a \in R$.

(1) $\varphi(0) = 0, \varphi(-a) = -\varphi(a)$;

(2) $\forall n \in \mathbb{Z}$, 有 $\varphi(na) = n\varphi(a)$;

(3) $\forall m \in \mathbb{Z}^+$, 有 $\varphi(a^m) = \varphi(a)^m$;

(4) 若 R, R_1 为有单位环, $1, 1'$ 分别是 R, R_1 的单位元, 且 $\varphi(1) = 1'$, 设 $a \in R$ 是乘法可逆元, 则 $\varphi(a)$ 也可逆, 且 $\varphi(a)^{-1} = \varphi(a^{-1})$.

证明 由于 φ 也是 $(R, +) \to (R_1, +)$ 的群同态, 由命题 3.5.1 立得 (1), (2). 由于 φ 也保持乘法, 易得 (3).

(4) 首先有

$$1' = \varphi(1) = \varphi(aa^{-1}) = \varphi(a)\varphi(a^{-1}),$$

同理有 $1' = \varphi(a^{-1})\varphi(a)$, 所以 $\varphi(a)$ 可逆, 且 $\varphi(a)^{-1} = \varphi(a^{-1})$. □

我们给出一些环同态的例子.

例 4.4.1 (1) 设 R, R_1 是两个环. 定义

$$\begin{aligned} \varphi:\ & R \to R_1, \\ & r \mapsto 0, \quad \forall r \in R, \end{aligned}$$

可验证映射 $\varphi: R \to R_1$ 保持加法和乘法, 是环同态, 且 $\ker\varphi = R$. 称 φ 为零同态.

(2) 设 R 是环, I 是 R 的一个理想. $\forall r \in R$, 令

$$\begin{aligned} \pi:\ & R \to R/I, \\ & r \mapsto \overline{r} = r + I, \quad \forall r \in R, \end{aligned}$$

则 π 是由 R 到商环 R/I 的满射. 又 $\forall a,b\in R$, 有

$$\pi(a+b)=\overline{a+b}=\overline{a}+\overline{b},\quad \pi(ab)=\overline{ab}=\overline{a}\overline{b}.$$

故 π 是 $R\to R/I$ 的满同态, 且 $\ker\pi=I$. 事实上, 这个同态看成加法群的群同态时即为相应的群典范同态, 所以环同态 π 也称为环的**典范同态**.

例 4.4.2 (1) 设 $\psi:\mathbb{Z}\to\mathbb{Z}$ 的环同态, 证明: ψ 是零同态或恒等映射 id.

(2) 设 F,F_1 是域 (当然是环), $\psi:F\to F_1$ 是环同态, 证明: ψ 或者是零同态, 或者是单的.

证明 (1) 由于 ψ 也是 $(\mathbb{Z},+)\to(\mathbb{Z},+)$ 的群同态, 而 $(\mathbb{Z},+)=\langle 1\rangle$ 是循环群, 所以由命题 3.5.1 (2), 可知

$$\psi(m)=\psi(m1)=m\psi(1),\quad \forall m\in\mathbb{Z}.$$

下求 $\psi(1)$. 注意到

$$\psi(1)=\psi(1\cdot 1)=\psi(1)\psi(1).$$

若 $\psi(1)\neq 0$, 由乘法消去律 (见命题 2.2.2), 得 $\psi(1)=1$. 所以 $\psi(1)=0$ 或 1, 相应的 ψ 是零同态或恒等映射 id.

(2) 令 $\ker\psi=K\subseteq F$. 若 $K=\{0\}$, 则 ψ 是单射. 若 $K\neq\{0\}$, $\forall a\in K$ 且 $a\neq 0$, 由于 F 是域, $a^{-1}\in F$, 又因为 K 是理想, 所以 $1=a^{-1}a\in K$, 继而 $F\subseteq K$. 故 $\psi=0$. □

定理 4.4.1 (环同态基本定理) 设 $\varphi:R\to R_1$ 是环同态, 则

$$R/\ker\varphi\cong\operatorname{im}\varphi.$$

证明 记 $\ker\varphi=I$. 定义映射

$$\psi:\ R/I\to\operatorname{im}\varphi,$$

$$a+I\mapsto\varphi(a).$$

由于环同态 φ 也是加法群的同态, 由群同态基本定理 (定理 3.5.1) 的证明, ψ 是加法商群 R/I 到加法子群 $\operatorname{im}\varphi$ 的群同构, 只需再验证 ψ 保持环的乘法, 即对于任意 $a+I, b+I \in R/I$, 有

$$\begin{aligned}\psi((a+I)(b+I)) &= \psi(ab+I)\\ &= \varphi(ab) = \varphi(a)\varphi(b)\\ &= \psi(a+I)\psi(b+I).\end{aligned}$$

这就证明了 ψ 的确是环同构. □

推论 4.4.1 设 $\varphi: R \to R_1$ 是满环同态, 则 $R/\ker\varphi \cong R_1$.

例 4.4.3 证明: $\mathbb{Q}[x]/(x^2-3) \cong \mathbb{Q}[\sqrt{3}]$, 其中 $\mathbb{Q}[\sqrt{3}]$ 的定义参见例 4.3.1.

证明 令

$$\begin{aligned}\varphi:\ &\mathbb{Q}[x] \to \mathbb{C},\\ &f(x) \mapsto f(\sqrt{3}), \quad \forall f(x) \in \mathbb{Q}[x],\end{aligned}$$

则

$$\begin{aligned}\varphi(f(x)+g(x)) &= f(\sqrt{3})+g(\sqrt{3}) = \varphi(f(x))+\varphi(g(x)),\\ \varphi(f(x)g(x)) &= f(\sqrt{3})g(\sqrt{3}) = \varphi(f(x))\varphi(g(x)).\end{aligned}$$

所以, φ 是环同态.

下求 $\ker\varphi$. 我们要证

$$\ker\varphi = (x^2-3). \tag{4.4}$$

显然主理想 $(x^2-3) \subseteq \ker\varphi$. 反过来, $\forall f(x) \in \ker\varphi$, 由带余除法, 存在 $g(x), r(x) \in \mathbb{Q}[x]$, 使得

$$f(x) = (x^2-3)g(x) + r(x),$$

其中 $r(x) = 0$ 或 $r(x) \neq 0, \deg r(x) < 2$, 所以总可设 $r(x) = a + bx$, 其中 $a, b \in \mathbb{Q}$. 代入 $x = \sqrt{3}$, 有

$$0 = f(\sqrt{3}) = r(\sqrt{3}) = a + b\sqrt{3}.$$

由 $a, b \in \mathbb{Q}$, 可推出 $a = b = 0$, 即 $r(x) = 0$. 这就证明了 $(x^2 - 3) \mid f(x)$, 由 $f(x)$ 的任意性, 知 $\ker \varphi \subseteq (x^2 - 3)$. 故式 (4.4) 成立.

由例 4.3.1, 有

$$\mathbb{Q}[\sqrt{3}] = \{f(\sqrt{3}) \mid f(x) \in \mathbb{Q}[x]\} = \{a + b\sqrt{3} \mid a, b \in \mathbb{Q}\}.$$

由 φ 的定义, 有

$$\varphi(\mathbb{Q}[x]) = \{f(\sqrt{3}) \mid f(x) \in \mathbb{Q}[x]\} = \mathbb{Q}[\sqrt{3}]. \tag{4.5}$$

最后, 由环同态基本定理, 我们得到

$$\mathbb{Q}[x]/(x^2 - 3) \cong \mathbb{Q}[\sqrt{3}].$$ □

下面我们给出环的两个同构定理, 其证明方法类似于群的同构定理, 请读者自行证明.

定理 4.4.2 (第一同构定理) 设 R 是环, I 是 R 的理想. 则在典范同态

$$\pi: \ R \to R/I,$$
$$r \mapsto r + I$$

下:

(1) R 的包含 I 的子环与 R/I 的子环一一对应;

(2) 在 (1) 中的对应下, R 中包含 I 的理想与 R/I 的理想一一对应;

(3) 若 J 是 R 的理想, 且 $J \supseteq I$, 则

$$R/J \cong (R/I)/(J/I).$$

同样有如下推论:

推论 4.4.2 设 R 是环, I 是 R 的理想, 则商环 R/I 的任一子环可唯一表示成 M/I, 其中 M 是 R 的一个包含 I 的子环. 且 R/I 的任一理想可唯一表示成 N/I, 其中 N 是 R 的一个包含 I 的理想.

定理 4.4.3 (第二同构定理) 设 R 是环, I 是 R 的理想, S 是 R 的子环, 则 $I + S$ 是 R 的子环, 且有:

(1) $S \cap I$ 是 S 的理想, I 是 $I + S$ 的理想;

(2) $(I + S)/I \cong S/(S \cap I)$.

定理 4.4.3 的证明留作习题. 最后, 我们叙述环论的挖补定理:

定理 4.4.4 设 $\overline{S}$ 与 R 是两个没有公共元素的环, $\overline{\varphi}$ 是由 $\overline{S}$ 到 R 的单环同态, 则存在一个环 S, 使得 $\overline{S}$ 是 S 的子环, 且 $S \cong R$, 并且存在一个同构映射 $\varphi: S \to R$, 使得 $\varphi|_{\overline{S}} = \overline{\varphi}$.

本书略去定理 4.4.4 的证明. 这个定理说明, 单环同态 $\overline{\varphi}: \overline{S} \to R$ 可以视为将 $\overline{S}$ 作为子环嵌入环 R. 这是因为 $\overline{\varphi}(\overline{S}) \cong \overline{S}$, 我们可将 $\overline{\varphi}(\overline{S})$ 与 $\overline{S}$ 等同看之. 所以, 我们可设环 R (在同构的意义下) 包含子环 $\overline{S}$. 后面我们会反复用到这个观点.

习 题

4.4.1 设 R, R_1 为有单位环, $1, 1'$ 分别是 R, R_1 的单位元, 又设 $\varphi: R \to R_1$ 是环同态, 证明:

(1) 若 φ 满, 则 $\varphi(1) = 1'$;

(2) 若 R_1 无零因子, 且 $\varphi(1) \neq 0$, 则 $\varphi(1) = 1'$.

4.4.2 证明: 整数环 $(\mathbb{Z}; +, \cdot)$ 和偶数环 $(2\mathbb{Z}; +, \cdot)$ 不同构.

4.4.3 证明: 整数环 $\mathbb{Z}$ 的子环 $2\mathbb{Z}$ 和 $3\mathbb{Z}$ 不同构.

4.4.4 设 R 是环, I 是 R 的理想. 考查典范同态

$$\begin{aligned} \pi: \ R &\to \overline{R} = R/I, \\ r &\mapsto \overline{r} = r + I. \end{aligned}$$

令

$$\mathcal{S} = \{M \mid M \text{ 是 } R \text{ 的子环}, M \supseteq I\},$$

并令 $\mathcal{Q}$ 是 $\overline{R} = R/I$ 的全体子环组成的集合. 证明:

(1) 若 $M \in \mathcal{S}$, 则 $\pi(M) = M/I \in \mathcal{Q}$, 即 $\pi(M)$ 是 R/I 的一个子环.

(2) 若 $\overline{N}$ 是 $\overline{R}$ 的一个子环, 则其原像集合

$$\pi^{-1}(\overline{N}) = \{x \in R \mid \pi(x) = \overline{x} \in \overline{N}\} \in \mathcal{S},$$

即 $\pi^{-1}(\overline{N})$ 是 R 的一个包含 I 的子环.

(3) π 诱导了 $\mathcal{S} \to \mathcal{Q}$ 的一个一一映射, 记为 π^*, 即

$$\begin{aligned}\pi^*: \mathcal{S} &\to \mathcal{Q},\\ M &\mapsto \pi(M), \quad \forall M \in \mathcal{S},\end{aligned}$$

且求原像映射 $\pi^{-1}: \mathcal{Q} \to \mathcal{S}$ 是 π^* 的逆映射.

(4) 映射 $\pi^*: \mathcal{S} \to \mathcal{Q}$ 把理想映到理想, 即若 K 是包含 I 的 R 的一个理想, 则 $\pi(K) = K/I$ 是 R/I 的一个理想; 若 $\overline{N}$ 是 $\overline{R}$ 的一个理想, 则其原像集合 $\pi^{-1}(\overline{N})$ 是 R 的一个理想.

4.4.5 设 F, K 是域, 且 $K \supseteq F$, 又对于任意 $\alpha \in K$, 令 $F[\alpha] = \{f(\alpha) \,|\, f(x) \in F[x]\}$ 是 F 上添加 α 生成的子环, 证明:

$$\begin{aligned}\sigma:\ F[x] &\to F[\alpha],\\ f(x) &\mapsto f(\alpha), \quad \forall f(x) \in F[x]\end{aligned}$$

是满环同态.

4.4.6 证明: (1) $\mathbb{Q}[x]/(x) \cong \mathbb{Q}$; (2) $\mathbb{Q}[x]/(x^2+1) \cong \mathbb{Q}[\mathrm{i}]$.

4.4.7 设 $d \neq 0, 1$, 且 d 是一个无平方因子的整数, 证明:

$$\mathbb{Q}[x]/(x^2-d) \cong \mathbb{Q}[\sqrt{d}].$$

4.4.8 证明定理 4.4.3.

4.4.9 利用推论 4.4.2 写出 $\mathbb{Z}/n\mathbb{Z}$ 的所有子环和理想.

4.4.10 求 $\mathbb{Z}/18\mathbb{Z}$ 的所有理想以及对应的商环.

§4.5 素理想、极大理想

本节均假定环为有单位交换环.

定义 4.5.1 设 R 是有单位交换环, P 为 R 的理想, $P \neq R$ (但 P 可为零理想). 如果对于任意 $a, b \in R$, 由 $ab \in P$ 可推出 $a \in P$ 或 $b \in P$, 则称 P 为 R 的**素理想**. 如果对于 R 的任意理想 I, 由 $I \supsetneqq P$ 可推出 $I = R$, 则称 P 为 R 的**极大理想**.

例 4.5.1 证明:

(1) 整数环 $\mathbb{Z}$ 的全体素理想为 $\{(0),(p)\,|\,p\text{是素数}\}$;

(2) 整数环 $\mathbb{Z}$ 的全体极大理想为 $\{(p)\,|\,p\text{是素数}\}$.

证明 (1) 设 $a,b\in\mathbb{Z}$.

首先, 由于 $\mathbb{Z}$ 是整环, $ab=0\Longrightarrow a=0$ 或 $b=0$, 所以 (0) 是 $\mathbb{Z}$ 的素理想.

其次, 设非零理想 $I=(n)$, 且 $I\neq\mathbb{Z}$, 于是可设正整数 $n\geqslant 2$.

若 $n=p$ (p 是素数), 则我们有 $ab\in(p)\Longrightarrow p\,|\,ab\Longrightarrow p\,|\,a$ 或 $p\,|\,b$, 即 $a\in(p)$ 或 $b\in(p)$, 所以 (p) 是素理想.

若 n 是合数, 则存在 $1<n_1,n_2<n$, 使得 $n=n_1n_2\in(n)$, 但 n_1,n_2 都不属于 (n), 所以 (n) 不是素理想.

最后, 由于 $\mathbb{Z}$ 的理想都是主理想, 由上述讨论可知 $\mathbb{Z}$ 的全体素理想为 $\{(0),(p)\,|\,p\text{是素数}\}$.

(2) 由定义 4.5.1 显然 (0) 不是 $\mathbb{Z}$ 的极大理想.

下设非零理想 $I=(n)$, 且 $I\neq\mathbb{Z}$, 于是 $n\geqslant 2$.

若 $n=p$ (p 是素数), 设 $(p)\subseteq(m)\subseteq\mathbb{Z}$, 则 $p\in(m)$. 所以 $m\,|\,p$, 得到 $m=1$ 或 p, 即 $(m)=\mathbb{Z}$ 或 (p). 故 (p) 是极大理想.

若 n 是合数, 则存在 $1<n_1,n_2<n$, 使得 $n=n_1n_2$. 于是 $(n)\subsetneqq(n_1)\subsetneqq\mathbb{Z}$. 所以 (n) 不是极大理想.

由于 $\mathbb{Z}$ 的理想都是主理想, 由上述讨论, 可知 $\mathbb{Z}$ 的全体极大理想为 $\{(p)\,|\,p\text{是素数}\}$. □

定理 4.5.1 设 R 是有单位交换环, P 是 R 的理想, 且 $P\neq R$, 则:

(1) P 是素理想当且仅当商环 R/P 是整环;

(2) P 是极大理想当且仅当商环 R/P 是域.

证明 由于 R 是有单位交换环, 所以 R/P 也是有单位交换环. 以 $\overline{a}$ 记 $a+P\in R/P$. 易见:

(1) P 是素理想

$$\Longleftrightarrow \text{由 } ab\in P \text{ 可推出 } a\in P \text{ 或 } b\in P\ (\forall a,b\in R)$$
$$\Longleftrightarrow \text{由 } \overline{ab}=\overline{0} \text{ 可推出 } \overline{a}=\overline{0} \text{ 或 } \overline{b}=\overline{0}\ (\forall\,\overline{a},\overline{b}\in R/P)$$
$$\Longleftrightarrow R/P \text{ 是整环};$$

(2) P 是极大理想

$$\begin{aligned}
&\Longleftrightarrow \forall a \in R \setminus P,\ \text{有}\ (a)+P=(1)\\
&\Longleftrightarrow \forall a \in R \setminus P,\ \text{存在}\ r \in R, p \in P,\ \text{使得}\ ra+p=1\\
&\Longleftrightarrow \forall\ \overline{a} \in (R/P)\setminus\{\overline{0}\},\ \text{存在}\ \overline{r} \in R/P,\ \text{使得}\ \overline{r}\,\overline{a}=\overline{1}\\
&\Longleftrightarrow R/P\ \text{是域}.
\end{aligned}$$

□

由于域是整环, 所以有如下推论:

推论 4.5.1 有单位交换环的极大理想必是素理想.

注 一般的环不一定存在极大理想. 比如, 取一没有极大子群的无限交换群, 规定任两个元素的乘积均为 0, 易见这个环就没有极大理想. 但任一有单位交换环 R, 若满足 $1 \neq 0$, 则 R 一定存在极大理想, 并且任一理想都包含在一个极大理想之中. 这个结论的证明需要佐恩 (Zorn) 引理, 超出了本书的范围. 但我们承认这个结论的正确性.

例 4.5.2 求 $\mathbb{Z}/12\mathbb{Z}$ 的所有素理想和极大理想.

解 由例 4.2.1 (2), $\mathbb{Z}/12\mathbb{Z}$ 的所有理想为

$$\{d\mathbb{Z}/12\mathbb{Z} \,\big|\, d=1,2,3,4,6,12\}.$$

再由定理 4.4.2, 可得

$$(\mathbb{Z}/12\mathbb{Z})/(d\mathbb{Z}/12\mathbb{Z}) \cong \mathbb{Z}/d\mathbb{Z}.$$

而由推论 2.2.2, $\mathbb{Z}/d\mathbb{Z}$ 是整环的充要条件是 $d=p$ 为素数, 所以由定理 4.5.1, $\mathbb{Z}/12\mathbb{Z}$ 的所有素理想为

$$\{2\mathbb{Z}/12\mathbb{Z}, 3\mathbb{Z}/12\mathbb{Z}\}.$$

注意到由例 2.3.2, $\mathbb{Z}/d\mathbb{Z}$ 是域的充要条件是 $d=p$ 为素数, 所以由定理 4.5.1, $\mathbb{Z}/12\mathbb{Z}$ 的所有极大理想为

$$\{2\mathbb{Z}/12\mathbb{Z}, 3\mathbb{Z}/12\mathbb{Z}\}.$$

□

例 4.5.3 证明: (x^2-3) 是 $\mathbb{Q}[x]$ 的极大理想.

证明　由例 4.4.3, 知 $\mathbb{Q}[x]/(x^2-3) \cong \mathbb{Q}[\sqrt{3}]$. 因为 $\mathbb{Q}[\sqrt{3}]$ 是域 (见例 2.3.1), 故由定理 4.5.1, 知 (x^2-3) 是 $\mathbb{Q}[x]$ 的极大理想. □

例 4.5.4　证明: (x) 是 $\mathbb{Z}[x]$ 的素理想, 但不是极大理想.

证明　令

$$\begin{aligned} \varphi:\ & \mathbb{Z}[x] \to \mathbb{Z}, \\ & f(x) \mapsto f(0), \quad \forall f(x) \in \mathbb{Z}[x], \end{aligned}$$

则

$$\begin{aligned} &\varphi(f(x)+g(x)) = f(0)+g(0) = \varphi(f(x))+\varphi(g(x)), \\ &\varphi(f(x)g(x)) = f(0)g(0) = \varphi(f(x))\varphi(g(x)). \end{aligned}$$

所以 φ 是环同态.

下求 $\ker\varphi$. $\forall f(x) = a_nx^n + \cdots + a_1x + a_0 \in \mathbb{Z}[x]$, 有

$$f(x) \in \ker\varphi \Longleftrightarrow f(0)=0 \Longleftrightarrow a_0 = 0 \Longleftrightarrow x|f(x),$$

所以 $\ker\varphi = (x) = \{xg(x) \mid g(x) \in \mathbb{Z}[x]\}$.

易知 $\varphi(\mathbb{Z}[x]) = \mathbb{Z}$. 由环同态基本定理, 我们得到

$$\mathbb{Z}[x]/(x) \cong \mathbb{Z}.$$

$\mathbb{Z}[x]$ 是有单位交换环, 由定理 4.5.1, 因为 $\mathbb{Z}$ 是整环, 所以 (x) 是 $\mathbb{Z}[x]$ 的素理想; 因为 $\mathbb{Z}$ 不是域, 所以我们得到 (x) 不是 $\mathbb{Z}[x]$ 的极大理想. □

习　　题

4.5.1　设 R 为有单位交换环, 且 $0 \neq 1$, 证明:

(1) R 为整环 $\Longleftrightarrow$ (0) 为素理想;

(2) R 为域 $\Longleftrightarrow$ (0) 为极大理想.

4.5.2　设 R 是有单位交换环, 且 $0 \neq 1$, 证明: R 是域当且仅当 R 仅有两个理想 R 和 (0).

4.5.3 (1) 证明: $(x) \subset (x,2) \subset \mathbb{Z}[x]$, 并由此说明 (x) 不是 $\mathbb{Z}[x]$ 的极大理想;

(2) 证明: $(x,2)$ 是 $\mathbb{Z}[x]$ 的极大理想.

4.5.4 证明: 在多项式环 $\mathbb{Q}[x]$ 中, 由 x 生成的理想 (x) 是极大理想, 也是素理想.

4.5.5 设 $d \neq 0,1$, 且 d 是一个无平方因子的整数, 证明: 主理想 (x^2-d) 是 $\mathbb{Q}[x]$ 的极大理想.

4.5.6 求 $\mathbb{Z}/18\mathbb{Z}$ 的所有极大理想和素理想.

4.5.7 证明: 有限的有单位交换环的素理想都是极大理想.

4.5.8 设 p 是一个素数, n 是大于 1 的整数, $R=\mathbb{Z}/(p^n)$, 证明:

(1) R 的元素不是可逆元就是幂零元;

(2) R 只有一个素理想;

(3) 商环 R/P 是域, 其中 P 是 R 的素理想.

4.5.9 续习题 4.4.4: $R, I, \pi, \mathcal{S}, \mathcal{Q}$, π^* 都同习题 4.4.4, 证明: 一一映射 π^* 给出了 $\mathcal{S}$ 与 $\mathcal{Q}$ 中素理想子集的一一对应以及极大理想子集的一一对应.

§4.6 分 式 域

类似于由整数环出发构造有理数域, 在本节我们从任一整环出发构造其一个扩域. 设 R 是整环, 即 R 是没有零因子的有单位交换环. 我们分几步来构造一个扩域, 其中若干证明细节将留给读者作为习题.

1. 令

$$S=\{(a,b)\,\big|\,a,b\in R, b\neq 0\}.$$

在 S 上定义一个关系 "$\sim$":

$$(a,b)\sim(a',b') \text{ 当且仅当 } ab'=a'b.$$

我们来验证 $\sim$ 是 S 上的等价关系.

(1) 反身性. 因为 $ab=ab$, 所以 $(a,b)\sim(a,b)$.

(2) 对称性. 设 $(a,b)\sim(a',b')$, 则 $ab'=a'b$, 即 $a'b=ab'$. 所以 $(a',b')\sim(a,b)$.

(3) 传递性. 设 $(a,b)\sim(a',b')$, $(a',b')\sim(a'',b'')$, 则 $ab'=a'b$, $a'b''=a''b'$. 于是 $b'ab''=(ab')b''=(a'b)b''=(a'b'')b=(a''b')b=b'a''b$. 由于 R 是整环, 且 $b'\neq 0$, 故有 $ab''=a''b$, 即 $(a,b)\sim(a'',b'')$.

这就证明了 $\sim$ 是 S 上的等价关系.

2. $\forall(a,b)\in S$, 以 $\dfrac{a}{b}$ 记 (a,b) 所在的等价类, 以 $S/\sim$ 记所有等价类组成的集合, 即

$$
\begin{aligned}
&\frac{a}{b}=\{(c,d)\in S\,|\,(c,d)\sim(a,b)\},\\
&S/\sim=\left\{\frac{a}{b}\,\middle|\,\forall a,b\in R, b\neq 0,\right\}
\end{aligned}
$$

在 $S/\sim$ 上如下定义加法和乘法:

$$
\begin{aligned}
&\frac{a}{b}+\frac{c}{d}:=\frac{ad+bc}{bd},\\
&\frac{a}{b}\cdot\frac{c}{d}:=\frac{ac}{bd}.
\end{aligned}
$$

通过直接计算可以验证, 这两个运算与等价类代表元选取无关, 是良定义的: 如果 $\dfrac{a}{b}=\dfrac{a'}{b'},\dfrac{c}{d}=\dfrac{c'}{d'}$, 则有

$$
\frac{ad+bc}{bd}=\frac{a'd'+b'c'}{b'd'},\quad \frac{ac}{bd}=\frac{a'c'}{b'd'}.
$$

3. 验证 $S/\sim$ 在这两个运算下构成一个域 $(S/\sim;+,\cdot)$.

请读者自己验证加法、乘法满足结合律和交换律, 加法和乘法间满足分配律. $\forall\dfrac{a}{b}\in S/\sim$, 有

$$
\begin{aligned}
&\frac{0}{1}+\frac{a}{b}=\frac{0\cdot b+1\cdot a}{1\cdot b}=\frac{a}{b}=\frac{a}{b}+\frac{0}{1},\\
&\frac{1}{1}\cdot\frac{a}{b}=\frac{1\cdot a}{1\cdot b}=\frac{a}{b}=\frac{a}{b}\cdot\frac{1}{1},
\end{aligned}
$$

所以 $\dfrac{0}{1}$ 是 $(S/\sim,+,\cdot)$ 的加法零元, $\dfrac{1}{1}$ 是 $(S/\sim,+,\cdot)$ 的乘法单位元;

并且, 容易验证 $\dfrac{a}{b}$ 的加法负元是 $\dfrac{-a}{b}$. 下设 $\dfrac{a}{b} \neq \dfrac{0}{1}$, 即 $a \neq 0$, 于是 $\dfrac{b}{a} \in S/\sim$, 且

$$\frac{a}{b} \cdot \frac{b}{a} = \frac{ab}{ba} = \frac{1}{1},$$

所以 $\dfrac{a}{b}$ 可逆, 且其乘法逆元是 $\dfrac{b}{a}$. 这就证明了 $(S/\sim; +, \cdot)$ 是一个域.

4. 令

$$\begin{aligned} \varphi:\ R &\to S/\sim, \\ a &\mapsto \frac{a}{1}, \quad \forall a \in R, \end{aligned}$$

则有

$$\begin{aligned} \varphi(a+b) &= \frac{a+b}{1} = \frac{a}{1} + \frac{b}{1} = \varphi(a) + \varphi(b), \\ \varphi(ab) &= \frac{ab}{1} = \frac{a}{1} \cdot \frac{b}{1} = \varphi(a)\varphi(b), \end{aligned}$$

且

$$\frac{a}{1} = \frac{b}{1} \Longleftrightarrow a \cdot 1 = b \cdot 1 \Longleftrightarrow a = b.$$

所以, φ 是单同态. 因此, $\varphi(R) = \left\{ \dfrac{a}{1} \,\middle|\, a \in R \right\}$ 是域 $S/\sim$ 的子环, 且与 R 同构. 在上述映射 φ 下, 将 R 的元素 a 与 $\dfrac{a}{1}$ 等同看待, R 可视为域 $S/\sim$ 的子环 (详细证明用到挖补定理, 即定理 4.4.4).

注意到域 $S/\sim$ 中任意元素 $\dfrac{a}{b}(a, b \in R, b \neq 0)$ 可表示成

$$\frac{a}{b} = \left(\frac{a}{1}\right)\left(\frac{b}{1}\right)^{-1} = \frac{a}{1} \cdot \frac{1}{b},$$

那么, 当我们在上述映射 φ 下把 R 视为域 $S/\sim$ 的子环时,

$$\frac{a}{b} = a \cdot b^{-1},$$

其中 $a, b \in R, b \neq 0$. 所以, 域 $S/\sim$ 中每个元素可表示成子环 R 中两个元素的分式 (或商).

定义 4.6.1 设域 Q 包含整环 R, 且 Q 中每个元素 α 可表示成 R 中两个元素的商, 即存在 $a,b\in R, b\neq 0$, 使得 $\alpha=ab^{-1}$, 则称

$$Q=\left\{ab^{-1}=\frac{a}{b}\,\middle|\, a,b\in R, b\neq 0\right\}$$

为整环 R 的**分式域**, 也称为**商域**.

上述构造告诉我们任意整环 R 一定存在一个包含它的分式域, 下面的定理则告诉我们这样的分式域在同构意义下是唯一的.

定理 4.6.1 设整环 R 与 R' 同构, 则 R 的分式域 Q 与 R' 的分式域 Q' 同构.

证明 设 $\varphi: R\to R'$ 为同构映射, 定义

$$\begin{aligned}\widetilde{\varphi}: Q&\to Q',\\ \frac{a}{b}&\mapsto\frac{\varphi(a)}{\varphi(b)},\quad \forall a,b\in R, b\neq 0,\end{aligned}$$

请读者自行验证 $\widetilde{\varphi}$ 是良定义的, 并且保持加法和乘法, 是双射. 所以, $\widetilde{\varphi}$ 是 $Q\to Q'$ 的域同构. □

注意到若域 K 包含一个环 R, 则环 R 的非零元在 K 中有乘法逆元, 所以不是零因子. 这时 R 必定为整环.

推论 4.6.1 设域 K 包含整环 R, 则 $\forall a,b\in R, b\neq 0$, 有 $b^{-1}\in K$, 且 $ab^{-1}\in K$, 所以 K 包含 R 的分式域 Q, 其中

$$Q=\{ab^{-1}\mid a,b\in R, b\neq 0\},$$

即整环 R 的分式域是包含 R 的最小域.

例 4.6.1 证明:

(1) 整数环 $\mathbb{Z}$ 的分式域为有理数域 $\mathbb{Q}$;

(2) 高斯整环 $\mathbb{Z}[\mathrm{i}]$ 的分式域为

$$\mathbb{Q}[\mathrm{i}]=\{a+b\mathrm{i}\mid a,b\in\mathbb{Q}\};$$

(3) 设 F 为域, 则一元多项式环 $F[x]$ 的分式域为

$$F(x)=\left\{\frac{f(x)}{g(x)}\,\middle|\, f(x),g(x)\in F[x], g(x)\neq 0\right\}$$

(称为 F 上的**一元有理分式域**), 其中加法和乘法按照通常分式的运算法则进行.

证明 我们只证 (2), 其他留给读者. 在习题 2.3.1 中取 $d=-1$, 我们有 $\mathbb{Q}[\mathrm{i}]$ 是域, 所以 $\mathbb{Q}[\mathrm{i}]$ 是包含 $\mathbb{Z}[\mathrm{i}]$ 的扩域. $\forall\alpha=\dfrac{a}{b}+\dfrac{c}{d}\mathrm{i}\in\mathbb{Q}[\mathrm{i}]$, 有

$$\alpha=\frac{ad+bc\mathrm{i}}{bd}=(ad+bc\mathrm{i})(bd)^{-1},$$

其中 $ad+bc\mathrm{i}, bd\in\mathbb{Z}[\mathrm{i}]$. 由分式域的定义, 可知 $\mathbb{Z}[\mathrm{i}]$ 的分式域为 $\mathbb{Q}[\mathrm{i}]$.□

习　　题

4.6.1 补充文中关于分式域的构造中缺少的证明.

4.6.2 证明: 域的分式域是自身.

4.6.3 证明: $\mathbb{Z}[\sqrt{2}]$ 的分式域是 $\mathbb{Q}[\sqrt{2}]$.

4.6.4 证明: $\mathbb{Z}[x]$ 的分式域为 $\mathbb{Q}$ 上的一元有理分式域 $\mathbb{Q}(x)$.

§4.7 环的直积与中国剩余定理

我们首先介绍环的直积, 它是和群的直积相平行的概念.

设正整数 $n\geqslant 2$, 并设 R_i $(i=1,\cdots,n)$ 是 n 个环, 在笛卡儿积 $R_1\times\cdots\times R_n$ 上定义运算为按分量进行, 即 $\forall(a_1,\cdots,a_n),(b_1,\cdots,b_n)\in R_1\times\cdots\times R_n$, 定义

$$(a_1,\cdots,a_n)+(b_1,\cdots,b_n):=(a_1+b_1,\cdots,a_n+b_n),$$
$$(a_1,\cdots,a_n)(b_1,\cdots,b_n):=(a_1b_1,\cdots,a_nb_n).$$

请读者自行验证 $R_1\times\cdots\times R_n$ 关于上述加法和乘法运算构成环, 所得到的环称为 $R_1,\cdots,R_n$ 的 **(外) 直积**, 仍记为 $R_1\times\cdots\times R_n$, 其中 R_i $(i=1,\cdots,n)$ 称为 R 的**直积因子**

若每个环 R_i $(i=1,\cdots,n)$ 都是有单位环, 设 $1_i\in R_i$ 是 R_i 的乘法单位元, 则容易证明 $(1_1,\cdots,1_n)$ 是 $R_1\times\cdots\times R_n$ 的单位元, 此时得

到的外直积也是有单位环; 若每个环 R_i $(i=1,\cdots,n)$ 都是交换环, 则容易证明 $R_1\times\cdots\times R_n$ 也是交换环.

注 因为每个环也是一个加法交换群, 所以通过分量定义法得到的环外直积 $R_1\times\cdots\times R_n$ 只看加法运算时就是我们已经学过的 (加法) 群的外直积, 故由群的外直积, 可知 $R_1\times\cdots\times R_n$ 是加法交换群. 要验证它是环, 只需再验证其上的乘法结合律、加法和乘法之间的分配律成立即可.

环的外直积作为加法群的外直积可表示成若干加法子群的内直积. 事实上, 我们在下面的命题中可以证明环的外直积也可表示为其若干理想的和.

命题 4.7.1 设 $R_i(i=1,\cdots,n)$ 是环, 并设 $R=R_1\times\cdots\times R_n$ 是外直积. $\forall i\in\{1,\cdots,n\}$, 令

$$\overline{R}_i=\{(0,\cdots,0,a_i,0,\cdots,0)\,|\,a_i\in R_i\},$$

则:

(1) $\overline{R}_i$ 是 R 的理想, 且 $\overline{R}_i$ 环同构于 R_i;

(2) $R=\overline{R}_1+\cdots+\overline{R}_n$;

(3) R 的任一元素表示为 $\overline{R}_1,\cdots,\overline{R}_n$ 的元素之和的表示法唯一;

(4) 理想的和 $\overline{R}_1+\cdots+\overline{R}_{i-1}+\overline{R}_{i+1}\cdots+\overline{R}_n$ 仍是 R 的理想, 且

$$\overline{R}_i\cap(\overline{R}_1+\cdots+\overline{R}_{i-1}+\overline{R}_{i+1}\cdots+\overline{R}_n)=\{(0,\cdots,0)\},\quad i=1,\cdots,n.$$

(5) 若 $i\neq j$, 则 $\overline{R}_i$ 与 $\overline{R}_j$ 中的元素相乘等于 0 (这说明, 当 $n\geqslant 2$ 时, R 有零因子).

命题 4.7.1 的证明留给读者作为习题.

与群的内直积相平行, 我们有环的内直积的定义.

定义 4.7.1 设 R 是环, $R_1,\cdots,R_n$ 是 R 的理想. 若 $R=R_1+\cdots+R_n$, 且映射 $(r_1,\cdots,r_n)\mapsto r_1+\cdots+r_n$ 是 (外) 直积 $R_1\times\cdots\times R_n\to R$ 的环同构映射, 我们就称环 R 为其理想 $R_1,\cdots,R_n$ 的 **(内) 直积**, 仍然记为 $R_1\times\cdots\times R_n$.

命题 4.7.2 设 R 是环, $R_1,\cdots,R_n$ 是 R 的子环. 若下面三个条件成立, 则 R 是 $R_1,\cdots,R_n$ 的内直积:

(1) R_i 是 R 的理想 $(\forall i\in\{1,\cdots,n\})$;

(2) $R=R_1+\cdots+R_n$;

(3) $R_i\cap(R_1+\cdots+\widehat{R}_i+\cdots+R_n)=\{0\}(\forall i\in\{1,\cdots,n\})$, 其中 $\widehat{R}_i$ 表示去掉 R_i.

证明 做外直积 $R_1\times\cdots\times R_n$, 并考查如下映射:

$$\begin{aligned}\tau: R_1\times\cdots\times R_n&\to R,\\(a_1,\cdots,a_n)&\mapsto a_1+\cdots+a_n.\end{aligned}$$

下面证明 τ 是环同构.

只看加法群结构, 由命题 3.8.3, 可知 τ 是群同构. 所以, 只需再证明 τ 保持乘法即可.

注意到 $\forall i\neq j$, 有

$$R_i\cap R_j\subseteq R_i\cap(R_1+\cdots+\widehat{R}_i+\cdots+R_n)=\{0\}.$$

又因为 R_i,R_j 是理想, 所以 $\forall a_i\in R_i,\forall b_j\in R_j$, 我们有 $a_ib_j\in R_i\cap R_j$. 故 $a_ib_j=0$.

$\forall(a_1,\cdots,a_n),(b_1,\cdots,b_n)\in R_1\times\cdots\times R_n$, 有

$$\begin{aligned}\tau((a_1,\cdots,a_n)(b_1,\cdots,b_n))&=\tau((a_1b_1,\cdots,a_nb_n))\\&=a_1b_1+\cdots+a_nb_n.\end{aligned}$$

而

$$\begin{aligned}a_1b_1+\cdots+a_nb_n&=(a_1+\cdots+a_n)(b_1+\cdots+b_n)\\&=\tau((a_1,\cdots,a_n))\tau((b_1,\cdots,b_n)),\end{aligned}$$

所以 τ 保持乘法, 是环同构. □

设 I,J 是环 R 的理想, 定义理想 I,J 的**积**

$$IJ:=\left\{\sum_{s\ \text{有限}} i_sj_s\ \middle|\ i_s\in I, j_s\in J\right\}.$$

请读者自行验证 IJ 仍为 R 的理想, 且

$$IJ \subseteq I \cap J.$$

事实上, IJ 是包含 $L = \{ab|a \in I, b \in J\}$ 的所有理想的交, 也就是由 L 生成的理想. 容易验证理想的积还有结合律, 即对于理想 I_1, I_2, I_3, 有

$$I_1(I_2I_3) = (I_1I_2)I_3,$$

于是我们也可归纳定义有限个理想的积:

$$I_1 \cdots I_n = (I_1 \cdots I_{n-1})I_n.$$

命题 4.7.3 设 n 是正整数, $I_1, \cdots, I_n, K$ 为环 R 的理想, 则:

(1) 理想的积

$$I_1 \cdots I_n = \left\{ \sum_{s\text{有限}} i_{1s} \cdots i_{ns} \,\middle|\, i_{ls} \in I_l, 1 \leqslant l \leqslant n \right\}$$

是 R 的理想;

(2) $I_1 \cdots I_n \subseteq I_1 \cap \cdots \cap I_n$;

(3) $(I_1 + \cdots + I_n)K = I_1K + \cdots + I_nK$,

$K(I_1 + \cdots + I_n) = KI_1 + \cdots + KI_n$.

命题 4.7.3 的证明留给读者.

例 4.7.1 在整数环 $\mathbb{Z}$ 中, 由例 4.2.3, 有

$$(6) \cap (10) = ([6, 10]) = (30),$$

但

$$(6)(10) = \left\{ \sum_{\text{有限}} 6x10y \,\middle|\, x, y \in \mathbb{Z} \right\} = (60),$$

故 $(6)(10) \subsetneqq (6) \cap (10)$. 同样计算可得

$$(3) \cap (5) = (15), \quad (3)(5) = (15),$$

此时 $(3) \cap (5) = (3)(5)$.

设 R 是有单位环, I,J 是 R 的理想. 如果 $I+J=R$, 我们就称理想 I 与 J **互素**. 理想互素是正整数互素的推广. 若两个整数 m 和 n 互素, 它们的最大公因子 $(m,n)=1$, 则由例 4.2.3, 知理想的和 $(m)+(n)=(1)=\mathbb{Z}$. 这时称理想 (m) 与 (n) 也是互素的.

引理 4.7.1 设 R 为有单位环, I_1,I_2, J 是 R 的理想.

(1) 若 I_1,I_2 都与 J 互素, 则 I_1I_2 也与 J 互素;

(2) 若 R 可交换, 且 I_1 与 I_2 互素, 则 $I_1I_2=I_1\cap I_2$.

证明 (1) 因为 I_1,I_2 与 J 互素, 所以存在 $a\in I_1,b\in I_2,c,d\in J$, 使得 $a+c=1,b+d=1$. 计算得

$$1=(a+c)(b+d)=ab+(ad+cb+cd)\in I_1I_2+J,$$

又因为 I_1I_2+J 是 R 的理想, 所以 $I_1I_2+J=R$. 故理想 I_1I_2 也与 J 互素.

(2) 由于 I_1,I_2 是理想, 所以容易证明 $I_1I_2\subseteq I_1\cap I_2$.

下证 $I_1\cap I_2\subseteq I_1I_2$. 设 $c\in I_1\cap I_2$, 因为 $I_1+I_2=R$, 所以存在 $a\in I_1,b\in I_2$, 使得 $a+b=1$. 于是 $c=ac+bc$, $ac\in I_1I_2$. 又因为 R 可交换, 所以 $bc\in I_1I_2$, 从而 $c\in I_1I_2$. 由 c 的任意性, 知 $I_1\cap I_2\subseteq I_1I_2$.□

用数学归纳法可得到如下推论:

推论 4.7.1 设 R 为有单位环, $I_1,\cdots,I_n,J$ 是 R 的理想.

(1) 若 $I_1,\cdots,I_n$ 都与 J 互素, 则 $I_1\cdots I_n$ 也与 J 互素;

(2) 若 R 交换, 且 $I_1,\cdots,I_n$ 两两互素, 则

$$I_1\cdots I_n=I_1\cap\cdots\cap I_n.$$

定理 4.7.1 (中国剩余定理) 设 $I_1,\cdots,I_n$ 为有单位环 R 的两两互素的理想, 则

$$R/(I_1\cap\cdots\cap I_n)\cong R/I_1\times\cdots\times R/I_n.$$

证明 定义映射

$$\tau:\ R\to R/I_1\times\cdots\times R/I_n,$$
$$a\mapsto(a+I_1,\cdots,a+I_n).$$

显然, τ 是环同态, 且 $\ker\tau = I_1 \cap \cdots \cap I_n$. 根据同态基本定理, 只要能够证明 τ 是满射就能得到定理的结论.

由于 $I_1, \cdots, I_n$ 两两互素, 由推论 4.7.1, I_1 与 $I_2 \cdots I_n$ 互素, 即 $I_1+(I_2\cdots I_n)=R$. 而 $I_2\cdots I_n \subseteq I_2\cap\cdots\cap I_n$, 所以 $I_1+(I_2\cap\cdots\cap I_n)=R$. 于是, 存在 $a_1\in I_1$, $b\in I_2\cap\cdots\cap I_n$, 使得 $a_1+b=1$. 取 $x_1=1-a_1=b$, 则

$$\tau(x_1)=(1+I_1, I_2, \cdots, I_n)=(\bar{1},\bar{0},\cdots,\bar{0}).$$

类似地, $\forall i$ $(i=2,\cdots,n)$, 存在 $x_i\in R$, 使得

$$\tau(x_i)=(I_1,\cdots,I_{i-1},1+I_i,I_{i+1},\cdots,I_n)=(\bar{0},\cdots,\bar{0},\bar{1},\bar{0},\cdots,\bar{0}).$$

现在对于任一 $(r_1+I_1,\cdots,r_n+I_n)\in R/I_1\times\cdots\times R/I_n$, 取 $x=r_1x_1+\cdots+r_nx_n$, 则有

$$\tau(x)=(r_1+I_1,\cdots,r_n+I_n).$$

这就证明了 τ 是满射. □

当 R 是有单位交换环时, 由推论 4.7.1 (2), 中国剩余定理也可叙述成:

推论 4.7.2 设 $I_1,\cdots,I_n$ 为有单位交换环 R 的两两互素的理想, 则

$$R/(I_1\cdots I_n)\cong R/I_1\times\cdots\times R/I_n.$$

例 4.7.2 设 m,n 是两个互素的整数, 证明: 有环同构

$$\mathbb{Z}/mn\mathbb{Z}\cong(\mathbb{Z}/m\mathbb{Z})\times(\mathbb{Z}/n\mathbb{Z}),$$

且其乘法单位群有乘法群同构

$$(\mathbb{Z}/mn\mathbb{Z})^\times\cong(\mathbb{Z}/m\mathbb{Z})^\times\times(\mathbb{Z}/n\mathbb{Z})^\times.$$

特别地, 欧拉函数 φ 满足 $\varphi(mn)=\varphi(m)\varphi(n)$ (在初等数论中, 这条性质称为欧拉函数是可积的).

证明 由于 m 与 n 互素, 所以理想 $m\mathbb{Z} = (m)$ 与 $n\mathbb{Z} = (n)$ 互素. 又容易计算得到 $(m)(n) = (mn) = mn\mathbb{Z}$. 因为整数环 $\mathbb{Z}$ 是有单位交换环, 由中国剩余定理 (推论 4.7.2), 有环同构 $\mathbb{Z}/mn\mathbb{Z} \cong (\mathbb{Z}/m\mathbb{Z}) \times (\mathbb{Z}/n\mathbb{Z})$. 特别地, 上述环同构自然给出了两边环的乘法单位群的群同构, 即

$$(\mathbb{Z}/mn\mathbb{Z})^{\times} \cong (\mathbb{Z}/m\mathbb{Z} \times \mathbb{Z}/n\mathbb{Z})^{\times}.$$

容易证明

$$(\mathbb{Z}/m\mathbb{Z} \times \mathbb{Z}/n\mathbb{Z})^{\times} = (\mathbb{Z}/m\mathbb{Z})^{\times} \times (\mathbb{Z}/n\mathbb{Z})^{\times},$$

所以有乘法群同构

$$(\mathbb{Z}/mn\mathbb{Z})^{\times} \cong (\mathbb{Z}/m\mathbb{Z})^{\times} \times (\mathbb{Z}/n\mathbb{Z})^{\times}.$$

计算两边集合的个数, 得到 $\varphi(mn) = \varphi(m)\varphi(n)$. □

上述例题的结论可推广到有限多个两两互素的整数的情形, 我们将其表述成中国剩余定理的一个推论.

推论 4.7.3 设 $m_1, \cdots, m_n$ 是 n 个两两互素的整数, 则有环同构

$$\mathbb{Z}/(m_1 \cdots m_n)\mathbb{Z} \cong (\mathbb{Z}/m_1\mathbb{Z}) \times \cdots \times (\mathbb{Z}/m_n\mathbb{Z}),$$

且其乘法单位群有乘法群同构

$$(\mathbb{Z}/(m_1 \cdots m_n)\mathbb{Z}))^{\times} \cong (\mathbb{Z}/m_1\mathbb{Z})^{\times} \times \cdots \times (\mathbb{Z}/m_n\mathbb{Z})^{\times}.$$

特别地, 欧拉函数 φ 满足

$$\varphi(m_1 \cdots m_n) = \varphi(m_1) \cdots \varphi(m_n).$$

上述推论即是我国古代孙子定理的理想语言版本. 让我们看一下初等数论中用同余语言表述的孙子定理.

定理 4.7.2 (孙子定理) 设 $b_1, \cdots, b_k$ 是任意整数, $m_1, \cdots, m_k$ 是 k 个两两互素的正整数, $m = m_1 \cdots m_k$, 并令 $m = m_i M_i, i = 1, \cdots, k$, 则同余式组

$$x \equiv b_1 (\bmod m_1), \quad \cdots, \quad x \equiv b_k (\bmod m_k) \tag{4.6}$$

的解为

$$x \equiv M_1'M_1b_1 + \cdots + M_k'M_kb_k \pmod m, \tag{4.7}$$

其中 $M_i'M_i \equiv 1 \pmod{m_i}, i = 1, \cdots, k$, 且该解在模 m 的意义下唯一.

证明　因为

$$\tau:\ \mathbb{Z}/m\mathbb{Z} \to (\mathbb{Z}/m_1\mathbb{Z}) \times \cdots \times (\mathbb{Z}/m_k\mathbb{Z}),$$
$$a + m\mathbb{Z} \mapsto (a + m_1\mathbb{Z}, \cdots, a + m_k\mathbb{Z})$$

是环同构, 所以对于任意 $(b_1 + m_1\mathbb{Z}, \cdots, b_k + m_k\mathbb{Z})$, 存在唯一的元素 $x + m\mathbb{Z}$, 使得

$$\tau(x + m\mathbb{Z}) = (b_1 + m_1\mathbb{Z}, \cdots, b_k + m_k\mathbb{Z}),$$

翻译成同余的语言, 即同余式组 (4.6) 的解存在且在模 m 的意义下唯一.

具体的解是式 (4.7), 证明请读者自行完成. □

中国剩余定理之所以得名是源于中国古代的一道著名算题. 在大约 1500 年前, 中国就有本著名的数学书《孙子算经》(作者已不可考), 该书中的第 26 题是: “今有物不知其数, 三三数之剩二; 五五数之剩三; 七七数之剩二. 问: 物几何?” 书中已有了答案 23, 但它的系统解法是南宋数学家秦九韶 (1208 — 1261) 在《数书九章 · 大衍求一术》中给出的. 明代著名的数学家程大位, 在他所著的《算法统宗》中, 对于解 “孙子问题” 的方法, 还编出了四句歌诀, 即

三人同行七十稀,
五树梅花廿一枝.
七子团圆正半月,
除百零五便得知.

这四句歌诀每句隐含一个数字, 依次为 70, 21, 15, 105. 它提供的解法是: 把三三数的余数乘 70, 五五数的余数乘 21, 七七数的余数乘 15, 然后加在一起, 即得所需的答案. 最后的 105 说明, 把得到的答案加减 105 的倍数仍是该问题的解. 请读者应用中国剩余定理解释中国古代的解法.

习 题

4.7.1 设 $R_1, \cdots, R_n$ 是有单位环, 证明: $(R_1 \times \cdots \times R_n)^\times = R_1^\times \times \cdots \times R_n^\times$.

4.7.2 证明命题 4.7.1.

4.7.3 设 R 是有单位环, $R = R_1 \times \cdots \times R_n$ 是环 R 的一个内直积, I 为 R 的一个理想, 证明:

$$I = (I \cap R_1) \times \cdots \times (I \cap R_n).$$

4.7.4 设 I, J 是环 R 的理想, 证明: 理想 I, J 的积

$$IJ := \left\{ \sum_{\text{有限}} i_s j_s \,\middle|\, i_s \in I, j_s \in J \right\}$$

也是 R 的理想, 且 $IJ \subseteq I \cap J$.

4.7.5 设 I_1, I_2, I_3 是环 R 的理想, 证明: $I_1(I_2 I_3) = (I_1 I_2) I_3$.

4.7.6 证明命题 4.7.3.

4.7.7 设 R 是有单位交换环, 证明: $\forall a, b \in R$, 有 $(a)(b) = (ab)$.

4.7.8 设正整数 n 的素因子分解式为 $n = p_1^{e_1} \cdots p_k^{e_k}$, 其中 $p_1, \cdots, p_k$ 为两两不等的素数, $e_1, \cdots, e_k$ 是正整数, 证明:

$$\mathbb{Z}/n\mathbb{Z} \cong (\mathbb{Z}/p_1^{e_1}\mathbb{Z}) \times \cdots \times (\mathbb{Z}/p_k^{e_k}\mathbb{Z}),$$

且有乘法单位群的群同构

$$(\mathbb{Z}/n\mathbb{Z})^\times \cong (\mathbb{Z}/p_1^{e_1}\mathbb{Z})^\times \times \cdots \times (\mathbb{Z}/p_k^{e_k}\mathbb{Z})^\times,$$

以及欧拉函数 $\varphi(n) = \varphi(p_1^{e_1}) \cdots \varphi(p_k^{e_k})$.

4.7.9 韩信点兵: 有兵一队, 若列成五行纵队, 则末行一人; 若列成六行纵队, 则末行五人; 若列成七行纵队, 则末行四人; 若列成十一行纵队, 则末行十人. 求兵数. 请列出相应的同余方程组, 并利用孙子定理求解.

4.7.10 域上多项式环和整数环一样有整除理论, 请证明多项式版本的中国剩余定理:

设 K 是一个数域, 设 $q_1(x), \cdots, q_r(x) \in K[x]$ 是两两互素且次数高于或等于 1 的多项式, 则 $\forall f_1(x), \cdots, f_r(x) \in K[x]$, 必存在 $f(x) \in K[x]$, 使得

$$f(x) \equiv f_i(x)(\bmod q_i(x)), \quad 1 \leqslant i \leqslant r.$$

*§4.8 数学故事 —— 代数女神艾米 · 诺特

艾米 · 诺特

抽象代数作为现代数学的一门重要分支, 它发展到今天是经过了无数数学家的努力的. 除了 19 世纪初的先驱人物伽罗瓦、阿贝尔 (Niels Henrik Abel, 1802 — 1829) 外, 在 19 世纪下半叶到 20 世纪初, 经过了数十位一流数学大师的辛勤工作才使得抽象代数成为一门新的数学分支. 今天我们不可不提的数学家有哈密顿、凯莱、若尔当 (Wilhelm Jordan, 1842—1899)、弗罗贝尼乌斯 (Ferdinand Georg Frobenius, 1849—1917)、伯恩赛德 (William Burnside, 1852—1927)、赫尔德 (Otto Ludwig Hölder, 1859—1937)、舒尔 (Issai Schur, 1875—1941)、韦德伯恩 (Joseph Henry Maclagan Wedderburn, 1882—1948) 等. 但是, 除了这些人之外, 一位德国女数学家艾米 · 诺特 (Emmy Noether) 有着较为突出的地位.

诺特 1882 年 3 月 23 日生于德国大学城爱尔兰根的一个犹太人家庭, 其父马克斯 · 诺特 (Max Noether, 1844—1921) 也是一位著名的数学家, 他从 1875 年起到 1921 年逝世前, 一直在爱尔兰根大学任数学教授.

1900 年冬天, 18 岁的诺特考进了爱尔兰根大学. 当时, 大学不允许女生注册, 女生只能自费旁听, 而她是全校仅有的两名女生之一. 她认真听课, 刻苦学习, 她勤奋好学的精神终于感动了主讲教授, 破例允

许她与男生一样参加考试. 1903 年 7 月, 她顺利通过了毕业考试. 男生们都取得了文凭, 而她却成了没有文凭的大学毕业生.

毕业后, 她又来到著名的哥廷根大学, 旁听了希尔伯特、克莱因、闵可夫斯基等数学大师的讲课, 感到大开眼界, 大受鼓舞, 越发坚定了献身数学研究的决心.

此后不久, 诺特听到了爱尔兰根大学允许女生注册学习的消息, 立即赶回母校去专攻数学. 1907 年 12 月, 她以优异的成绩通过了博士考试, 成为第一位女数学博士.

1916 年, 应希尔伯特和克莱因的邀请, 她又来到数学圣地哥廷根. 不久, 她就以希尔伯特教授的名义, 在哥廷根大学讲授数学课程. 但是, 由于当时德国对妇女的歧视, 她不能找到正式的工作. 希尔伯特十分欣赏她的才能, 想帮她在哥廷根大学找一份正式的工作, 但受到很大的阻力. 当时哥廷根大学没有专门的数学系, 数学、语言学、历史学都划在哲学系里, 聘请讲师必须经过哲学教授会议批准. 希尔伯特的努力在哲学教授会议中遭到语言学家和历史学家的极力反对, 他们出于对妇女的传统偏见, 连聘为 "私人讲师" 这样的请求也断然拒绝. 希尔伯特屡次据理力争都没有结果, 他气愤极了, 在一次哲学教授会议上愤愤地说: "我简直无法想象候选人的性别竟成了反对她升任讲师的理由. 先生们, 别忘了这里是大学而不是洗澡堂!" 希尔伯特的鼎鼎大名, 也没能帮这位女数学家敲开哥廷根大学的校门.

诺特的研究领域为抽象代数和理论物理学. 在代数学方面, 她善于通过透彻的洞察建立优雅的抽象概念, 再将其漂亮地形式化. 1921 年, 她完成《环中的理想论》这篇重要论文, 系统研究了理想具有升链条件的环的理论. 这类环被命名为诺特环. 她的创造性工作彻底改变了环、域和代数的理论, 使得抽象代数学真正成为一门数学分支, 或者说标志着这门数学分支现代化的开端. 诺特也因此获得了极大的声誉, 被誉为 "现代数学代数化的伟大先行者" "抽象代数之母". 1930 年, 她的荷兰学生范德瓦尔登系统总结了整个诺特学派的成就, 出版了《近世代数学》一书, 顿时风靡了世界数学界.

1932 年, 诺特的科学声誉达到了顶峰. 在这一年举行的第 9 届国际数学家大会上, 诺特做了长达 1 小时的大会发言, 受到广泛的赞扬.

在物理领域, 她提出了 “诺特定理”. 这是理论物理的中心结论之一, 在此基础上孕育出了线性能量守恒和能量守恒等基本定律. 直到今天, 诺特的工作成果仍被用在黑洞的研究上.

爱因斯坦曾高度评价诺特的工作, 称赞她是 “自妇女接受高等教育以来最杰出的、富有创造性的数学天才”. 爱因斯坦指出, 凭借诺特所发现的方法, “纯粹数学成了逻辑思想的诗篇”. 她是历史上最伟大的女数学家.

但是, 在德国法西斯眼里, 犹太民族是下等民族, 诺特也因此备受歧视. 1929 年, 诺特竟然被撵出居住的公寓. 希特勒上台后, 对犹太人的迫害变本加厉. 1933 年 4 月, 法西斯当局竟然剥夺了诺特教书的权利, 将一批犹太教授逐出校园. 这迫使诺特于 1933 年去了美国, 在布林马尔学院工作. 1935 年 4 月 14 日, 她不幸死于一次外科手术, 年仅 53 岁.

1935 年 4 月 26 日, 布林马尔学院为诺特举行了追悼会, 爱因斯坦为她写了讣闻, 韦尔为她写了长篇悼词, 深情地缅怀她的生活、工作和人格:

她曾经是充满生命活力的典范,
以她那刚毅的心情和生活的勇气,
坚定地屹立在我们这个星球上,
所以大家对此毫无思想准备.
她正处于她的数学创造能力的顶峰.
她那深远的想象力,
同她那长期经验积累起来的技能,
已经达到完美的平衡.
她热烈地开始了新问题的研究, 而这一切现在突然宣告结束,
她的工作猝然中断.
坠落到了黑暗的坟墓,
美丽的、仁慈的、善良的,
他们都轻轻地去了;

聪颖的、机智的、勇敢的,
他们都平静地去了;
我知道, 但我决不认可,
而且我也不会顺从.

我们对她的科学工作与她的人格的记忆决不会很快消逝. 她是一位伟大的数学家, 而且我坚信, 也是历史曾经产生过的最伟大的女性之一.

最后, 还有一点值得提出, 在她的为数不多的博士生中, 有中国代数界的先驱曾炯 (曾炯之) 先生 (1897—1940). 1933 年, 诺特逃亡美国时, 还特别嘱咐曾炯一定要完成学业. 曾炯是诺特很看重的学生, 他在 1933 年就发表了重要论文《论函数域上可除代数》, 并在题注中写道: "作者在此谨向导师诺特致以诚挚谢意. 在她的鼓励之下, 本文作者开始进行这一工作. 在本文撰写过程中, 她孜孜不倦的教诲和帮助, 使得作者最终得以完成本文."

第 5 章　整环内的因子分解理论

§5.1　唯一分解整环的概念

由定理 1.3.2, 一个正整数可以分解成素因子的连乘积, 而且在不计因子次序的条件下, 这个分解还是唯一的. 这个结论通常叫作 "算术基本定理", 足见其重要性. 本章的目的就是研究整环的因子分解理论, 看看能否把正整数的唯一分解定理推广到一般的整环上. 为此, 我们先给出下面的严格概念:

定义 5.1.1　设 R 为整环, $a, b \in R$. 如果存在 $c \in R$, 使得 $b = ac$, 则称 a 是 b 的**因子**, b 是 a 的**倍式**, 同时称 a **整除** b, 记为 $a \mid b$. 如果 $a, b \neq 0$, $a \mid b$ 且 $b \mid a$, 则称 a 与 b **相伴**, 记为 $a \sim b$.

容易验证相伴关系是整环 R 上的一个等价关系.

我们有下述简单性质:

命题 5.1.1　*设 R 是整环, $R^\times$ 是 R 的乘法可逆元组成的乘法单位群, 又设 $a, b, c \in R$.*

(1) *若 $a, b \neq 0$, 则 $a \sim b \Longleftrightarrow$ 存在 $u \in R^\times$, 使得 $a = bu$. 特别地,*

$$a \sim 1 \Longleftrightarrow a \in R^\times.$$

(2) *$\forall u \in R^\times$, 有 $a \mid b \Longleftrightarrow a \mid bu \Longleftrightarrow au \mid b$.*

(3) *若 $a|b, a|c$, 则 $\forall x, y \in R$, 有 $a \mid (bx + cy)$.*

(4) *若 $a|b, b|c$, 则 $a|c$.*

(5) *若 a 不是可逆元, 且 $a \neq 0$, 则 $R^\times$ 和 $aR^\times = \{au \mid u \in R^\times\}$ 中的元素都是 a 的因子. 这两类因子称为 a 的***平凡因子**.

证明　(1) *必要性*　因为 $a \sim b$, 所以 $a \mid b, b \mid a$. 于是, 存在 $u, v \in R$, 使得 $b = av, a = bu$. 故 $a = avu$. 由整环的消去律以及 $a \neq 0$, 得 $vu = 1$, 故 $u, v \in R^\times$.

充分性 设存在 $u \in R^{\times}$, 使得 $a = bu$, 则 $au^{-1} = buu^{-1} = b$. 这就意味着 $b \mid a, a \mid b$, 故 $a \sim b$.

(2), (3), (4), (5) 的证明留给读者. □

命题 5.1.1 (1), (2) 说明, 相伴的两个元素有完全相同的整除性质. 在整除理论中讨论唯一性都是在相伴的意义下进行的.

例 5.1.1 (1) 整数环 $\mathbb{Z}$ 的乘法单位群 $\mathbb{Z}^{\times} = \{\pm 1\}$. 设 $a \in \mathbb{Z} \setminus \{0\}$, 则与 a 相伴的元素是 $\pm a$, 且 a 的平凡因子是 $\pm 1, \pm a$.

(2) 设 F 是域, 则多项式环 $F[x]$ 的乘法单位群 $F[x]^{\times} = F \setminus \{0\}$. 设 $f(x) \in F[x] \setminus \{0\}$, 则与 $f(x)$ 相伴的元素是 $\{cf(x) \mid c \in F \setminus \{0\}\}$, 且 $f(x)$ 的平凡因子是 $\{c, cf(x) \mid c \in F \setminus \{0\}\}$.

(3) 高斯整环 $\mathbb{Z}[\mathrm{i}]$ 的乘法单位群 $\mathbb{Z}[\mathrm{i}]^{\times} = \{\pm 1, \pm \mathrm{i}\}$. 与 $2 + \mathrm{i}$ 相伴的元素为 $\{\pm(2 + \mathrm{i}), \pm(1 - 2\mathrm{i})\}$, 而 $2 + \mathrm{i}$ 的平凡因子是 $\{\pm 1, \pm \mathrm{i}, \pm(2 + \mathrm{i}), \pm(1 - 2\mathrm{i})\}$.

(4) 在 $\mathbb{Q}[x]$ 中, $x + 1 \nmid x^2 + 1$; 而在 $\mathbb{F}_2[x]$ 中, $x^2 + 1 = (x + 1)(x + 1)$, 所以 $x + 1 \mid x^2 + 1$.

定义 5.1.2 设 R 为整环, $a \in R, a \neq 0$, 且 a 不是可逆元.

(1) 如果由 $a = bc$ $(b, c \in R)$ 可推出 b 或 c 为可逆元 (即 a 只有平凡的分解), 则称 a 为 R 的**不可约元** (事实上, a 为不可约元等价于 a 只有平凡因子).

(2) 如果由 $a \mid bc$ $(b, c \in R)$ 可推出 $a \mid b$ 或 $a \mid c$, 则称 a 为 R 的**素元**.

命题 5.1.2 在整环中, 素元必是不可约元.

证明 设 p 是整环 R 中的一个素元, 则由定义 5.1.2, 有 $p \neq 0$. 若 $p = bc$ $(b, c \in R)$, 则 $p \mid bc$. 由于 p 是素元, 所以 $p \mid b$ 或 $p \mid c$. 不妨设 $p \mid b$. 于是, 存在 $d \in R$, 使得 $b = pd$. 这时 $p = bc = pdc$. 由整环消去律, 得 $dc = 1$, c 为可逆元. 这就证明了 p 是不可约元. □

整环中与整除性有关的概念都可以用理想的语言表述.

命题 5.1.3 设 R 是整环, $a, b \in R$.

(1) $a|b \Longleftrightarrow (b) \subseteq (a)$, 于是 $a \sim b \Longleftrightarrow (a) = (b)$. 特别地,

$$a \text{ 可逆 } \Longleftrightarrow a \sim 1 \Longleftrightarrow (a) = R.$$

(2) 设 $p\neq 0, p$ 不是可逆元, 则 p 是素元 $\Longleftrightarrow (p)$ 是非 (0) 素理想.

(3) 设 $a\neq 0, a$ 不是可逆元. 若 (a) 是极大理想, 则 a 为不可约元. 反过来不成立, 见例 5.1.4.

证明 (1) 易知

$$a|b \Longleftrightarrow \text{存在 } c\in R, \text{使得 } b=ac \Longleftrightarrow b\in(a) \Longleftrightarrow (b)\subseteq(a).$$

又注意到 a 可逆 $\Longleftrightarrow a\sim 1$, 而 $(1)=R$, 即得结论.

(2) p 是素元等价于对于任意 $a,b\in R$, 由 $p\,|\,ab$ 可推出 $p\,|\,a$ 或者 $p\,|\,b$, 这又等价于由 $ab\in(p)$ 可推出 $a\in(p)$ 或者 $b\in(p)$, 于是 p 是素元等价于 (p) 是素理想.

(3) (a) 是极大理想 $\Longrightarrow (a)$ 是素理想 $\Longrightarrow a$ 是素元 $\Longrightarrow a$ 是不可约元. □

例 5.1.2 (1) 整数环 $\mathbb{Z}$ 中素数既是素元, 又是不可约元, 且 $\mathbb{Z}$ 中所有的素元 (不可约元) 为 $\{\pm p\,|\,p \text{ 是素数}\}$.

(2) 数域 F 上多项式环 $F[x]$ 中的不可约多项式是素元, 也是不可约元 (回忆一下, $p(x)\in F[x]$ 称为不可约多项式, 如果 $\deg p(x)\geqslant 1$, 且 $p(x)$ 在 $F[x]$ 中的因式只有 $c, cp(x)(c\in F\setminus\{0\})$).

(3) 伽罗瓦 2 元域 $\mathbb{F}_2$ 上的多项式环 $\mathbb{F}_2[x]$ 中 $f(x)=x^3+x^2+1$ 是不可约元. 这是因为, 若 $f(x)$ 可约, 则在 $\mathbb{F}_2[x]$ 中有非平凡的分解 $f(x)=g(x)h(x)$, 其中 $g(x),h(x)$ 的次数都低于 3. 由次数公式 (定理 4.3.3 (1)) 可知 $g(x)$ 或 $h(x)$ 的次数为 1. 不妨设 $\deg g(x)=1$, 即 $g(x)=x-a, a\in\mathbb{F}_2$, 于是得到 $f(a)=0$. 代入 $\mathbb{F}_2$ 中的元素 $0,1$, 易知 $f(0)=f(1)=1$, 矛盾.

为了给出更多的例子, 我们需要先做一些准备工作. 在 §4.1 中, 我们定义了高斯整环 $\mathbb{Z}[\mathrm{i}]$, 并对其引入了范数的概念.

我们考虑数域 (见习题 2.3.1)

$$\mathbb{Q}[\sqrt{d}]=\{a+b\sqrt{d}\,|\,a,b\in\mathbb{Q}\},$$

其中 $d\neq 0,1$, 且 d 是一个无平方因子的整数. 设 $\alpha=a+b\sqrt{d}\in\mathbb{Q}[\sqrt{d}]$,

定义 α 的**范数**为

$$\mathrm{N}(\alpha)=(a+b\sqrt{d})(a-b\sqrt{d})=a^2-db^2\in\mathbb{Q}.$$

注意到 $\mathbb{Z}[\sqrt{d}]=\{a+b\sqrt{d}\mid a,b\in\mathbb{Z}\}\subseteq\mathbb{Q}[\sqrt{d}]$, 我们也给出了整环 $\mathbb{Z}[\sqrt{d}]$ (见习题 4.1.3) 中元素的范数的定义.

命题 5.1.4 设 $\alpha,\beta\in\mathbb{Q}[\sqrt{d}]$.

(1) $\alpha=0\Longleftrightarrow\mathrm{N}(\alpha)=0$;

(2) $\mathrm{N}(\alpha\beta)=\mathrm{N}(\alpha)\mathrm{N}(\beta)$;

(3) 若 $\alpha\in\mathbb{Z}[\sqrt{d}]$, 则 $\mathrm{N}(\alpha)\in\mathbb{Z}$, 且 α 为整环 $\mathbb{Z}[\sqrt{d}]$ 的可逆元的充要条件是 $\mathrm{N}(a)=\pm1$;

(4) 若 $\alpha,\beta\in\mathbb{Z}[\sqrt{d}]$, 且 $\alpha\mid\beta$, 则在整数环 $\mathbb{Z}$ 中 $\mathrm{N}(a)|\mathrm{N}(\beta)$.

证明 (1), (2) 的证明留给读者自行验证.

(3) 若 $\alpha\in\mathbb{Z}[\sqrt{d}]$, 则显然 $\mathrm{N}(\alpha)\in\mathbb{Z}$. 若 α 可逆, 则存在 $\beta\in\mathbb{Z}[\sqrt{d}]$, 使得 $\alpha\beta=1$. 于是 $\mathrm{N}(\alpha)\mathrm{N}(\beta)=\mathrm{N}(1)=1$. 因 $\mathrm{N}(\alpha),\mathrm{N}(\beta)$ 是整数, 故 $\mathrm{N}(\alpha)=\pm1$. 反过来, 若 $\mathrm{N}(\alpha)=\pm1$, 设 $\alpha=a+b\sqrt{d}$, 令 $\alpha'=a-b\sqrt{d}\in\mathbb{Z}[\sqrt{d}]$, 则

$$\alpha\alpha'=(a+b\sqrt{d})(a-b\sqrt{d})=\mathrm{N}(\alpha)=\pm1.$$

故 $\pm\alpha'$ 是 α 的逆元.

(4) 由 (2) 立得. □

下面的例子说明, 整环中不可约元不一定是素元.

例 5.1.3 设整环 $R=\mathbb{Z}[\sqrt{-5}]=\{a+b\sqrt{-5}\mid a,b\in\mathbb{Z}\}$, 证明:

(1) $R^\times=\{\pm1\}$;

(2) $3,2+\sqrt{-5},2-\sqrt{-5}$ 都是不可约元;

(3) $3,2+\sqrt{-5},2-\sqrt{-5}$ 都不是素元.

证明 (1) 设 $\alpha=a+b\sqrt{-5}\in\mathbb{Z}[\sqrt{-5}]$, 令 $\mathrm{N}(\alpha)=a^2+5b^2\in\mathbb{Z}_{\geqslant0}$ 是 α 的范数, 则由命题 5.1.4, α 可逆 $\Longleftrightarrow\mathrm{N}(\alpha)=1$. 求解 $\mathrm{N}(\alpha)=a^2+5b^2=1$, 注意到 $a,b\in\mathbb{Z}$, 所以解为 $a=\pm1,b=0$, 即 $R^\times=\{\pm1\}$.

(2) 下面证明 $3,2+\sqrt{-5},2-\sqrt{-5}$ 是不可约元. 简单计算知

$$\mathrm{N}(3)=\mathrm{N}(2+\sqrt{-5})=\mathrm{N}(2-\sqrt{-5})=9.$$

以 3 为例 (其他留作习题), 假定 3 可约, 并设 $3 = st$, 其中 s, t 均不可逆, 则 $9 = \mathrm{N}(3) = \mathrm{N}(s)\mathrm{N}(t)$, 且 $\mathrm{N}(s) = \mathrm{N}(t) = 3$. 令 $s = c + d\sqrt{-5}$, 则 $\mathrm{N}(s) = c^2 + 5d^2 = 3$. 这迫使 $d = 0$, $c^2 = 3$, 矛盾, 所以 3 是不可约元.

(3) 在 R 中有 $9 = 3\cdot 3 = (2+\sqrt{-5})(2-\sqrt{-5})$, 于是 $(2+\sqrt{-5})|3\cdot 3$. 但注意到 3 是不可约元, 只有平凡因子 $\pm 1, \pm 3$, 所以 $(2+\sqrt{-5})\nmid 3$. 这就说明了 $2+\sqrt{-5}$ 不是素元. 其他留给读者. □

定义 5.1.3 设 R 为整环, 称 R 为**唯一分解整环**, 常简写为 U. F. D. (unique factorization domain), 如果:

(1) R 的任一非零不可逆元都可以表示为有限多个不可约元的乘积 (此条件常称为**因子链条件**);

(2) (1) 中这种乘积表达式是唯一的, 即对于任一非零不可逆元 $a \in R$, 若

$$a = p_1 \cdots p_n = q_1 \cdots q_m,$$

其中 $p_i (1 \leqslant i \leqslant n), q_j (1 \leqslant j \leqslant m)$ 都是不可约元, 则必有 $n = m$, 且适当调换 $q_1, \cdots, q_m$ 的顺序可以使得 $p_i \sim q_i$ ($\forall\ 1 \leqslant i \leqslant n$).

一般的整环不一定是唯一分解整环. 例如, $R = \mathbb{Z}[\sqrt{-5}]$ 不是唯一分解整环. 事实上, 在例 5.1.3 中, 我们看到 R 中 $9 = 3 \cdot 3 = (2 + \sqrt{-5})(2 - \sqrt{-5})$, 所以元素 9 分解成不可约元乘积的方式不唯一.

下面的定理 5.1.1 是本节的主要定理.

定理 5.1.1 设 R 是整环, 则 R 是唯一分解整环的充要条件是: (1) R 满足因子链条件; (2) R 中的不可约元都是素元.

证明 必要性　只要证明唯一分解整环 R 的不可约元必是素元即可. 设 a 是 R 的不可约元. 如果 $a|bc$, 其中 b, c 都不可逆, 则存在 $x \in R$, 使得 $ax = bc$. 由于整环 R 是唯一分解整环, 所以有分解式

$$b = b_1 \cdots b_m, \quad c = c_1 \cdots c_n, \quad x = x_1 \cdots x_t,$$

其中 $b_1, \cdots, b_m, c_1, \cdots, c_n, x_1, \cdots, x_t$ 都是不可约元. 于是

$$ax_1 \cdots x_t = b_1 \cdots b_m c_1 \cdots c_n.$$

再由 R 的不可约因子分解的唯一性, 不妨设 $a \sim b_1$. 而 $b_1|b$, 故 $a|b$. 这就证明了 a 是素元.

充分性 只需证分解的唯一性. 设 $a \in R$ 是非零不可逆元. 考虑 a 的所有分解式所含的不可约因子的个数, 将最少的因子个数记为 n. 我们对 n 做数学归纳法.

若 $n=1$, 即 a 不可约. 设又有 $a=q_1\cdots q_m$, 其中 $q_1,\cdots,q_m$ 皆为不可约元. 假若 $m>1$, 则 q_1 不可逆, 且 $q_2\cdots q_m$ 不可逆, 与 a 不可约矛盾. 故 $m=1$. 这就完成了 $n=1$ 情形的证明.

现在设 $n-1$ 的情形结论为真. 设 $a=p_1\cdots p_n=q_1\cdots q_m\ (m\geqslant n)$ 为 a 的两个不可约因子分解式. 由于 p_1 不可约, 故 p_1 为素元. 于是, 对于某个 $1\leqslant i\leqslant m$, 有 $p_1|q_i$ 成立. 调换 $q_1,\cdots,q_m$ 的顺序, 可设 $p_1|q_1$. 不妨设 $q_1=up_1$. 因为 p_1,q_1 都不可约, 所以 u 可逆, $p_1\sim q_1$. 在 $p_1\cdots p_n=q_1\cdots q_m$ 两端消去 p_1, 得到 $p_2\cdots p_n=(uq_2)\cdots q_m$. 由归纳假设, 知 $n-1=m-1$, 且适当调换 $q_2,\cdots,q_m$ 的顺序, 可使 $p_i\sim q_i, 2\leqslant i\leqslant n$. 这就得到 n 的情形的结论为真. □

由上述定理和命题 5.1.2, 在唯一分解整环 R 中, a 是不可约元等价于 a 是素元.

由定理 1.3.2, 整数环 $\mathbb{Z}$ 是唯一分解整环. 在"高等代数"课程中, 证明了数域 F 上多项式环 $F[x]$ 也是唯一分解整环, 类似可证一般域 K 上多项式环 $K[x]$ 也是唯一分解整环 (见例 5.2.3). 由后面的定理 5.3.1, $\mathbb{Z}[x]$ 也是唯一分解整环.

例 5.1.4 注意到 $\mathbb{Z}[x]^\times=\mathbb{Z}^\times=\{\pm1\}$, 设 $f(x)\in\mathbb{Z}[x]$, 且 $f(x)\neq 0,\pm1$ (即 $f(x)$ 非零且不是乘法可逆元). 若存在 $g(x),h(x)\in\mathbb{Z}[x]$, 使得 $f(x)=g(x)h(x)$, 且 $g(x)\neq\pm1, h(x)\neq\pm1$, 我们就称 $f(x)$ 是 $\mathbb{Z}[x]$ 中的可约元 (或可约多项式); 否则, 称为 $\mathbb{Z}[x]$ 中的不可约元 (或不可约多项式). 设

$$f(x)=a_nx^n+\cdots+a_1x+a_0\in\mathbb{Z}[x],\quad n\geqslant 1,$$

若最大公因子 $(a_0,\cdots,a_n)=1$, 则称 $f(x)$ 为本原多项式. 证明:

(1) 若 $p(x)$ 是零次不可约元, 则 $p(x)=\pm p$, 其中 $p\in\mathbb{Z}$ 是一个素

数; 若 $p(x)$ 是次数高于或等于 1 的不可约元, 则 $p(x)$ 一定是本原多项式.

(2) x 是 $\mathbb{Z}[x]$ 的不可约元, 也是素元 (由例 4.5.4 知, (x) 是素理想, 但不是极大理想).

例 5.1.4 的具体证明留作习题.

下面我们研究整环中公因子和最大公因子的理论.

定义 5.1.4 设 R 为整环, $a_1,\cdots,a_n\in R$ 不全为零. 如果元素 $b\in R$ 满足 $b\,\big|\,a_i$ $(\forall\ 1\leqslant i\leqslant n)$, 则称 b 为 $a_1,\cdots,a_n$ 的**公因子**. 如果 d 是 $a_1,\cdots,a_n$ 的一个公因子, 且 $a_1,\cdots,a_n$ 的任一公因子都整除 d, 则称 d 为 $a_1,\cdots,a_n$ 的**最大公因子**. 平行地, 设 $a_1,\cdots,a_n\in R\setminus\{0\}$. 如果元素 $l\in R$ 满足 $a_i\,\big|\,l$ $(\forall\ 1\leqslant i\leqslant n)$, 则称 l 为 $a_1,\cdots,a_n$ 的**公倍式**. 如果 m 是 $a_1,\cdots,a_n$ 的一个公倍式, 且 m 整除 $a_1,\cdots,a_n$ 的任一公倍式, 则称 m 为 $a_1,\cdots,a_n$ 的**最小公倍式**.

一般而言, 整环中若干元素的最大公因子不一定存在. 如果 $a_1,\cdots,a_n$ 存在最大公因子 d, 则与 d 相伴的元素也是 $a_1,\cdots,a_n$ 的最大公因子, 而且可以证明 $a_1,\cdots,a_n$ 的任一最大公因子都与 d 相伴, 即在相伴的意义下, $a_1,\cdots,a_n$ 的最大公因子是唯一的, 记为 $\gcd(a_1,\cdots,a_n)$ 或 $(a_1,\cdots,a_n)$. 注意符号 $d=(a_1,\cdots,a_n)$ 表示 d 是 $a_1,\cdots,a_n$ 的一个最大公因子, 当然 $a_1,\cdots,a_n$ 的全体最大公因子就都知道了. 对于最小公倍也有同样的事实, 即若 $a_1,\cdots,a_n$ 的最小公倍存在, 则它在相伴的意义下是唯一的, 记为 $\mathrm{lcm}[a_1,\cdots,a_n]$ 或 $[a_1,\cdots,a_n]$.

例 5.1.5 证明: $R=\mathbb{Z}[\sqrt{-5}]$ 中的 9 和 $3(2+\sqrt{-5})$ 没有最大公因子.

证明 用反证法. 假定 $g=(9,3(2+\sqrt{-5}))$.

因为 $9=3\cdot 3=(2+\sqrt{-5})(2-\sqrt{-5})$, 所以 3 和 $2+\sqrt{-5}$ 是 9 和 $3(2+\sqrt{-5})$ 的公因子. 因此 $3\,\big|\,g$, $2+\sqrt{-5}\ \big|\,g$, 并有 h, 使得 $g=3h$, 由于 $g\,\big|\,9$, 即 $3h\,\big|\,9$, 故 $h\,\big|\,3$. 在例 5.1.3 中已证 3 是 R 中的不可约元, 只有平凡因子 $\pm1,\pm3$, 于是 h 只可能是 $\pm1,\pm3$. 若 $h=\pm1$, 则 $g=\pm3$. 这与 $2+\sqrt{-5}\ \big|\,g$ 矛盾. 若 $h=\pm3$, 则 $g=\pm9$. 但 $g\,\big|\,3(2+\sqrt{-5})$, 故 $3\,\big|\,(2+\sqrt{-5})$, 与 $2+\sqrt{-5}$ 不可约矛盾. 所以, 9 和 $3(2+\sqrt{-5})$ 没有最

大公因子. □

设 R 是唯一分解整环, $a \in R$, 且

$$a = p_1^{e_1} \cdots p_t^{e_t},$$

其中 p_i 是两两不相伴不可约元, $e_i \geqslant 1 (i = 1, \cdots, t)$. 令 d 为 a 的一个因子, 并设 q 是 d 的任一不可约因子, 于是 $q | p_1^{e_1} \cdots p_t^{e_t}$. 因为 q 也是素元, 所以存在 $i \in \{1, \cdots, t\}$, 使得 $q | p_i$. 再由 q, p_i 不可约, 知 $q \sim p_i$. 这就说明了 d 的不可约因子分解式可表示为 $d = u p_1^{k_1} \cdots p_t^{k_t}$, 其中 u 是可逆元, $k_i \geqslant 0 (i = 1, \cdots, t)$. 最后, 由 $d | a$, 可推知 $p_i^{k_i} \,\big|\, p_i^{e_i}$, 得到 $0 \leqslant k_i \leqslant e_i$. 所以, a 的因子 d 的不可约因子分解式为

$$d = u p_1^{k_1} \cdots p_t^{k_t},$$

其中 $0 \leqslant k_i \leqslant e_i (i = 1, \cdots, t), u$ 是可逆元.

命题 5.1.5 设 R 是满足因子链条件的整环, 则 R 是唯一分解整环当且仅当 R 中任意两个元素都有最大公因子.

证明 *必要性* 设 R 是唯一分解整环, 令 $a, b \in R$, 假定 $a = u p_1^{e_1} \cdots p_t^{e_t}$, $b = v p_1^{f_1} \cdots p_t^{f_t}$, 其中 u, v 是可逆元, p_i 为两两不相伴不可约元, $e_i, f_i \geqslant 0 \ (i = 1, \cdots, t)$, 则可验证

$$\prod_{i=1}^{t} p_i^{\min\{e_i, f_i\}} = (a, b)$$

(留作习题). 故 a, b 的最大公因子存在.

充分性 欲证 R 是唯一分解整环, 我们只需证 R 中不可约元皆为素元. 设 p 为 R 的不可约元, 且 $p \,\big|\, ab (a, b \in R, a, b \neq 0)$. 考查 p, a 的最大公因子 (p, a). 由题设, (p, a) 存在. 因为 (p, a) 是 p 的因子, 而 p 不可约, 所以 (p, a) 或者与 p 相伴, 或者与 1 相伴. 若 $p = (p, a)$, 则 $p \,\big|\, a$. 若 $1 = (p, a)$, 则可证 $(pb, ab) = b$ (设 $d = (pb, ab)$, 则 $b \,\big|\, d$. 设 $d = ub$, 只要证 u 可逆即可. 事实上, 由于 $d \,\big|\, pb$, 故存在 $e \in R$, 使得 $pb = de$, 即 $pb = ube$, 亦即 $p = ue$, 所以 $u \,\big|\, p$. 同样, 存在 $f \in R$, 使得 $ab = df$, 即 $ab = ubf$, 亦即 $a = uf$, 所以 $u \,\big|\, a$. 于是 $u \,\big|\, (p, a)$. 而 $(p, a) = 1$, 故

u 可逆). 由于 $p \mid ab$, 故 $p \mid (pb, ab) = b$. 这就证明了 p 为 R 的素元. 于是, R 是唯一分解整环. □

设 R 是唯一分解整环, $a_1, \cdots, a_n \in R$. 若 $a_1, \cdots, a_n$ 的最大公因子 $(a_1, \cdots, a_n)$ 相伴于 1, 则称 $a_1, \cdots, a_n$ **互素**.

习　题

5.1.1 证明: 整环 R 中 $a \sim b$ 是等价关系.

5.1.2 设 a, b, c 属于整环 R, 证明: 如果 $a = bc$, 则 $a \sim b$ 当且仅当 c 为 R 的可逆元.

5.1.3 在高斯整环 $\mathbb{Z}[\mathrm{i}]$ 中求与 $a + b\mathrm{i}$ 相伴的所有元素.

5.1.4 在环 $R = \mathbb{Z}[\sqrt{-3}]$ 中, $4 = 2 \cdot 2 = (1 + \sqrt{-3})(1 - \sqrt{-3})$. 证明:

(1) $2, 1 + \sqrt{-3}, 1 - \sqrt{-3}$ 是 R 的不可约元, 但不是素元;

(2) R 不是唯一分解整环;

(3) R 中 4 和 $2(1 + \sqrt{-3})$ 没有最大公因子.

5.1.5 设 $d \neq 0, 1$, 且 d 是一个无平方因子的整数, $\alpha \in \mathbb{Z}[\sqrt{d}]$, 并设范数 $\mathrm{N}(\alpha) = p$ 为素数, 证明: α 是 $\mathbb{Z}[\sqrt{d}]$ 的不可约元.

5.1.6 证明: $\mathbb{Z}[\mathrm{i}]$ 中 $1 + \mathrm{i}$ 是不可约元.

5.1.7 证明: 伽罗瓦 3 元域 $\mathbb{F}_3$ 上的多项式环 $\mathbb{F}_3[x]$ 中 $f(x) = x^2 + 1$ 是不可约的.

5.1.8 在整环 $\mathbb{Z}[x]$ 中, 证明:

(1) 若 $p(x)$ 是零次不可约元, 则 $p(x) = \pm p$, 其中 $p \in \mathbb{Z}$ 是一个素数; 若 $p(x)$ 是次数高于或等于 1 的不可约元, 则 $p(x)$ 一定是本原多项式.

(2) x 是 $\mathbb{Z}[x]$ 的不可约元, 也是素元.

5.1.9 设 F 为域, $f(x) \in F[x]$, 证明:

(1) 若 $a \in F$, 则存在 $q(x) \in F[x]$, 使得

$$f(x) = q(x)(x - a) + f(a).$$

故 $(x-a)|f(x)$ 的充要条件是 a 是 $f(x)$ 的一个根.

(2) 若 $\deg f(x)=n\geqslant 0$, 则 $f(x)$ 在 F 内最多有 n 个根, 重根 (同"高等代数" 课程中的定义) 按重数计算.

5.1.10 证明: 如果 $a_1,\cdots,a_n$ 存在最大公因子 d, 则与 d 相伴的元素也是 $a_1,\cdots,a_n$ 的最大公因子, 而且 $a_1,\cdots,a_n$ 的任一最大公因子都与 d 相伴 (即最大公因子如果存在, 则在相伴的意义下是唯一的).

5.1.11 设 R 是唯一分解整环, 令 $a,b\in R$, 假定 $a=up_1^{e_1}\cdots p_t^{e_t}$, $b=vp_1^{f_1}\cdots p_t^{f_t}$, 其中 u,v 是可逆元, p_i 为两两不相伴不可约元, $e_i,f_i\geqslant 0\ (i=1,\cdots,t)$, 证明:

(1) $\prod\limits_{i=1}^{t}p_i^{\min\{e_i,f_i\}}=(a,b)$;

(2) $\prod\limits_{i=1}^{t}p_i^{\max\{e_i,f_i\}}=[a,b]$;

(3) $ab\sim(a,b)[a,b]$.

5.1.12 设 R 是唯一分解整环, 令 $a,b,c\in R$, 且 $(a,b)=1$, 证明:

(1) 若 $a\,|\,bc$, 则 $a\,|\,c$;

(2) 若 $a\,|\,c, b\,|\,c$, 则 $ab\,|\,c$;

(3) $(a,c)(b,c)=(ab,c)$.

§5.2 主理想整环与欧几里得整环

本节我们介绍两类重要的环, 即主理想整环与欧几里得整环. 我们将证明, 主理想整环一定是唯一分解整环, 而欧几里得整环一定是主理想整环, 因而也是唯一分解整环.

定义 5.2.1 设 R 为整环. 如果 R 的任一理想都是主理想, 则称 R 是**主理想整环**, 常简写为 P. I. D. (principal ideal domain).

例 5.2.1 由例 4.2.2, 整数环 $\mathbb{Z}$ 是主理想整环; 由定理 4.3.5, 域 F 上的多项式环 $F[x]$ 也是主理想整环.

例 5.2.2 在多项式环 $\mathbb{Z}[x]$ 中, 由 2 和 x 生成的理想 $(2,x)$ 不是主理想, 所以 $\mathbb{Z}[x]$ 不是主理想整环.

证明 由式 (4.1), 有

$$(2,x)=\{2f(x)+xg(x)\mid f(x),g(x)\in\mathbb{Z}[x]\}.$$

易见, $(2,x)$ 由 $\mathbb{Z}[x]$ 中常数项是偶数的多项式组成, 因此 $(2,x)$ 是 $\mathbb{Z}[x]$ 的真子集. 假定 $(2,x)$ 是主理想, 设 $(2,x)=(r(x))$, 于是有 $2=r(x)s(x)$. 由次数公式 (定理 4.3.3 (1)), 可推出 $r(x)$ 是一个零次多项式. 设 $r(x)=r\in\mathbb{Z}$. 由 $r\mid 2$, 可知 $r(x)=r=\pm1,\pm2$. 若 $r(x)=\pm1$, 则 $(2,x)=(\pm1)=\mathbb{Z}[x]$, 与 $(2,x)$ 是 $\mathbb{Z}[x]$ 的真子集矛盾; 若 $r(x)=\pm2$, 则 $2\mid x$. 于是, 存在 $q(x)\in\mathbb{Z}[x]$, 使得 $x=2q(x)$. 同样, 由次数公式, 知 $\deg q(x)=1$, 故可设 $q(x)=ax+b,a,b\in\mathbb{Z}$. 我们得到 $2ax+2b=x$, 使得 $2a=1$ 与 a 是整数矛盾. 故 $(2,x)$ 不是主理想. □

命题 5.2.1 设 R 是主理想整环, $a\in R,a\neq0$, 且 a 不是乘法可逆元, 则下列命题等价:

(1) a 是素元;

(2) a 是不可约元;

(3) (a) 是非零极大理想;

(4) (a) 是非零素理想.

证明 (1) $\Longrightarrow$ (2): 见命题 5.1.2.

(2) $\Longrightarrow$ (3): 设 I 为 R 的理想, 满足 $(a)\subseteq I\subseteq R$. 由于 R 是主理想整环, 所以存在 $b\in R$, 使得 $I=(b)$. 由 $(a)\subseteq(b)$, 知 $b\mid a$. 设 $c\in R$ 使得 $a=bc$. 因为 a 是不可约元, 所以或者 b 可逆, 或者 $b\sim a$. 这就对应着或者 $(b)=R$, 或者 $(b)=(a)$ (见命题 5.1.3 (1)). 所以, (a) 是非零极大理想.

(3) $\Longrightarrow$ (4): 见推论 4.5.1.

(4) $\Longrightarrow$ (1): 见命题 5.1.3 (2). □

由例 4.5.4, 我们知道 (x) 是 $\mathbb{Z}[x]$ 的素理想, 但不是极大理想. 这又一次证明了 $\mathbb{Z}[x]$ 不是主理想整环, 但是 $\mathbb{Z}[x]$ 是唯一分解整环. 下面的定理说明主理想整环一定是唯一分解整环.

定理 5.2.1 主理想整环是唯一分解整环.

证明 设 R 是主理想整环. 由命题 5.2.1, R 的不可约元都是素元, 只要再证明 R 满足因子链条件即可. 以下用反证法来证明这个结论.

设 $a \in R$, $a \neq 0$, 且 a 不可逆. 假若 a 不能分解为有限多个不可约因子的乘积, 则 a 必可约 (否则, $a = a$ 就是有限多个 (一个) 不可约因子的乘积分解式). 设 $a = a_1^{(1)}a_2^{(1)}$ (这里 $a_1^{(1)}, a_2^{(1)}$ 都是不可逆元), 则 $a_1^{(1)}, a_2^{(1)}$ 中必有一个不能分解为有限多个不可约因子的乘积, 不妨设 $a_1^{(1)}$ 是这样的元素. 用理想的语言表达, 即 $(a) \subsetneqq (a_1^{(1)})$, $a_1^{(1)}$ 不可逆且不能分解为有限多个不可约因子的乘积. 对 $a_1^{(1)}$ 重复同样的讨论, 知存在 $a_1^{(2)} \in R$, 使得 $(a_1^{(1)}) \subsetneqq (a_1^{(2)})$, $a_1^{(2)}$ 不可逆且不能分解为有限多个不可约因子的乘积. 如此下去, 我们得到理想的无穷升链

$$(a) \subsetneqq (a_1^{(1)}) \subsetneqq (a_1^{(2)}) \subsetneqq \cdots .$$

令 $I = \bigcup_{i=1}^{\infty}(a_1^{(i)})$. 容易验证 I 是 R 的理想. 事实上, 对于任意 $x, y \in I$, 设 $x \in (a_1^{(j)})$, $y \in (a_1^{(k)})$, 不妨设 $j \geqslant k$, 则 $x, y \in (a_1^{(j)})$. 于是 $x - y \in (a_1^{(j)}) \subset I$. 又对于任意 $r \in R$, 有 $rx \in (a_1^{(j)}) \subset I$. 这就证明了 I 是理想.

因为 R 是主理想整环, 所以存在 $b \in R$, 使得 $I = (b)$. 由于 $b \in I = \bigcup_{i=1}^{\infty}(a_1^{(i)})$, 故 b 属于某个 $(a_1^{(n)})$ $(n \in \mathbb{N})$. 于是 $I = (b) \subseteq (a_1^{(n)}) \subsetneqq (a_1^{(n+1)}) \subseteq I$, 矛盾. □

例 5.2.3 由定理 4.3.5, 域 F 上的多项式环 $F[x]$ 是主理想整环, 故是唯一分解整环.

例 5.2.4 (1) 设 $d \neq 0, 1$, 且 d 是一个无平方因子的整数, 则在主理想整环 $\mathbb{Q}[x]$ 中, $x^2 - d$ 是不可约元 $\Longleftrightarrow$ $(x^2 - d)$是极大理想 $\Longleftrightarrow$ $\mathbb{Q}[x]/(x^2 - d)$ 是域. (由习题 4.4.7, $\mathbb{Q}[x]/(x^2 - d) \cong \mathbb{Q}[\sqrt{d}]$, 又一次证明了 $\mathbb{Q}[\sqrt{d}]$ 是一个域.)

(2) 由例 5.1.2 (3), 主理想整环 $\mathbb{F}_2[x]$ 中 $f(x) = x^3 + x^2 + 1$ 是不可约元, 所以 $(x^3 + x^2 + 1)$ 是极大理想. 于是, $\mathbb{F}_2[x]/(x^3 + x^2 + 1)$ 是一个域. 由例 4.3.3, 有

$$\mathbb{F}_2[x]/(x^3+x^2+1)=\{\overline{ax^2+bx+c}\ \big|\, a,b,c\in\mathbb{F}_2\}.$$

简单计算得到 $\mathbb{F}_2[x]/(x^3+x^2+1)$ 是包含 8 个元素的有限域.

命题 5.2.2 设 R 是主理想整环, $a,b,\in R$, 则 a,b 的最大公因子存在, 且存在 $u,v\in R$, 使得 a,b 的最大公因子相伴于 $au+bv$.

证明 考查理想 (a,b). 因为 R 是主理想整环, 所以存在 $d\in R$, 使得 $(a,b)=(d)$. 又因为

$$(a,b)=(a)+(b)=\{xa+yb\,\big|\,x,y\in R\},$$

所以存在 $u,v\in R$, 使得 $d=au+bv$. 因为 $a,b\in(d)$, 所以 $d\,\big|\,a, d\,\big|\,b$, 即 d 是 a,b 的公因子. 反过来, 设 d' 是 a,b 的任意一个公因子, 则 $d'\,\big|\,(au+bv)$, 即 $d'\,\big|\,d$. 故 d 是 a,b 的一个最大公因子. □

现在我们介绍欧几里得整环 (Euclidean domain).

定义 5.2.2 设 R 为整环. 如果存在由 $R\setminus\{0\}$ 到非负整数集 $\mathbb{Z}_{\geqslant 0}$ 的映射 d, 满足: 对于任意 $a,b\in R(b\neq 0)$, 存在 $q,r\in R$, 使得

$$a=qb+r,\qquad r=0 \text{ 或 } r\neq 0, d(r)<d(b),$$

则称 R 为**欧几里得整环**.

粗略地说, 欧几里得整环就是能够进行带余除法的环, 例如整数环以及域上的一元多项式环. 对于整数环取 $d(n)=|n|\ (n\in\mathbb{Z})$, 对于域 F 上的一元多项式环取 $d(f(x))=\deg f(x)\ (f(x)\in F[x])$, 则这两种环就满足欧几里得整环的定义 (见定理 1.3.1 和定理 4.3.4). 可以看出, 欧几里得整环 R 定义中的映射 d 就是给 R 中元素 "大小" 的一个度量, 应用这个度量, 环 R 的元素能够进行类似整数的带余除法. 例如, 在欧几里得整环中也有计算最大公因子的辗转相除法.

例 5.2.5 令 $R=\mathbb{Z}[\mathrm{i}]=\{m+n\mathrm{i}\,\big|\,m,n\in\mathbb{Z}\}$ 是高斯整环, 证明: R 是欧几里得整环.

证明 对于任意 $0\neq m+ni\in\mathbb{Z}[\mathrm{i}]$, 定义

$$d(m+n\mathrm{i})=\mathrm{N}(m+n\mathrm{i})=m^2+n^2\in\mathbb{Z}_{\geqslant 0},$$

即 $d(m+n\mathrm{i})$ 是 $m+n\mathrm{i}$ 的范数.

$\forall a = m + n\mathrm{i}$, $b = s + t\mathrm{i} \in R$, $b \neq 0$, 计算得

$$\frac{a}{b} = x + y\mathrm{i},$$

其中 $x = (ms + nt)/(s^2 + t^2) \in \mathbb{Q}, y = (ns - mt)/(s^2 + t^2) \in \mathbb{Q}$. 可选取整数 g, h, 使得

$$|x - g| \leqslant \frac{1}{2}, \quad |y - h| \leqslant \frac{1}{2}.$$

令 $q = g + h\mathrm{i}$ 及

$$\begin{aligned} r = a - qb &= \left(\frac{a}{b} - q\right) b \\ &= (x + y\mathrm{i} - g - h\mathrm{i})b \\ &= ((x - g) + (y - h)\mathrm{i})b, \end{aligned}$$

于是 $q, r \in \mathbb{Z}[\mathrm{i}]$, 且

$$a = qb + r.$$

若 $r \neq 0$, 因为范数函数是可乘的, 所以

$$\begin{aligned} \mathrm{N}(r) &= \mathrm{N}((x - g) + (y - h)\mathrm{i})\mathrm{N}(b) \\ &\leqslant \left(\frac{1}{4} + \frac{1}{4}\right) \mathrm{N}(b) = \frac{1}{2}\mathrm{N}(b) \\ &< \mathrm{N}(b). \end{aligned}$$

这就证明了 R 是欧几里得整环. □

定理 5.2.2 欧几里得整环是主理想整环.

证明 设 R 是欧几里得整环, I 为 R 的理想. 只要证明 I 是主理想即可. 若 $I = (0)$, 则 I 是主理想. 若 $I \neq (0)$, 取 I 中的非零元 b, 使得 $d(b)$ 达到最小 (即 $d(b) = \min\{d(x) \mid x \in I, x \neq 0\}$). 对于任意 $a \in I$, 存在 $q, r \in R$, 使得 $a = qb + r$, 其中 $r = 0$ 或 $r \neq 0, d(r) < d(b)$. 由于 $a, b \in I$, 所以 $r = a - qb \in I$. 于是 $r = 0$ (否则, 与 $d(b)$ 的最小性矛盾), 即 $a = qb$. 这就证明了 $I \subseteq (b)$. 由于 $b \in I$, 所以 $I \supseteq (b)$. 故 $I = (b)$ 是主理想. □

由定理 5.2.1, 立得如下推论:

推论 5.2.1 欧几里得整环是唯一分解整环.

在本节的最后, 我们来讨论一下高斯整环 $\mathbb{Z}[\mathrm{i}]$ 的不可约元. 注意到 $\mathbb{Z}[\mathrm{i}]$ 是欧几里得整环, 也是主理想整环, 当然是唯一分解整环. 而且, 我们已经利用范数证明了 $\mathbb{Z}[\mathrm{i}]$ 的乘法单位群为

$$\mathbb{Z}[\mathrm{i}]^{\times} = \{\alpha \in \mathbb{Z}[\mathrm{i}] \,\big|\, \mathrm{N}(\alpha) = 1\} = \{\pm 1, \pm \mathrm{i}\}.$$

引理 5.2.1 设 $\pi \in \mathbb{Z}[\mathrm{i}]$ 是 $\mathbb{Z}[\mathrm{i}]$ 的不可约元, 则存在素数 $p \in \mathbb{Z}$, 使得 $\pi|p$.

证明 考查范数

$$\mathrm{N}(\pi) = \pi\overline{\pi} = |\pi|^2 \in \mathbb{Z}.$$

由整数的唯一因子分解定理, 有

$$\mathrm{N}(\pi) = p_1 \cdots p_m,$$

其中 $p_1, \cdots, p_m$ 是素数. 又因为 $\mathbb{Z}[\mathrm{i}]$ 是欧几里得整环, 也是主理想整环, 它的不可约元也是素元, 所以存在素数 p_i, 使得 $\pi \,\big|\, p_i$. □

引理 5.2.2 设 $\alpha \in \mathbb{Z}[\mathrm{i}]$. 若 $\mathrm{N}(\alpha) = p$ 为素数, 则 α 是 $\mathbb{Z}[\mathrm{i}]$ 的不可约元.

证明 设 $\alpha = \beta\gamma$ 是 $\mathbb{Z}[\mathrm{i}]$ 中一个分解, 则由命题 4.1.2 (2), 有 $p = \mathrm{N}(\alpha) = \mathrm{N}(\beta)\mathrm{N}(\gamma)$. 由于 p 是素数, 范数的取值也都是非负整数, 所以 $\mathrm{N}(\beta) = 1$ 或 $\mathrm{N}(\gamma) = 1$. 再由命题 4.1.2 (3), 或者 β 是可逆元, $\alpha \sim \gamma$, 或者 γ 是可逆元, $\alpha \sim \beta$, 即 α 是 $\mathbb{Z}[\mathrm{i}]$ 中不可约元. □

引理 5.2.3 设素数 $p \in \mathbb{Z}$, 则存在 $m, n \in \mathbb{Z}$, 使得 $p = m^2 + n^2$ 的充要条件是 p 在 $\mathbb{Z}[\mathrm{i}]$ 中可约; 若 p 在 $\mathbb{Z}[\mathrm{i}]$ 中可约, 则 p 可分解为 $p = (m + n\mathrm{i})(m - n\mathrm{i})$, 且 $m + n\mathrm{i}, m - n\mathrm{i}$ 在 $\mathbb{Z}[\mathrm{i}]$ 中不可约.

证明 设 p 在 $\mathbb{Z}[\mathrm{i}]$ 中可约, 并设 $p = \beta\gamma$, 其中 β, γ 都不是可逆元, 则 $\mathrm{N}(\beta) > 1, \mathrm{N}(\gamma) > 1$ 为正整数. 求范数后得到

$$p^2 = \mathrm{N}(p) = \mathrm{N}(\beta)\mathrm{N}(\gamma),$$

故 $\mathrm{N}(\beta)=\mathrm{N}(\gamma)=p$. 由引理 5.2.2, $\beta=m+n\mathrm{i}$ 是 $\mathbb{Z}[\mathrm{i}]$ 的不可约元. 我们有

$$p=\mathrm{N}(\beta)=(m+n\mathrm{i})(m-n\mathrm{i})=m^2+n^2,$$

其中 $m+n\mathrm{i}, m-n\mathrm{i}$ 是 $\mathbb{Z}[\mathrm{i}]$ 的不可约元, 故上述分解是 p 的不可约因子分解.

反过来, 若存在 $m,n\in\mathbb{Z}$, 使得 $p=m^2+n^2=(m+n\mathrm{i})(m-n\mathrm{i})$, 则 $\mathrm{N}(m+n\mathrm{i})=\mathrm{N}(m-n\mathrm{i})=p$. 故 p 在 $\mathbb{Z}[\mathrm{i}]$ 中可约, 且 $m+n\mathrm{i}, m-n\mathrm{i}$ 在 $\mathbb{Z}[\mathrm{i}]$ 中不可约. □

命题 5.2.3 $\mathbb{Z}[\mathrm{i}]$ 的不可约元 (在相伴意义下) 有且仅有以下三种:

(1) $1+\mathrm{i}$;

(2) $m+n\mathrm{i}, m-n\mathrm{i}$, 其中 $m,n\in\mathbb{Z}$ 满足 $m^2+n^2\equiv 1 \pmod 4$, 且 m^2+n^2 为素数;

(3) 素数 p, 且 $p\equiv 3 \pmod 4$.

证明 由引理 5.2.1, 设 π 是 $\mathbb{Z}[\mathrm{i}]$ 的一个不可约元, 则存在素数 $p\in\mathbb{Z}$, 使得 $\pi \mid p$.

若 $p=2$, 我们有 $2=(1+\mathrm{i})(1-\mathrm{i})$. 计算范数易知 $1+\mathrm{i}$ 是不可约元, 且 $1-\mathrm{i}=-\mathrm{i}(1+\mathrm{i})$ 与 $1+\mathrm{i}$ 相伴. 由于 $\mathbb{Z}[\mathrm{i}]$ 是唯一分解整环, 2 的不可约因式分解在相伴意义下唯一, 故 $\pi\sim 1+\mathrm{i}$.

在 "初等数论" 课程中, 利用二次剩余的理论可证明奇素数 p 可表示为两个平方数之和 (即 $p=m^2+n^2$) 当且仅当 $p\equiv 1 \pmod 4$ (证明可参看相关初等数论的教材, 本书略去其证明).

若 $p\equiv 1 \pmod 4$, 则存在 $m,n\in\mathbb{Z}$, 使得 $p=m^2+n^2=(m+n\mathrm{i})(m-n\mathrm{i})$, 其中 $m+n\mathrm{i}, m-n\mathrm{i}$ 在 $\mathbb{Z}[\mathrm{i}]$ 中不可约 (因其范数为素数). 同样, 由于 $\mathbb{Z}[\mathrm{i}]$ 是唯一分解整环, p 的不可约因子 $\pi\sim m+n\mathrm{i}$ 或 $\pi\sim m-n\mathrm{i}$.

若 $p\equiv 3 \pmod 4$, 则由引理 5.2.3, 可知 p 是 $\mathbb{Z}[\mathrm{i}]$ 的不可约元, 即 $\pi\sim p$. □

习　题

5.2.1 证明: $\mathbb{F}_2[x]/(x^2+x+1)$ 是一个含 4 个元素的有限域.

5.2.2 判断 $\mathbb{F}_3[x]/(x^2+x+1)$ 是否为域.

5.2.3 设 R 是一个整环, 证明: R 是域的充要条件是 $R[x]$ 是主理想整环 (提示: $R[x]/(x) \cong R$).

5.2.4 在高斯整环 $\mathbb{Z}[\mathrm{i}]$ 中, 不用命题 5.2.3 直接证明下述元素是不可约元, 也是素元:

(1) $1+\mathrm{i}$; (2) $3-2\mathrm{i}$; (3) 7; (4) $2+5\mathrm{i}$.

5.2.5 在高斯整环 $\mathbb{Z}[\mathrm{i}]$ 中, 证明:

$$(1+\mathrm{i}) = \{x+y\mathrm{i} \,|\, x, y \text{ 同时为奇数或同时为偶数}\}.$$

5.2.6 证明: 高斯整环 $\mathbb{Z}[\mathrm{i}]$ 的商环 $\mathbb{Z}[\mathrm{i}]/(1+\mathrm{i})$ 是域, 并且是 2 元域.

5.2.7 设 R 是整环, $a, b, d \in R$, 证明: 二元生成理想 (a, b) 等于主理想 (d) 当且仅当 d 是 a, b 的最大公因子且 d 可表为 a, b 的组合.

5.2.8 在 $\mathbb{Q}[x]$ 中, 证明: 理想 $(x, 2) = (1) = \mathbb{Q}[x]$, 且最大公因子 $\gcd(x, 2) = 1$.

5.2.9 在 $\mathbb{Z}[x]$ 中, 证明: 最大公因子 $\gcd(x, 2) = 1$.

5.2.10 证明: $\mathbb{Z}[\sqrt{-3}], \mathbb{Z}[\sqrt{-5}], \mathbb{Z}[x]$ 不是欧几里得整环.

5.2.11 证明: $\mathbb{Z}[\sqrt{2}]$ 是欧几里得整环.

5.2.12 证明: $\mathbb{Z}[\sqrt{-2}]$ 是欧几里得整环.

5.2.13 证明: $\mathbb{Z}[\sqrt{3}]$ 是欧几里得整环.

5.2.14 设 R 是主理想整环, D 是包含 R 的主理想整环, $a, b, d \in R$, d 是 a, b 在 R 中的最大公因子, 证明: d 也是 a, b 在 D 中的最大公因子.

§5.3 唯一分解整环上的多项式环

本节将证明唯一分解整环上的多项式环仍是唯一分解整环. 这就提供了更多的唯一分解整环.

定义 5.3.1 设 R 是唯一分解整环, $f(x) \in R[x]$. $f(x)$ 的各项系数的最大公因子称为 $f(x)$ 的**容度**, 记为 $\mathrm{c}(f(x))$. 若 $\deg f(x) \geqslant 1$, 且

$\mathrm{c}(f(x))=1$, 则称 $f(x)$ 为 $R[x]$ 中的**本原多项式**.

例如, $R[x]$ 中的首一多项式一定是本原的; 在高斯整环 $\mathbb{Z}[\mathrm{i}]$ 中, $3, 1+\mathrm{i}$ 是两个不相伴的素数 (见命题 5.2.3), 故 $3x^2+(1+\mathrm{i})x+5\mathrm{i}$ 是 $\mathbb{Z}[\mathrm{i}]$ 中的一个本原多项式.

设 R 是唯一分解整环, 则由定理 4.3.3, $R[x]$ 也是整环, 且 $R[x]^{\times}=R^{\times}$. 设 $f(x)\in R[x]$ 是 $R[x]$ 中的不可约元, 那么由不可约元的定义, 若 $f(x)=g(x)h(x)(g(x),h(x)\in R[x])$, 则可推出 $g(x)$ 或 $h(x)$ 是 R 中的乘法可逆元, 即 $g(x)=g\in R^{\times}$ 或 $h(x)=h\in R^{\times}$. 于是, 我们有下述引理:

引理 5.3.1 设 R 是唯一分解整环.

(1) 若 $f(x)=f\in R$ 是 $R[x]$ 中的零次常数多项式, 则 f 是 $R[x]$ 中的不可约元当且仅当 f 是 R 中的不可约元;

(2) 若 $f(x)\in R[x]$ 是 $R[x]$ 中次数高于或等于 1 的不可约元, 则 $f(x)$ 是本原多项式.

证明 (1) 设 $f=g(x)h(x), g(x),h(x)\in R[x]$, 则由次数公式 (定理 4.3.3 (1)), 有 $g(x)=g\in R, h(x)=h\in R$, 即它们均是零次常数多项式. 故由不可约的定义, 零次多项式 f 是 $R[x]$ 中的不可约元当且仅当 f 是 R 中的不可约元.

(2) 设 $c=\mathrm{c}(f(x))\in R$, 则有分解 $f(x)=cf_1(x)$, 其中 $f_1(x)$ 是本原多项式, $\deg f_1(x)=\deg f(x)\geqslant 1$. 由于 $f(x)$ 不可约, 故 $c\in R^{\times}$, 即在 R 中 $c\sim 1$. 这说明 $f(x)$ 是本原的. □

引理 5.3.2 (高斯引理) 设 R 是唯一分解整环, 则 $R[x]$ 中两个本原多项式的乘积仍为 $R[x]$ 中的本原多项式.

证明 设

$$g(x)=a_0+a_1x+\cdots+a_nx^n,\quad a_i\in R,$$
$$h(x)=b_0+b_1x+\cdots+b_mx^m,\quad b_j\in R$$

为 $R[x]$ 中的本原多项式. 为了方便起见, 下设

$$a_{n+1}=a_{n+2}=\cdots=0,\quad b_{m+1}=b_{m+2}=\cdots=0.$$

令 $f(x)=g(x)h(x)$, 假设 $f(x)$ 不是本原多项式. 取 $f(x)$ 的各系数的一个公共不可约因子 $p\in R$. 由于 R 是唯一分解整环, 所以 p 也是 R 的素元. 由于 $g(x),h(x)$ 均是本原多项式, 所以存在 r $(0\leqslant r\leqslant n)$ 和 s $(0\leqslant s\leqslant m)$, 使得

$$p\,|\,a_0,\cdots,p\,|\,a_{r-1},\ \text{但}\ p\nmid a_r,$$
$$p\,|\,b_0,\cdots,p\,|\,b_{s-1},\ \text{但}\ p\nmid b_s.$$

于是 $f(x)$ 的 x^{r+s} 的系数为

$$c_{r+s}=(a_0b_{r+s}+\cdots+a_{r-1}b_{s+1})+a_rb_s+(a_{r+1}b_{s-1}+\cdots+a_{r+s}b_0).$$

上式中只有一项, 即 a_rb_s 不被 p 整除, 其余各项都被 p 整除, 这导致 $p\nmid c_{r+s}$, 与 $p\,|\,\mathrm{c}(f(x))$ 矛盾. □

设 $p\in R$ 是 $R[x]$ 中的零次不可约元, 则 p 也是 R 中的不可约元. 由于 R 是唯一分解整环, 故 p 是 R 中的素元. 那么, 我们自然要问: p 在 $R[x]$ 中是素元吗?

推论 5.3.1 设 R 是唯一分解整环, p 是 R 中的素元, 则 p 也是 $R[x]$ 中的素元.

证明 设 $p\,|\,g(x)h(x)$, 其中

$$g(x)=a_0+a_1x+\cdots+a_nx^n,\quad a_i\in R,$$
$$h(x)=b_0+b_1x+\cdots+b_mx^m,\quad b_j\in R.$$

若 $p\nmid g(x),p\nmid h(x)$, 则存在 r $(0\leqslant r\leqslant n)$ 和 s $(0\leqslant s\leqslant m)$, 使得

$$p\,|\,a_0,\cdots,p\,|\,a_{r-1},\ \text{但}\ p\nmid a_r,$$
$$p\,|\,b_0,\cdots,p\,|\,b_{s-1},\ \text{但}\ p\nmid b_s.$$

类似于高斯引理的证明, 可推出 p 不整除 $g(x)h(x)$ 中 x^{r+s} 的系数, 因此与 $p\,|\,g(x)h(x)$ 矛盾. 故 $p\,|\,g(x)$ 或 $p\,|\,h(x)$. 这就证明了 p 也是 $R[x]$ 中的素元. □

设 R 是唯一分解整环, K 是 R 的分式域, $f(x)\in R[x]$, 自然地 $f(x)\in K[x]$. 由于 $K[x]$ 是欧几里得整环, 当然是主理想整环, 也是唯

一分解整环, 所以 $f(x)$ 在 $K[x]$ 中有不可约因子的唯一分解. 下面我们将利用 $K[x]$ 的唯一分解性来证明 $R[x]$ 的唯一分解性.

引理 5.3.3 设 R 是唯一分解整环, K 是 R 的分式域, $f(x)\in K[x]$ 是次数高于或等于 1 的多项式.

(1) 存在 $r\in K$, 使得 $f(x)=rg(x)$, 其中 $g(x)\in R[x]$ 是本原的. 若 $f(x)\in R[x]$, 则上式中的 r 可取自 R.

(2) 又设 $f(x)=r_1g_1(x)$, 其中 $r_1\in K, g_1(x)\in R[x]$ 是本原的, 并在 K 中令 $u=r^{-1}r_1$, 则 $u\in R^\times$ (此时 $g(x)=ug_1(x)$, 故 $g(x)$ 与 $g_1(x)$ 在 $R[x]$ 中相伴).

(3) 设 $a(x)=b(x)c(x)$, 其中 $a(x),b(x)\in R[x]$, $b(x)$ 是本原的, $c(x)\in K[x]$, 则 $c(x)$ 实际是 R 上的多项式, 即 $c(x)\in R[x]$.

证明 (1) 由于 K 是 R 的分式域, $f(x)$ 的各项系数可表示成 $\frac{a_i}{b_i}, a_i, b_i\in R, b_i\neq 0$, 即可设

$$f(x)=\frac{a_n}{b_n}x^n+\cdots+\frac{a_1}{b_1}x+\frac{a_0}{b_0},\quad n\geqslant 1.$$

取 b 是 $b_0,\cdots,b_n$ 在 R 中的最小公倍数, 于是 $bf(x)\in R[x]$. 令 $c=\mathrm{c}(bf(x))$, 则 $bf(x)=cg(x)$, 其中 $g(x)\in R[x]$ 是本原多项式. 取 $r=\frac{c}{b}\in K$ 即可. 特别地, 若 $f(x)\in R[x]$, 则 $b=1$, 故 $r\in R$.

(2) 设 $r=\frac{m}{n}, r_1=\frac{m_1}{n_1}$, 其中 $m,n,m_1,n_1\in R$. 由于 $rg(x)=r_1g_1(x)$, 所以在 $R[x]$ 中有等式 $mn_1g(x)=m_1ng_1(x)$. 注意到容度 $\mathrm{c}(mn_1g(x))=mn_1$, 而 $\mathrm{c}(m_1ng_1(x))=m_1n$, 故在 R 中 $mn_1\sim m_1n$. 于是存在 $u\in R^\times$, 使得 $m_1n=u(mn_1)$. 计算可得 $u=r^{-1}r_1$.

(3) 由 (1) 可设 $a(x)=aa_1(x)$ ($a\in R, a_1(x)$ 是本原多项式), $c(x)=rc_1(x)$ ($r\in K, c_1(x)$ 是本原多项式), 则 $a(x)=aa_1(x)=rb(x)c_1(x)$. 由高斯引理, 可知 $b(x)c_1(x)$ 仍然是本原多项式. 再由 (2), 可知 $a^{-1}r\in R^\times$. 因为 $a\in R$, 所以 $r\in R$. 这就推出 $c(x)=rc_1(x)\in R[x]$. □

一般说来, 如果将多项式的系数取值范围扩大, 则不可约多项式可能变成可约的. 例如, x^2+1 在 $\mathbb{R}[x]$ 中不可约, 但在 $\mathbb{C}[x]$ 中就可约了. 但是, 由高斯引理可以得到以下结果:

命题 5.3.1 设 R 是唯一分解整环, K 是 R 的分式域, $f(x) \in R[x]$, $\deg f(x) \geqslant 1$. 如果 $f(x)$ 在 $K[x]$ 中可约, 则 $f(x)$ 在 $R[x]$ 中也可约且可分解为两个次数低于 $\deg f(x)$ 的多项式的乘积.

证明 因为 $f(x)$ 在 $K[x]$ 中可约, 所以存在 $g(x), h(x) \in K[x]$ (次数均低于 $\deg f(x)$), 使得 $f(x) = g(x)h(x)$. 由引理 5.3.3 (1), 存在 $a, b \in K, d \in R$, 使得

$$f(x) = df_1(x), \quad g(x) = ag_1(x), \quad h(x) = bh_1(x),$$

其中 $f_1(x), g_1(x), h_1(x) \in R[x]$ 是本原多项式. 于是有

$$f(x) = df_1(x) = abg_1(x)h_1(x).$$

因为 $g_1(x)h_1(x)$ 也是本原多项式, 由引理 5.3.3 (2), 在 K 中 $abd^{-1} \in R^{\times}$, 又因为 $d \in R$, 故 $ab \in R$. 所以, $f(x)$ 在 $R[x]$ 中也可分解为两个次数低于 $\deg f(x)$ 的多项式的乘积, 故在 $R[x]$ 中可约. □

由引理 5.3.1, $R[x]$ 中次数高于或等于 1 的不可约元都是本原的. 设 $f(x) \in R[x]$ 是一个本原多项式, 并设 $g(x) \in R[x]$ 是 $f(x)$ 的一个因式. 若 $g(x) = g \in R$, 即 $g(x)$ 是零次常数多项式, 则容易推出在 R 中 $g \,\big|\, \mathrm{c}(f(x))$. 故 $g \in R^{\times}$. 若 $\deg g(x) \geqslant 1$, 提取其容度可得到分解 $g(x) = \mathrm{c}(g(x))g_1(x)$, 其中 $g_1(x)$ 是本原多项式. 这就推出 $\mathrm{c}(g(x)) \,\big|\, f(x)$. 由于 $f(x)$ 是本原多项式, 可推出 $\mathrm{c}(g(x)) = 1$, 即 $g(x)$ 也是本原多项式. 这就证明了下述推论 5.3.2 中的结论 (1), 其结论 (2) 的证明留给读者完成. 注意到在 $K[x]$ 中 $K^* \supseteq R^*$ 是其乘法单位群, 推论 5.3.2 (2) 的结论对非本原多项式一般不成立. 例如, $2x$ 是 $\mathbb{Q}[x]$ 中的不可约多项式, 但它在 $\mathbb{Z}[x]$ 中可约, $2, x$ 是其两个非平凡因子.

推论 5.3.2 设 R 是唯一分解整环, K 是 R 的分式域, $f(x) \in R[x]$ 是本原多项式.

(1) 若 $g(x)$ 是 $f(x)$ 在 $R[x]$ 中的非平凡因子, 则 $g(x)$ 是次数低于 $\deg f(x)$ 的本原多项式 (等价地, 若 $f(x)$ 是 $R[x]$ 中的可约本原多项式, 则存在本原多项式 $g(x), h(x) \in R[x]$, 使得 $f(x) = g(x)h(x)$, 其中 $1 \leqslant \deg g(x), \deg h(x) < \deg f(x)$).

(2) $f(x)$ 在 $R[x]$ 中不可约的充要条件是 $f(x)$ 在 $K[x]$ 中不可约.

类似于 “高等代数” 课程中的证明, 我们可得到下述艾森斯坦 (Eisenstein) 判别法, 证明留给读者:

命题 5.3.2 (艾森斯坦判别法) 设 R 是唯一分解整环,

$$f(x) = a_n x^n + a_{n-1} x^{n-1} + \cdots + a_0 \in R[x].$$

如果存在 R 的不可约元 p, 满足 $p \nmid a_n$, $p \mid a_i (i \in \{0, 1, \cdots, n-1\})$, $p^2 \nmid a_0$, 则 $f(x)$ 在 $K[x]$ 中不可约 (K 是 R 的分式域).

例 5.3.1 设 p 是一个素数,

$$\Phi_p(x) = \frac{x^p - 1}{x - 1} = x^{p-1} + x^{p-2} + \cdots + x + 1 \in \mathbb{Z}[x],$$

则

$$\Phi_p(x+1) = x^{p-1} + p x^{p-2} + \cdots + \frac{p(p-1)}{2} x + p \in \mathbb{Z}[x],$$

取素数 p, 应用艾森斯坦判别法, 易知 $\Phi_p(x+1)$ 在 $\mathbb{Q}[x]$ 中不可约. 再由首一性及推论 5.3.2 (2) 知 $\Phi_p(x+1)$ 在 $\mathbb{Z}[x]$ 中也不可约. 于是, $\Phi_p(x)$ 也是 $\mathbb{Q}$ (及 $\mathbb{Z}$) 上的不可约多项式. 这是因为, 如果 $\Phi_p(x)$ 可在 $\mathbb{Q}$ 上分解成两个次数严格降低的多项式的乘积: $\Phi_p(x) = f(x)g(x)$, 则 $\Phi_p(x+1) = f(x+1)g(x+1)$, 即 $\Phi_p(x+1)$ 也可分解成两个次数严格降低的多项式的乘积. 这与 $\Phi_p(x+1)$ 不可约矛盾.

下面我们来证明本节的主要定理.

定理 5.3.1 唯一分解整环上的多项式环仍是唯一分解整环.

证明 设 R 是唯一分解整环. 首先证明 $R[x]$ 满足因子链条件. 设 $f(x) \in R[x]$ 非零, 不可逆, 令 $c = \mathrm{c}(f(x))$, 并设 $f(x) = cg(x)$. 若 $c \notin R^\times$, 则由 R 是唯一分解整环, c 等于有限多个 R 中不可约因子的乘积, 即

$$c = p_1 \cdots p_t,$$

其中 $p_i \in R (1 \leqslant i \leqslant t)$ 是 R 中的不可约元. 由引理 5.3.1 (1), p_i 也是 $R[x]$ 中的不可约元. 若 $\deg g(x) \geqslant 1$, 则 $g(x)$ 是本原多项式. 若 $g(x)$ 可约, 则由推论 5.3.2 (1), 有 $g(x) = g_1(x) g_2(x)$, 其中 $g_1(x), g_2(x)$ 都是

次数低于 $\deg g(x)$ 的本原多项式. 因此, 可对本原多项式 $g(x)$ 的次数用归纳法证明 $g(x)$ 可分解为有限多个不可约本原多项式的乘积, 即

$$g(x) = q_1(x) \cdots q_r(x),$$

其中 $q_j(x)(1 \leqslant j \leqslant r)$ 是不可约本原多项式. 于是

$$f(x) = p_1 \cdots p_t q_1(x) \cdots q_r(x)$$

可分解为 $R[x]$ 中不可约元的乘积. 这就证明了 $R[x]$ 满足因子链条件.

为了证明定理, 只要证明 $R[x]$ 的不可约元必是素元即可. 设 $f(x)$ 为 $R[x]$ 的不可约元, 由推论 5.3.1, 可设 $\deg f(x) \geqslant 1$, 即 $f(x)$ 是不可约本原多项式. 又设 $f(x)|g(x)h(x)$, 其中 $g(x), h(x) \in R[x]$, 往证 $f(x)$ 整除 $g(x)$ 或 $h(x)$.

以 K 记 R 的分式域. 由推论 5.3.2, 知 $f(x)$ 在 $K[x]$ 中不可约. 而 $K[x]$ 是唯一分解整环, 所以 $f(x)$ 是 $K[x]$ 中的素元. 于是, 在 $K[x]$ 中 $f(x)$ 整除 $g(x)$ 或 $h(x)$. 不妨设 $f(x)|g(x)$, 即存在 $d(x) \in K[x]$, 使得 $g(x) = f(x)d(x)$. 再由引理 5.3.3, 有 $d(x) \in R[x]$, 即在 $R[x]$ 中 $f(x) \,\big|\, g(x)$. □

由上述定理, 我们知道 $\mathbb{Z}[x]$ 是唯一分解整环, 但例 5.2.2 告诉我们 $\mathbb{Z}[x]$ 不是主理想整环, 更不是欧几里得整环.

推论 5.3.3 唯一分解整环上的多元多项式环是唯一分解环.

戴德金

证明 对多项式环的不定元个数做数学归纳法即可. □

历史的注 把正整数可唯一分解成素因子连乘积的著名定理推广到一般的整环上主要是德国数学家戴德金 (R. Dedekind, 1831—1916) 的功劳. 他首先提出了环的理想的概念, 研究了理想分解成素理想连乘积的问题, 他也是第一个提出“模”的概念并对其进行研究的人.

戴德金出生于不伦瑞克公国, 是著名数学家高斯的关门弟子. 1852 年, 他在哥

廷根大学获得博士学位. 毕业后他去柏林两年, 和著名数学家黎曼共同进行研究, 并于 1854 年回到哥廷根教授数学. 他在代数、数论、几何等方面都作出了重要的贡献.

习　题

5.3.1 设 R 是有单位交换环, 令 I 是 R 的一个理想, 定义 $I[x]$ 为系数属于 I 的全体多项式, 证明: $I[x]$ 是 $R[x]$ 的一个理想, 且 $R[x]/I[x] \cong (R/I)[x]$. 特别地, 如果 I 是 R 的素理想, 则 $I[x]$ 也是 $R[x]$ 的素理想 (由此可给出推论 5.3.1 的另一个证明).

5.3.2 写出 $\mathbb{Z}[x]$ 中的全体不可约元, 并叙述其上的唯一因子分解定理.

5.3.3 证明艾森斯坦判别法, 即命题 5.3.2.

5.3.4 判断下列多项式在一元多项式环 $\mathbb{Q}(\mathrm{i})[x]$ 中是否可约:

(1) $x^{p-1} + x^{p-2} + \cdots + 1$, 其中 p 为奇素数;

(2) $x^4 + (8 + \mathrm{i})x^3 + (3 - 4\mathrm{i})x + 5$;

(3) $x^3 + 12x^2 + 18x + 6$.

第 6 章　域

§6.1　域的特征

域 F 也是加法交换群, 如同在 §2.1 中定义的, $\forall n \in \mathbb{Z}$, $\forall a \in F$, 我们总用符号 na 来记 a 的 n 倍, 此时 $na \in F$. 在例 2.3.2 中, 有限域 $GF(p)$ 的单位元 1 的 p 倍等于 0, 而当 $1 \leqslant n < p$ 时, $n1 \neq 0$, 即在加法群中阶 $o(1) = p$. 而在有理数域 $\mathbb{Q}$ 中, 1 的任何非零倍数都不等于 0, 即在 $(\mathbb{Q}, +)$ 中 $o(1) = \infty$. 这就导致了如下定义:

定义 6.1.1　设 F 是域, 记单位元 1 在加法群中的阶为 $o(1)$. 若 $o(1) = n < \infty$, 则称 F 的**特征**为 n, 记为 $\operatorname{char}(F) = n$; 若 $o(1) = \infty$, 则称 F 的特征为 0, 记为 $\operatorname{char}(F) = 0$.

由定义 6.1.1, 我们知道 $\operatorname{char}(GF(p)) = p$, $\operatorname{char}(\mathbb{Q}, \mathbb{R}, \mathbb{C}) = 0$. 我们有下述简单的引理:

引理 6.1.1　设 F 为域, 1 是 F 的单位元. $\forall a \in F$, $\forall n, m \in \mathbb{Z}$, 有:

(1) $(n1)(m1) = (nm)1$;

(2) $n1 + m1 = (n+m)1$;

(3) $ma = (m1)a$;

(4) 若 $a \neq 0$, 则 $ma = 0 \Longleftrightarrow m1 = 0$ (即 F 的加法群中 $o(a) = o(1)$).

证明　下面只证 $n, m \in \mathbb{Z}^+$ 的情形, 其他情形留给读者证明.

$$(1)\ (n1)(m1) = (\overbrace{1 + \cdots + 1}^{n个})(\overbrace{1 + \cdots + 1}^{m个}) = \overbrace{1 + \cdots + 1}^{nm个} = (nm)1.$$

$$(2)\ n1 + m1 = (\overbrace{1 + \cdots + 1}^{n个}) + (\overbrace{1 + \cdots + 1}^{m个}) = (\overbrace{1 + \cdots + 1}^{n+m个}) = (n+m)1.$$

$$(3)\ ma = (\overbrace{a + \cdots + a}^{m个}) = (\overbrace{1 + \cdots + 1}^{m个})a = (m1)a.$$

(4) 由 (3), 可知 $ma=0 \Longleftrightarrow (m1)a=0$. 由于 $a \neq 0$, 由消去律, 有

$$(m1)a=0 \Longleftrightarrow m1=0. \qquad \square$$

命题 6.1.1 设 F 是域. 如果 $\mathrm{char}\,(F)\neq 0$, 则 $\mathrm{char}\,(F)$ 必为素数.

证明 设 $\mathrm{char}\,(F)=n$, 1 是 F 的单位元. 用反证法. 假如 n 不是素数, 则 $n=uv$, 其中 u,v 为小于 n 的正整数. 于是, 由引理 6.1.1 (1), 有

$$(u1)(v1)=(uv)1=n1=0.$$

由特征 n 的最小性, 知 $u1\neq 0$, $v1\neq 0$, 这样 $u1, v1$ 就是 F 的零因子, 与域没有零因子矛盾. $\square$

特征为 p 的域有如下一些基本运算性质:

命题 6.1.2 设域 F 的特征是素数 p, 则 $\forall a,b\in F\setminus\{0\},\forall m\in\mathbb{Z}$, 有:

(1) $ma=0 \Longleftrightarrow p\,\big|\,m$;

(2) $(a\pm b)^p=a^p\pm b^p$.

证明 (1) 由引理 6.1.1 (4), F 的加法群中 $o(a)=o(1)=p$. 再利用命题 3.2.6 (1), 立得结论.

(2) 的证明留作习题. $\square$

下面的命题说明 $\mathbb{Q}$ 和 $GF(p)$ 涵盖了所有最小的域.

命题 6.1.3 设 F 是域. 如果 $\mathrm{char}\,(F)=0$, 则 F 必含有与 $\mathbb{Q}$ 同构的子域; 如果 $\mathrm{char}\,(F)=p>0$, 则 F 必含有与 $GF(p)$ 同构的子域.

证明 设 1 是域 F 的单位元.

首先设 $\mathrm{char}\,F=0$. 对于 $m,n\in\mathbb{Z}$, $m\neq 0$, 由于 $\mathrm{char}\,(F)=0$, 故 $m1\neq 0$. 于是, 我们可以定义映射

$$\begin{aligned}\varphi:\ &\mathbb{Q}\to F,\\ &\frac{n}{m}\mapsto (n1)(m1)^{-1}.\end{aligned}$$

先证 φ 是良定义的. 若 $\dfrac{n}{m}=\dfrac{n_1}{m_1}$, 则 $m_1n=mn_1$. 故

$$(m_1n)1=(mn_1)1,$$

即 $(m_1 1)(n1) = (m1)(n_1 1)$. 所以

$$(n1)(m1)^{-1} = (n_1 1)(m_1 1)^{-1},$$

即 $\varphi\left(\dfrac{n}{m}\right) = \varphi\left(\dfrac{n_1}{m_1}\right)$.

再验证 φ 保持加法、乘法运算. 我们有

$$\begin{aligned}\varphi\left(\frac{n}{m}+\frac{n_1}{m_1}\right) &= \varphi\left(\frac{nm_1+n_1m}{mm_1}\right) = ((nm_1+n_1m)1)((mm_1)1)^{-1} \\ &= ((nm_1)1+(n_1m)1)(m1)^{-1}(m_1 1)^{-1},\end{aligned}$$

而

$$\begin{aligned}&\varphi\left(\frac{n}{m}\right)+\varphi\left(\frac{n_1}{m_1}\right) = (n1)(m1)^{-1}+(n_1 1)(m_1 1)^{-1} \\ &= ((n1)(m1)^{-1}(m1m_1 1)+(n_1 1)(m_1 1)^{-1}(m1m_1 1))(m1)^{-1}(m_1 1)^{-1} \\ &= ((nm_1)1+(n_1m)1)(m1)^{-1}(m_1 1)^{-1},\end{aligned}$$

所以

$$\varphi\left(\frac{n}{m}+\frac{n_1}{m_1}\right) = \varphi\left(\frac{n}{m}\right)+\varphi\left(\frac{n_1}{m_1}\right).$$

又有

$$\begin{aligned}\varphi\left(\frac{n}{m}\frac{n_1}{m_1}\right) = \varphi\left(\frac{nn_1}{mm_1}\right) &= ((nn_1)1)((mm_1)1)^{-1} \\ &= ((n1)(n_1 1))((m1)(m_1 1))^{-1} \\ &= ((n1)(m1)^{-1})((n_1 1)(m_1 1)^{-1}) \\ &= \varphi\left(\frac{n}{m}\right)\varphi\left(\frac{n_1}{m_1}\right).\end{aligned}$$

所以, φ 是环同态. 下面计算域 $\mathbb{Q}$ 的理想 $\ker\varphi$. 由于

$$\varphi\left(\frac{n}{m}\right) = (n1)(m1)^{-1} = 0 \Longleftrightarrow (n1) = 0,$$

又由于 $\operatorname{char} F = 0$, 所以 $n = 0$. 这就推出 $\ker\varphi = (0)$.

根据环同态基本定理, 我们得到

$$\mathbb{Q} = \mathbb{Q}/(0) = \mathbb{Q}/\ker\varphi \cong \operatorname{im}\varphi,$$

所以 $\operatorname{im}\varphi \cong \mathbb{Q}$ 是 F 的子域. 这就完成了 $\operatorname{char} F = 0$ 的情形的证明.

现在设 $\operatorname{char} F = p > 0$. 如下定义映射:

$$\begin{aligned} \varphi:\ & \mathbb{Z} \to F, \\ & n \mapsto n1, \quad \forall n \in \mathbb{Z}, \end{aligned}$$

显然, 由引理 6.1.1 (1), (2), φ 是环同态. 设 $n \in \ker\varphi$, 即 $n1 = 0 \in F$. 由命题 6.1.2 (1), 有

$$n1 = 0 \in F \Longleftrightarrow p \,\big|\, n \Longleftrightarrow n \in p\mathbb{Z}.$$

这说明 $p\mathbb{Z} = \ker\varphi$. 由环同态基本定理, 可知

$$\mathbb{Z}/p\mathbb{Z} \cong \operatorname{im}\varphi,$$

所以 $\operatorname{im}\varphi \cong GF(p)$ 是 F 的子域. □

$\mathbb{Q}$ 和 $GF(p)$ 都称为**素域**, 它们不包含任何真子域 (见习题 6.1.4, 6.1.5). 命题 6.1.3 说明任意一个域都是某个素域的扩域, 这个素域就是包含乘法单位元 1 的所有子域的交, 即包含 1 的最小的子域. 所以, 任意域中所包含的素域是唯一的.

由于域也是环, 域的**同态**就是其作为环的环同态, 而域的**同构**就是环同构. 由例 4.4.2 (2), 域的同态只有两种, 即单同态 (核为理想 (0)) 和零同态 (核为域自身). 域的单同态也称为**域嵌入**. 设域 F 是域 K 和 E 的公共子域. 如果 $\sigma: K \to E$ 是一个域嵌入, 并且 σ 在 F 上的限制是恒等映射, 即 $\sigma(\alpha) = \alpha$ $(\forall\, \alpha \in F)$, 则称 σ 为 F-**嵌入**. 进一步, 如果 σ 是同构, 则称 σ 为 F-**同构**.

习　　题

6.1.1　证明: 命题 6.1.2 (2).

6.1.2 设 L 是域 F 的子域, 证明: $L\setminus\{0\}$ 是 $F\setminus\{0\}$ 的乘法子群, 而且 F 的单位元 $1\in L$.

6.1.3 设 F 是一个域, L_i ($i\in I, I$ 是一个指标集) 是 F 的子域, 证明: $\bigcap\limits_{i\in I} L_i$ 是 F 的子域.

6.1.4 设 L 是 $\mathbb{Q}$ 的子域, 于是 $1\in L$. 证明: 1 生成的加法循环群 $\mathbb{Z}=\langle 1\rangle\subset L$, 继而 $\mathbb{Z}$ 的商域 $\mathbb{Q}\subseteq L$, 从而 $L=\mathbb{Q}$ (所以, $\mathbb{Q}$ 是由 1 生成的最小子域).

6.1.5 设 L 是 $GF(p)$ 的子域, 于是 $\bar{1}\in L$. 证明: $L=GF(p)$ (所以, $GF(p)$ 是由 $\bar{1}$ 生成的最小子域).

6.1.6 $\forall\alpha\in GF(p)$, 证明: $\alpha^p=\alpha$.

6.1.7 证明: 若 $f(x)=a_nx^n+\cdots+a_1x+a_0\in GF(p)[x]$, 则

$$f(x^p)=f(x)^p.$$

6.1.8 设 φ 是 $\mathbb{Q}\to\mathbb{Q}$ 的域自同构 (即环同构), 证明: $\varphi(1)=1$, 且 φ 是 $\mathbb{Q}$ 上的恒等映射.

6.1.9 设 K 和 E 是两个数域 (即复数域的子域), $\sigma: K\to E$ 是一个域嵌入, 证明: σ 是 $\mathbb{Q}$-嵌入.

§6.2 域扩张、域的单扩张

在命题 6.1.3 中, 我们证明了任一域都包含着某个素域, 即任一域都是某个素域的扩域.

如果 F 是 K 的子域, 就称 K 是 F 的**扩域**, 或称 K 是 F 的**域扩张**, 记为 K/F. 域论的主要内容就是研究域的扩张.

我们先引入一些术语和记号.

定义 6.2.1 设 K 是 F 的扩域, 集合 $S\subseteq K$. 所谓 F 上**添加 S 生成的 (子) 域**是指 K 的所有包含 $F\cup S$ 的子域的交, 记为 $F(S)$, 即

$$F(S)=\bigcap_{S\cup F\subseteq L} L,$$

其中 L 是 K 的子域. 若 $K=F(S)$, 则称 S 为K 在 F 上的**生成系**, 亦称 K 是 F 上**添加** S **生成的**. 若 $S=\{\alpha_1,\cdots,\alpha_t\}$, 则可记

$$F(S)=F(\alpha_1,\cdots,\alpha_t).$$

可以在 F 上添加有限集合生成的扩域称为 F 上**有限生成**的域, 否则称为 F 上**无限生成**的域. 特别地, 可以在 F 上只添加一个元素 (组成的集合) 生成的扩域称为 F 的一个**单扩张**.

设 K/F 是域扩张, $S\subseteq K$. 由定义 6.2.1, 可知 F 上添加 S 生成的子域 $F(S)$ 是 K 的包含 $F\cup S$ 的最小子域, 即若 K 有包含 $F\cup S$ 的子域 L, 则必有 $F(S)\subseteq L$.

引理 6.2.1 设 K/F 是域扩张, $S\subseteq K, L\subseteq K$, 则

$$F(S\cup L)=F(S)(L)=F(L)(S).$$

证明 只需证明 $F(S\cup L)=F(S)(L)$ 即可.

因为 F 的扩域 $F(S)(L)$ 包含子集 $F\cup S\cup L$, 所以由生成子域的最小性, 可知 $F(S\cup L)\subseteq F(S)(L)$; 同样, 由于 F 的扩域 $F(S\cup L)$ 包含 $F\cup S$, 所以由生成子域的最小性, 可知 $F(S)\subseteq F(S\cup L)$. 又因为 $L\subseteq F(S\cup L)$, 再由生成子域的最小性, 可知 $F(S)(L)\subseteq F(S\cup L)$. □

定义 6.2.2 设 K/F 是域扩张, 令 $t_1,\cdots,t_n\in K$. 如果存在系数在 F 中的非零多项式 $f(x_1,\cdots,x_n)$, 使得 $f(t_1,\cdots,t_n)=0$, 则称 $t_1,\cdots,t_n$ 在 F 上**代数相关**; 否则, 称 $t_1,\cdots,t_n$ 在 F 上**代数无关** . 特别地, 如果 K 中的一个元素 t 在 F 上是代数相关的 (t 是 $F[x]$ 中某个非零多项式的零点), 则称 t 是 F 上的**代数元**. K 中不是 F 上的代数元的元素称为 F 上的**超越元**

例如, F 中的任意元素 a 都是 F 上的多项式 $x-a$ 的零点, 所以是 F 上的代数元. 如果 K 的所有元素都是 F 上的代数元, 则称域扩张 K/F 为**代数扩张**; 否则, 称 K/F 为**超越扩张**

例 6.2.1 (1) e,π 都是 $\mathbb{Q}$ 上的超越元, 其中 e 是自然对数底, π 是圆周率 (证明过程可参见文献 [4]).

(2) 因为 $\sqrt{2},\sqrt[3]{2},\sqrt{2}+\sqrt{3}$ 分别是 x^2-2,x^3-2,x^4-10x^2+1 的根, 所以 $\sqrt{2},\sqrt[3]{2},\sqrt{2}+\sqrt{3}$ 都是 $\mathbb{Q}$ 上的代数元.

下面讲述最简单的域扩张, 即添加一个元素生成的域扩张 —— 单扩张.

设 K/F 是域扩张, $\alpha \in K$. 在 §4.3 中, 我们定义了 F 上添加 α 生成的子环

$$F[\alpha] = \{f(\alpha) \,\big|\, f(x) \in F[x]\}.$$

这是 K 的包含 $F \cup \{\alpha\}$ 的最小的环, 注意到 $F[\alpha]$ 是域 K 的包含 1 的子环, 由于域中的非零元都不是零因子, 所以 $F[\alpha]$ 是整环.

而 F 上添加 α 生成的子域 $F(\alpha)$ 首先要包含整环 $F[\alpha]$, 由推论 4.6.1, $F(\alpha)$ 包含整环 $F[\alpha]$ 的商域, 再由于 $F(\alpha)$ 是包含 $F \cup \{\alpha\}$ 的最小子域, 所以

$$F(\alpha) = \left\{ \frac{f(\alpha)}{g(\alpha)} \,\middle|\, f(\alpha), g(\alpha) \in F[\alpha], g(\alpha) \neq 0 \right\}$$

恰是整环 $F[\alpha]$ 的商域.

例 6.2.2 在复数域中, 证明: $\mathbb{Q}(\sqrt{3}) = \mathbb{Q}[\sqrt{3}]$, 即 $\mathbb{Q}$ 上添加 $\sqrt{3}$ 生成的子环等于 $\mathbb{Q}$ 上添加 $\sqrt{3}$ 生成的子域.

证明 由生成子环的定义, $\mathbb{Q}$ 上添加 $\sqrt{3}$ 生成的子环是

$$\mathbb{Q}[\sqrt{3}] = \{f(\sqrt{3}) \,\big|\, f(x) \in \mathbb{Q}[x]\}.$$

在例 4.3.1 中, 利用带余除法, 我们证明了

$$\mathbb{Q}[\sqrt{3}] = \{a + b\sqrt{3} \,\big|\, a, b \in \mathbb{Q}\}.$$

容易验证这个集合对四则运算都封闭, 从而是一个域.

由习题 4.6.2, $\mathbb{Q}(\sqrt{3})$ 作为 $\mathbb{Q}[\sqrt{3}]$ 的商域, 有 $\mathbb{Q}(\sqrt{3}) = \mathbb{Q}[\sqrt{3}]$. □

例 6.2.2 说明, 从集合 $\mathbb{Q} \cup \{\sqrt{3}\}$ 出发做可能的加法、减法和乘法得到的生成环事实上对乘法逆运算也是封闭的.

定理 6.2.1 设 K/F 是域扩张, $\alpha \in K$, 证明:

(1) 若 α 是 F 上的超越元, 则 $F(\alpha)$ 同构于 F 上的一元有理分式域 $F(x)$;

(2) 若 α 是 F 上的代数元, 则存在 F 上的不可约多项式 $p(x)$, 使得

$$F(\alpha)=F[\alpha]\cong F[x]/(p(x)).$$

证明 定义映射

$$\begin{aligned}\sigma:\ &F[x]\to F[\alpha],\\ &f(x)\mapsto f(\alpha),\quad \forall f(x)\in F[x].\end{aligned}$$

由习题 4.4.5, 知 σ 是满的环同态. 记 $I=\ker\sigma$, 则

$$I=\{f(x)\,|\,f(x)\in F(x),f(\alpha)=0\},$$

即 I 是由所有系数属于 F 的以 α 为根的多项式组成的集合.

若 $I\neq(0)$, 则存在非零多项式 $f(x)\in F[x]$, 使得 $f(\alpha)=0$, 即 α 是 F 上的代数元; 若 $I=(0)$, 则没有非零多项式 $f(x)\in F[x]$, 使得 $f(\alpha)=0$, 此时 α 是 F 上的超越元.

先设 α 是 F 上的超越元, 则 $I=(0)$. 由同态基本定理, 有 $F[x]\cong F[\alpha]$, 再由定理 4.6.1, $F[\alpha]$ 的商域 $F(\alpha)$ 同构于 $F[x]$ 的商域 F 上的一元有理分式域 $F(x)$.

下设 α 是 F 上的代数元, 则 $I\neq(0)$. 由于 $F[x]$ 是主理想整环, 所以存在 F 上的多项式 $p(x)$, 使得 $I=(p(x))$. 由同态基本定理, 可知

$$F[x]/(p(x))\cong F[\alpha].$$

注意到 $F[\alpha]$ 是整环, 由定理 4.5.1, $(p(x))$ 是素理想, 再由命题 5.2.1, 知 $(p(x))$ 是极大理想, 且 $p(x)$ 是 $F[x]$ 中的不可约多项式. 所以, $F[\alpha]$ 事实上是域, 即

$$F(\alpha)=F[\alpha]\cong F[x]/(p(x)).$$

□

下面来研究域的单代数扩张. 设 $K=F(\alpha)$, 其中 α 是 F 上的代数元. 令

$$I=\{f(x)\,|\,f(x)\in F[x],f(\alpha)=0\},$$

即 I 为以 α 为根的所有系数属于 F 的多项式的全体构成的集合, 则可验证 I 是 $F[x]$ 的一个非零理想. 事实上, I 是定理 6.2.1 的证明中同态 σ 的核. 因为 $F[x]$ 是主理想整环, 所以 $I=(p(x))$ 是一个主理想. 由于主理想 I 的生成元在相伴意义下唯一 (即相差一个非零常数倍的意义下唯一), 若我们再要求 I 的生成元 $p(x)$ 是首一的, 则这个首一生成元是由代数元 α 唯一决定的, 称为 **α 在 F 上的极小多项式**, 记为 $\mathrm{Irr}\,(\alpha,F)$, 并称 $\mathrm{Irr}\,(\alpha,F)$ 的次数为 **α 在 F 上的次数**. 由定理 6.2.1 (2), 当 α 是 F 上的代数元时, 有

$$F(\alpha)=F[\alpha]\cong F[x]/(\mathrm{Irr}\,(\alpha,F)). \tag{6.1}$$

命题 6.2.1 设 α 是域 F 上的一个代数元, $p(x)\in F[x]$ 是一个首一多项式, 且 $p(\alpha)=0$, 则下述命题等价:

(1) $p(x)$ 是 α 在 F 上的极小多项式;

(2) 若 $f(x)\in F[x]$, 且 $f(\alpha)=0$, 则 $p(x)|f(x)$;

(3) $p(x)$ 是 F 上以 α 为根的次数最小的非零多项式;

(4) $p(x)$ 在 F 上不可约.

证明 令

$$I=\{f(x)\,|\,f(x)\in F[x],f(\alpha)=0\}.$$

由习题 6.2.2, 可知 I 是 $F[x]$ 的一个非零理想. 因为 $F[x]$ 是主理想整环, 故 I 是一个主理想.

由极小多项式的定义, $p(x)$ 是 α 在 F 上的极小多项式当且仅当主理想 $I=(p(x))$. 由此容易证明 (1) $\Longleftrightarrow$ (2) $\Longleftrightarrow$ (3).

下证 (1) $\Longleftrightarrow$ (4). 在定理 6.2.1 中, 已经证明了 I 的生成元 $p(x)$ 是不可约多项式. 我们只要再证明反过来亦成立即可. 由于 $p(\alpha)=0$, 所以 $p(x)\in I$. 由于 I 是一个主理想, 可设 $I=(f(x))\neq(0)$, 于是 $f(x)\,|\,p(x)$. 因 $p(x)$ 不可约, 故 $f(x)\sim p(x)$ 或 $f(x)\sim 1$. 最后, 注意到 $I\neq F[x]$ (否则, $F[\alpha]\cong F[x]/I=(0)$), 所以 $I=(p(x))$, 即 $p(x)$ 是 α 在 F 上的极小多项式. □

例 6.2.3 证明: 复数 i 是 $\mathbb{R}$ 上的代数元, 且 $\mathrm{Irr}\,(\mathrm{i},\mathbb{R})=x^2+1$. 故复数域 $\mathbb{C}=\mathbb{R}(\mathrm{i})\cong\mathbb{R}[x]/(x^2+1)$.

证明 因为二次多项式 x^2+1 在 $\mathbb{R}$ 中无根, 所以 x^2+1 在 $\mathbb{R}$ 上不可约. 又由于 $\mathrm{i}^2+1=0$, 由命题 6.2.1 (4), 知 $\mathrm{Irr}\,(\mathrm{i},\mathbb{R})=x^2+1$. 由习题 4.3.6, 有 $\mathbb{C}=\{a+b\mathrm{i}\,|\,a,b\in\mathbb{R}\}=\mathbb{R}[\mathrm{i}]$. 再由定理 6.2.1 (2), 有

$$\mathbb{C}=\mathbb{R}[\mathrm{i}]=\mathbb{R}(\mathrm{i})\cong\mathbb{R}[x]/(x^2+1).\qquad\square$$

例 6.2.3 这种把复数域看成是实数域上的单代数扩张的观点, 肇始于柯西. 他的这种观点使得复数刚引入时的不可捉摸性消失了, 这是人类对复数概念认识的一大进步. 后来, 克罗内克 (Kronecker) 推广柯西的复数域构造, 得到了一般的单代数扩张.

例 6.2.4 (1) 证明: $\mathrm{Irr}\,(\sqrt[3]{2},\mathbb{Q})=x^3-2$; (2) 求 $\mathrm{Irr}\,(\sqrt{2}+\sqrt{3},\mathbb{Q})$.

证明 (1) 由于三次多项式 x^3-2 在 $\mathbb{Q}$ 上无根, 所以 x^3-2 是 $\mathbb{Q}$ 上的不可约首一多项式. 再由于 $\sqrt[3]{2}$ 是 x^3-2 的一个实数根, 由命题 6.2.1 (4), 知 $\mathrm{Irr}\,(\sqrt[3]{2},\mathbb{Q})=x^3-2$. 由式 (6.1) 还可得

$$\mathbb{Q}(\sqrt[3]{2})\cong\mathbb{Q}[x]/(x^3-2).$$

(2) 简单计算得

$$(\sqrt{2}+\sqrt{3})^2=5+2\sqrt{6},\quad(\sqrt{2}+\sqrt{3})^4=49+20\sqrt{6}.$$

令 $p(x)=x^4-10x^2+1$, 我们有 $p(\sqrt{2}+\sqrt{3})=0$.

下证 $p(x)$ 在 $\mathbb{Q}$ 上不可约. 注意到

$$p(x)=(x-\sqrt{2}-\sqrt{3})(x-\sqrt{2}+\sqrt{3})(x+\sqrt{2}-\sqrt{3})(x+\sqrt{2}+\sqrt{3}),$$

可知 $p(x)$ 无有理根, 且上述分解式中任意两个一次因式之积不是 $\mathbb{Q}$ 上的多项式, 所以 $p(x)$ 在 $\mathbb{Q}$ 上不可约. 故

$$\mathrm{Irr}\,(\sqrt{2}+\sqrt{3},\mathbb{Q})=x^4-10x^2+1.$$

于是, 由式 (6.1), 立得

$$\mathbb{Q}(\sqrt{2}+\sqrt{3})=\mathbb{Q}[\sqrt{2}+\sqrt{3}]\cong\mathbb{Q}[x]/(x^4-10x^2+1).\qquad\square$$

习　　题

6.2.1　设 E 和 F 都是域 K 的子域, 证明: $E\cup F$ 是域当且仅当 E 和 F 之间有包含关系.

6.2.2　设 $K=F(\alpha)$ 是域 F 上添加一个元素 α 得到的单扩张, 令

$$I=\{f(x)\,|\,f(x)\in F[x], f(\alpha)=0\},$$

即 I 为 α 的所有系数属于 F 的化零多项式的全体构成的集合, 证明: I 是 $F[x]$ 的一个理想.

6.2.3　设 K/F 是域扩张, $\alpha_1,\cdots,\alpha_n\in K$, 记

$$F[\alpha_1,\cdots,\alpha_n]=\{f(a_1,\cdots,a_n)\,|\,f(x_1,\cdots,x_n)\in F[x_1,\cdots,x_n]\},$$

则 $F[\alpha_1,\cdots,\alpha_n]$ 是 F 上添加 $\alpha_1,\cdots,\alpha_n$ 所得到的最小子环. 证明: F 上添加 $\alpha_1,\cdots,\alpha_n$ 所生成的域

$$F(\alpha_1,\cdots,\alpha_n)=\left\{\frac{f(a_1,\cdots,a_n)}{g(a_1,\cdots,a_n)}\,\middle|\, f(a_1,\cdots,a_n),g(a_1,\cdots,a_n)\right.$$
$$\left.\in F[\alpha_1,\cdots,\alpha_n], g(\alpha_1,\cdots,\alpha_n)\neq 0\right\}$$

是整环 $F[\alpha_1,\cdots,\alpha_n]$ 的商域.

6.2.4　设 K/F 是域扩张, $\alpha_1,\cdots,\alpha_s\in K$, 证明:

(1) 若 $\varphi: F[x_1,\cdots,x_s]\to F[\alpha_1,\cdots,\alpha_s]$ 满足 $\varphi: f(x_1,\cdots,x_s)\mapsto f(\alpha_1,\cdots,\alpha_s)$, 则 φ 为满环同态;

(2) 若 $\ker\varphi=(0)$, 则 $\alpha_1,\cdots,\alpha_s$ 在 F 上代数无关;

(3) 若 $\ker\varphi\neq(0)$, 则 $\alpha_1,\cdots,\alpha_s$ 在 F 上代数相关.

6.2.5　设 K/F 是域扩张, $\alpha_1,\alpha_2\in K$, 证明:

$$F(\alpha_1,\alpha_2)=F(\alpha_1)(\alpha_2)=F(\alpha_2)(\alpha_1).$$

6.2.6　考查域扩张 $\mathbb{C}/\mathbb{Q}$.

(1) 证明: i 为 $\mathbb{Q}$ 上的代数元, 并求 $\mathrm{Irr}\,(\mathrm{i},\mathbb{Q})$;

(2) 证明: $\sqrt{2}$ 为 $\mathbb{Q}$ 上的代数元, 并求 $\operatorname{Irr}(\sqrt{2};\mathbb{Q})$.

(3) 证明: $\mathbb{Q}(\mathrm{i}) \cong \mathbb{Q}[x]/(x^2+1)$;

(4) 证明: $\mathbb{Q}(\sqrt{2}) \cong \mathbb{Q}[x]/(x^2-2)$;

(5) 证明: $\sqrt[n]{2}$ 为 $\mathbb{Q}$ 上的代数元, 并求 $\operatorname{Irr}(\sqrt[n]{2},\mathbb{Q})$;

(6) 证明: $\sqrt[n]{5}$ 为 $\mathbb{Q}$ 上的代数元, 并求 $\operatorname{Irr}(\sqrt[n]{5},\mathbb{Q})$.

6.2.7 求下列元素在 $\mathbb{Q}$ 上的极小多项式:

(1) $a+b\mathrm{i}$, 其中 $a,b\in\mathbb{Q}$, $b\neq 0$;

(2) $\mathrm{e}^{\frac{2\pi\mathrm{i}}{p}}$, 其中 p 为奇素数, e 为自然对数的底.

6.2.8 证明: $\sqrt{1+\sqrt{3}}$ 为 $\mathbb{Q}$ 上代数元, 并求 $\sqrt{1+\sqrt{3}}$ 在 $\mathbb{Q}$ 上的极小多项式.

6.2.9 证明: $\sqrt{1+\sqrt{5}}$ 为 $\mathbb{Q}$ 上代数元, 并求 $\sqrt{1+\sqrt{5}}$ 在 $\mathbb{Q}$ 上的极小多项式.

6.2.10 求 $\sqrt{3}+\sqrt{2}$ 在 $\mathbb{Q}(\sqrt{6})$, $\mathbb{Q}(\sqrt{2})$, $\mathbb{Q}(\sqrt{3})$ 上的极小多项式.

§6.3 域的有限扩张

设 K/F 是域扩张, 我们可将 K 看作域 F 上的线性空间. 事实上, 容易验证 K 的加法 (作为 F 上的线性空间的加法) 以及 F 的元素与 K 的元素的乘法 (作为 F 上的线性空间的数乘) 满足 F 上的线性空间的定义中的性质, 所以扩域 K 也是子域 F 上的线性空间.

定义 6.3.1 设 K/F 是域扩张, 则 K 作为 F 上的线性空间的维数 $\dim_F K$ 称为 K/F 的**次数**, 记为 $[K:F]$. 如果 $[K:F]<\infty$, 则称 K/F 为**有限扩张**; 否则, 称 K/F 为**无限扩张**.

超越单扩张 $F(\alpha)/F$ 一定是无限扩张 (因为 $1,\alpha,\alpha^2,\cdots$ 在 F 上线性无关); 而 $\mathbb{C}=\{a+b\mathrm{i}\,|\,a,b\in\mathbb{R}\}$ 是 $\mathbb{R}$ 上的 2 次有限扩张, 其中 $\{1,\mathrm{i}\}$ 是 $\mathbb{C}$ 作为 $\mathbb{R}$ 上的线性空间的一组基, 简称为 $\mathbb{R}$-基.

关于有限扩张的基本事实是:

定理 6.3.1 设 K/E 和 E/F 是域扩张, 则 K/F 是有限扩张当且仅当 K/E 和 E/F 都是有限扩张, 并且有:

(1) $[K:F]=[K:E][E:F]$;

(2) 设 $\alpha_1, \cdots, \alpha_m$ 是 E 的 F-基, $\beta_1, \cdots, \beta_n$ 是 K 的 E-基, 则

$$\{\alpha_i\beta_j \,\big|\, 1 \leqslant i \leqslant m, 1 \leqslant j \leqslant n\}$$

是 K 的 F-基.

证明 若 K/F 是有限扩张, 则显然 K/E 和 E/F 都是有限扩张.

反过来, 设 K/E 和 E/F 都是有限扩张, 且 $[K:E]=n$, $[E:F]=m$, 并设 $\alpha_1, \cdots, \alpha_m$ 是 E 的 F-基, $\beta_1, \cdots, \beta_n$ 是 K 的 E-基. 为了证明 $[K:F]=[K:E][E:F]$, 只需证明

$$\{\alpha_i\beta_j \,\big|\, 1 \leqslant i \leqslant m, 1 \leqslant j \leqslant n\}$$

是 K 的 F-基即可.

事实上, 一方面, $\forall \kappa \in K$, 存在 $\varepsilon_1, \cdots, \varepsilon_n \in E$, 使得 $\kappa = \sum\limits_{j=1}^{n} \varepsilon_j\beta_j$. 而 $\forall \varepsilon_j (\in E)$, 存在 $a_{1j}, \cdots, a_{mj} \in F$, 使得 $\varepsilon_j = \sum\limits_{i=1}^{m} a_{ij}\alpha_i$. 于是 $\kappa = \sum\limits_{j=1}^{n}\sum\limits_{i=1}^{m} a_{ij}\alpha_i\beta_j$, 即 K 的任一元素可以表示成 $\alpha_i\beta_j (1 \leqslant i \leqslant m, 1 \leqslant j \leqslant n)$ 在 F 上的线性组合 (简称为 F-线性组合). 另一方面, 设有 a_{ij}, $1 \leqslant i \leqslant m$, $1 \leqslant j \leqslant n$, 使得 $\sum\limits_{j=1}^{n}\sum\limits_{i=1}^{m} a_{ij}\alpha_i\beta_j = 0$. 由于 $\sum\limits_{i=1}^{m} a_{ij}\alpha_i \in E$, 且 $\beta_1, \cdots, \beta_n$ 是 K 的 E-基, 所以 $\sum\limits_{i=1}^{m} a_{ij}\alpha_i = 0$. 又 $a_{ij} \in F$, 且 $\alpha_1, \cdots, \alpha_m$ 是 E 的 F-基, 所以 $a_{ij} = 0$ $(1 \leqslant i \leqslant m, 1 \leqslant j \leqslant n)$. 这就证明了 $\{\alpha_i\beta_j \,\big|\, 1 \leqslant i \leqslant m, 1 \leqslant j \leqslant n\}$ 在 F 上线性无关 (简称为 F-线性无关), 从而是 K 的 F-基. □

推论 6.3.1 设 $F \subseteq F_1 \subseteq F_2 \subseteq \cdots \subseteq F_n$ 是一条域扩张链. 若这条域扩张链中每个域是前一个域的有限扩张, 则

$$[F_n : F] = [F_n : F_{n-1}] \cdots [F_2 : F_1][F_1 : F] < \infty.$$

下面研究有限扩张与代数扩张的关系. 首先我们有:

定理 6.3.2 设 K/F 是域扩张, $\alpha \in K$ 是 F 上的代数元, 令 $p(x) \in F[x]$ 是 α 在 F 上的极小多项式, 且 $\deg p(x) = n$, 则:

(1) $[F(\alpha) : F] = \deg p(x) = n$;

(2) $\{1, \alpha, \alpha^2, \cdots, \alpha^{n-1}\}$ 是 $F(\alpha)$ 的一个 F-基, 即

$$F(\alpha) = \{b_0 + b_1\alpha + b_2\alpha^2 + \cdots + b_{n-1}\alpha^{n-1} \,\big|\, b_i \in F, 0 \leqslant i \leqslant n-1\}.$$

证明 只需证明 $1, \alpha, \alpha^2, \cdots, \alpha^{n-1}$ 是 $F(\alpha)$ 的 F-基. 先证这 n 个元素 F-线性无关. 若不然, 则存在不全为零的 $c_i \in F(0 \leqslant i \leqslant n-1)$, 使得 $\sum\limits_{i=0}^{n-1} c_i\alpha^i = 0$, 即 $\sum\limits_{i=0}^{n-1} c_i x^i$ 是以 α 为零点的 F 上的非零多项式, 其次数低于 n, 与 α 在 F 上的极小多项式 $p(x)$ 的次数是 n 矛盾.

再证 $F(\alpha)$ 中任意元素可表示成 $1, \alpha, \alpha^2, \cdots, \alpha^{n-1}$ 的 F-线性组合. 在定理 6.2.1 中, 我们已证明了

$$F(\alpha) = F[\alpha] = \{f(\alpha) \,\big|\, f(x) \in F[x]\}.$$

所以对于 $\beta \in F(\alpha)$, 可设 $\beta = g(\alpha)$, 其中 $g(x) \in F[x]$. 用 $g(x)$ 对极小多项式 $p(x)$ 做带余除法, 则存在 $q(x), r(x) \in F[x]$, 使得

$$g(x) = q(x)p(x) + r(x),$$

其中 $r(x) = 0$ 或 $r(x) \neq 0, \deg r(x) < n$. 我们总可设

$$r(x) = b_{n-1}x^{n-1} + \cdots + b_1 x + b_0, \quad b_i \in F,\ 0 \leqslant i \leqslant n-1,$$

于是 $\beta = g(\alpha) = q(\alpha) \cdot 0 + r(\alpha) = r(\alpha)$, 而 $r(\alpha)$ 是 $1, \alpha, \alpha^2, \cdots, \alpha^{n-1}$ 的 F-线性组合. 这就证明了 $1, \alpha, \alpha^2, \cdots, \alpha^{n-1}$ 是 K 的 F-基. □

推论 6.3.2 设 K/F 是域扩张, $\alpha \in K$.

(1) α 是 F 上的代数元当且仅当 $[F(\alpha) : F]$ 是有限扩张;

(2) 若 $[K : F] = n$, α 是 F 上的代数元, 且 $\deg \mathrm{Irr}(\alpha, F) = m$, 则 $m|n$.

证明 (1) 只需证明充分性. 设 $[F(\alpha):F]$ 是有限扩张, 譬如 $\dim_F F(\alpha)=n$, 则 $1,\alpha,\alpha^2,\cdots,\alpha^n$ 在 F 上线性相关 (简称为 F-线性相关), 即存在不全为零的 $a_i\in F$ $(0\leqslant i\leqslant n)$, 使得 $\sum\limits_{i=0}^{n}a_i\alpha^i=0$. 故 α 是 F 上的代数元.

(2) 考查域扩张链 $F\subseteq F(\alpha)\subseteq K$. 由定理 6.3.1, 得到

$$[F(\alpha):F]\,\big|\,[K:F],$$

即 $m\,\big|\,n$. □

例 6.3.1 (1) 求 $[\mathbb{Q}(\sqrt{2}):\mathbb{Q}]$, 并求 $\mathbb{Q}(\sqrt{2})$ 的一组 $\mathbb{Q}$-基;

(2) 求 $[\mathbb{Q}(\sqrt{2})(\sqrt{3}):\mathbb{Q}(\sqrt{2})]$, 并求 $\mathbb{Q}(\sqrt{2})(\sqrt{3})$ 的一组 $\mathbb{Q}(\sqrt{2})$-基;

(3) 求 $[\mathbb{Q}(\sqrt{2},\sqrt{3}):\mathbb{Q}]$, 并求 $\mathbb{Q}(\sqrt{2},\sqrt{3})$ 的一组 $\mathbb{Q}$-基;

(4) 证明: $\sqrt[3]{2}\notin\mathbb{Q}(\sqrt{2},\sqrt{3})$.

证明 (1) 由于 $\sqrt{2}$ 的化零多项式 x^2-2 在 $\mathbb{Q}$ 上无根, 所以 x^2-2 在 $\mathbb{Q}$ 上不可约, 是 $\sqrt{2}$ 在 $\mathbb{Q}$ 上的极小多项式. 由定理 6.3.2, 可以得到 $[\mathbb{Q}(\sqrt{2}):\mathbb{Q}]=2$, 且 $\mathbb{Q}(\sqrt{2})$ 的一组 $\mathbb{Q}$-基为 $\{1,\sqrt{2}\}$, 即

$$\mathbb{Q}(\sqrt{2})=\{a+b\sqrt{2}\,\big|\,a,b\in\mathbb{Q}\}.$$

(2) 令 $p(x)=x^2-3\in\mathbb{Q}(\sqrt{2})[x]$, 有 $p(\sqrt{3})=0$.

注意到 $\sqrt{3}\notin\mathbb{Q}(\sqrt{2})$. 这是因为, 若 $\sqrt{3}\in\mathbb{Q}(\sqrt{2})$, 则存在 $a,b\in\mathbb{Q}$, 使得 $\sqrt{3}=a+b\sqrt{2}$, 而容易证明这是不可能的. 于是, $p(x)$ 在 $\mathbb{C}$ 中的根 $\pm\sqrt{3}\notin\mathbb{Q}(\sqrt{2})$. 这就证明了 2 次多项式 $p(x)$ 在 $\mathbb{Q}(\sqrt{2})$ 上不可约, 故 $\mathrm{Irr}\,(\sqrt{3},\mathbb{Q}(\sqrt{2}))=p(x)$.

再由定理 6.3.2, 知 $[\mathbb{Q}(\sqrt{2})(\sqrt{3}),\mathbb{Q}(\sqrt{2})]=2$, 且 $\mathbb{Q}(\sqrt{2})(\sqrt{3})$ 的一组 $\mathbb{Q}(\sqrt{2})$-基是 $\{1,\sqrt{3}\}$.

(3) 由引理 6.2.1, 有 $\mathbb{Q}(\sqrt{2},\sqrt{3})=\mathbb{Q}(\sqrt{2})(\sqrt{3})$. 考查域扩张链

$$\mathbb{Q}\subseteq\mathbb{Q}(\sqrt{2})\subseteq\mathbb{Q}(\sqrt{2})(\sqrt{3}).$$

由定理 6.3.1, 有

$$
\begin{aligned}
[\mathbb{Q}(\sqrt{2},\sqrt{3}):\mathbb{Q}] &= [\mathbb{Q}(\sqrt{2})(\sqrt{3}):\mathbb{Q}]\\
&= [\mathbb{Q}(\sqrt{2})(\sqrt{3}):\mathbb{Q}(\sqrt{2})][\mathbb{Q}(\sqrt{2}):\mathbb{Q}]\\
&= 2\cdot 2 = 4,
\end{aligned}
$$

且 $\mathbb{Q}(\sqrt{2},\sqrt{3})$ 的一组 $\mathbb{Q}$-基是 $\{1,\sqrt{2},\sqrt{3},\sqrt{6}\}$, 即

$$\mathbb{Q}(\sqrt{2},\sqrt{3}) = \{a+b\sqrt{2}+c\sqrt{3}+d\sqrt{6}\ \big|\ a,b,c,d\in\mathbb{Q}\}.$$

(4) 由例 6.2.4 (1), 知 $\operatorname{Irr}(\sqrt[3]{2},\mathbb{Q}) = x^3-2$. 若 $\sqrt[3]{2}\in\mathbb{Q}(\sqrt{2},\sqrt{3})$, 则由推论 6.3.2 (2), 知 $3\,\big|\,4$, 矛盾. 所以 $\sqrt[3]{2}\notin\mathbb{Q}(\sqrt{2},\sqrt{3})$. □

例 6.3.2 (1) 证明: $\mathbb{Q}(\sqrt{2},\sqrt{3}) = \mathbb{Q}(\sqrt{2}+\sqrt{3})$;

(2) 求 $\operatorname{Irr}(\sqrt{2}+\sqrt{3},\mathbb{Q})$.

证明 (1) 因为 $\sqrt{2}+\sqrt{3}\in\mathbb{Q}(\sqrt{2},\sqrt{3})$, 由生成子域的最小性, 知 $\mathbb{Q}(\sqrt{2}+\sqrt{3})\subseteq\mathbb{Q}(\sqrt{2},\sqrt{3})$. 反过来, 由

$$\frac{1}{\sqrt{2}+\sqrt{3}} = \sqrt{3}-\sqrt{2}\in\mathbb{Q}(\sqrt{2}+\sqrt{3}),$$

可推出 $\sqrt{2},\sqrt{3}$ 属于域 $\mathbb{Q}(\sqrt{2}+\sqrt{3})$. 再由生成子域的最小性, 知

$$\mathbb{Q}(\sqrt{2},\sqrt{3})\subseteq\mathbb{Q}(\sqrt{2}+\sqrt{3}),$$

从而

$$\mathbb{Q}(\sqrt{2},\sqrt{3}) = \mathbb{Q}(\sqrt{2}+\sqrt{3}).$$

(2) 由定理 6.3.2, 知

$$\deg\operatorname{Irr}(\sqrt{2}+\sqrt{3},\mathbb{Q}) = [\mathbb{Q}(\sqrt{2}+\sqrt{3}):\mathbb{Q}] = [\mathbb{Q}(\sqrt{2},\sqrt{3}):\mathbb{Q}] = 4.$$

容易计算得到 x^4-10x^2+1 是 $\sqrt{2}+\sqrt{3}$ 的一个化零首一多项式 (见例 6.2.4 (2)). 由命题 6.2.1 (3), 得到 x^4-10x^2+1 是 $\sqrt{2}+\sqrt{3}$ 在 $\mathbb{Q}$ 上的极小多项式 (这给出了求极小多项式的又一个办法). □

例 6.3.3 求 $[\mathbb{Q}(\sqrt[3]{2},\omega):\mathbb{Q}]$, 其中 $\omega = \dfrac{-1+\sqrt{-3}}{2}$.

解 计算得 $\mathrm{Irr}(\sqrt[3]{2},\mathbb{Q})=x^3-2$, $\mathrm{Irr}(\omega,\mathbb{Q})=x^2+x+1$ (见习题 6.2.7), 所以 $[\mathbb{Q}(\sqrt[3]{2}):\mathbb{Q}]=3$, 且 $\mathbb{Q}(\sqrt[3]{2})$ 的一组 $\mathbb{Q}$-基是 $\{1,\sqrt[3]{2},\sqrt[3]{4}\}$. 而由习题 6.3.1, 有

$$[\mathbb{Q}(\sqrt[3]{2})(\omega):\mathbb{Q}(\sqrt[3]{2})]\leqslant[\mathbb{Q}(\omega):\mathbb{Q}]=2.$$

显然 $\omega\notin\mathbb{Q}(\sqrt[3]{2})$ (因为 $\omega\notin\mathbb{R}$), 我们有

$$[\mathbb{Q}(\sqrt[3]{2})(\omega):\mathbb{Q}(\sqrt[3]{2})]=2,$$

且 $\mathbb{Q}(\sqrt[3]{2})(\omega)$ 的一组 $\mathbb{Q}(\sqrt[3]{2})$-基是 $\{1,\omega\}$.

所以, $[\mathbb{Q}(\sqrt[3]{2},\omega):\mathbb{Q}]=2\cdot3=6$, 且 $\{1,\sqrt[3]{2},\sqrt[3]{4},\omega,\sqrt[3]{2}\omega,\sqrt[3]{4}\omega\}$ 是 $\mathbb{Q}(\sqrt[3]{2},\omega)$ 的一组 $\mathbb{Q}$-基.

例 6.3.3 也可直接应用习题 6.3.4 来求解. □

下面这个推论给出了代数扩张与有限扩张的关系.

推论 6.3.3 (1) 设域扩张 K/F 是有限扩张, 则 K/F 是代数扩张, 且存在 F 上的有限个代数元 $\alpha_1,\cdots,\alpha_n$, 使得 $K=F(\alpha_1,\cdots,\alpha_n)$;

(2) 若存在 F 上的有限个代数元 $\alpha_1,\cdots,\alpha_n$, 使得扩域 $K=F(\alpha_1,\cdots,\alpha_n)$, 则域扩张 K/F 是有限扩张, 从而是代数扩张.

证明 (1) 设 $[K:F]=n$, $\alpha\in K$, 则 $n+1$ 个元素 $1,\alpha,\alpha^2,\cdots,\alpha^{n-1},\alpha^n$ 是 F-线性相关的, 因此 α 是 $F[x]$ 中某个非零多项式的零点, 即 α 是代数元. 这说明 K/F 一定是代数扩张. 又设 $\alpha_1,\cdots,\alpha_n$ 是 K 作为 F 上的线性空间的一组基, 则 $K=F(\alpha_1,\cdots,\alpha_n)$, 即 K/F 是有限生成的.

(2) 设 $K=F(\alpha_1,\cdots,\alpha_n)$, 其中 α_i $(i=1,\cdots,n)$ 都是 F 上的代数元. 考查域扩张链

$$F\subseteq F(\alpha_1)\subseteq F(\alpha_1,\alpha_2)\subseteq\cdots\subseteq F(\alpha_1,\cdots,\alpha_n)=K.$$

令 $F_0=F$, $F_i=F(\alpha_1,\cdots,\alpha_i)(i=1,\cdots,n)$, 则 $K=F_n$. 由引理 6.2.1, 有 $F_i=F_{i-1}(\alpha_i)$. 因为 α_i 是 F 上的代数元, 所以存在一个以 α_i 为根的非零多项式 $f(x)\in F[x]\subseteq F_{i-1}[x]$. 故 α_i 也是 F_{i-1} 上的代数元, 于

是 $[F_i : F_{i-1}] < \infty$. 最后, 由推论 6.3.1, 知 $[K : F] = \prod_{i=1}^{n}[F_i : F_{i-1}] < \infty$. 再由 (1), 知 K/F 是代数扩张. □

推论 6.3.4 设域的扩张链 $F \subseteq E \subseteq K$, 则 K/F 是代数扩张当且仅当 $K/E, E/F$ 都是代数扩张.

证明 必要性 设 K/F 是代数扩张. $\forall \alpha \in K$, 由于 α 是 F 上的代数元, 所以存在一个非零多项式 $f(x) \in F[x] \subseteq E[x]$, 使得 $f(\alpha) = 0$, 即 α 在 E 上也是代数元. 故 K/E 是代数扩张. 显然, E/F 也是代数扩张.

充分性 设 $K/E, E/F$ 都是代数扩张. $\forall \alpha \in K$, α 是 E 上的代数元. 设

$$p(x) = a_n x^n + \cdots + a_1 x + a_0$$

是 α 在 E 上的极小多项式, 其中 $a_i \in E, i = 0, \cdots, n, a_n = 1$. 因为 E/F 是代数扩张, $a_i (i = 0, \cdots, n)$ 是 F 上的代数元. 由推论 6.3.3 (2), $F(a_0, \cdots, a_n)$ 是 F 上的有限扩张. 又, α 显然是 $F(a_0, \cdots, a_n)$ 上的一个代数元, 所以

$$[F(a_0, \cdots, a_n)(\alpha) : F(a_0, \cdots, a_n)] < \infty.$$

于是得到下述域扩张链

$$F \subseteq F(a_0, \cdots, a_n) \subseteq F(a_0, \cdots, a_n)(\alpha),$$

且

$$\begin{aligned}&[F(a_0, \cdots, a_n)(\alpha) : F] \\ &\quad = [F(a_0, \cdots, a_n)(\alpha) : F(a_0, \cdots, a_n)][F(a_0, \cdots, a_n) : F] < \infty.\end{aligned}$$

故 $F(a_0, \cdots, a_n)(\alpha)$ 是 F 上的代数扩张, 从而 α 是 F 上的代数元. 最后, 由 α 的任意性, K/F 是代数扩张. □

推论 6.3.5 设 K/F 是域扩张, 则 K 中全体 F 上的代数元构成 K 的子域, 称为 F 在 K 中的**代数闭包**.

证明 以 E 记 K 中 F 上的代数元的全体. 显然, $F \subseteq E$, E 是包含 0, 1 的非空集合. 只要再证明 E 对于四则运算封闭即可. 设 $\alpha, \beta \in E$. 由推论 6.3.3 (2), $F(\alpha, \beta)/F$ 是代数扩张. 而 $\alpha \pm \beta$, $\alpha\beta$, α/β $(\beta \neq 0)$ 都属于 $F(\alpha, \beta)$, 所以它们都是 F 上的代数元. 这就证明了 E 对于四则运算封闭, 因而构成 K 的子域. □

定义 6.3.2 复数域 $\mathbb{C}$ 是有理数域 $\mathbb{Q}$ 上的域扩张. 如果一个复数 α 是 $\mathbb{Q}$ 上的代数元, 则称 α 为一个**代数数**. 若 α 的次数是 n, 则称 α 为 n **次代数数.**

由推论 6.3.5, 有如下命题:

命题 6.3.1 *全体代数数组成的集合 $\mathbb{A}$ 构成 $\mathbb{C}$ 的子域, 但 $\mathbb{A}/\mathbb{Q}$ 是无限扩张.*

证明 扩张 $\mathbb{A}/\mathbb{Q}$ 的无限性可由存在任意次的代数数 (例如 $\sqrt[n]{2}$) 得到. □

我们还可以证明, $\mathbb{Q}$ 上的任意多项式 $f(x)$ 在 $\mathbb{A}$ 中可完全分解为一次因式的乘积 (见习题 6.3.9).

前面我们都是假定有一个域扩张, 然后在给定的扩域中进行讨论, 例如考虑扩域中的元素是否为子域上的某个多项式的零点. 这种讨论对于数域是可行的, 因为复数域是最大的数域. 但是, 对于一般的域 (例如有限域、域上的有理分式域) 就行不通了.

在本节的最后, 我们要从一个域 F 出发来构造它的扩域.

我们的问题是: 对于任一 $f(x) \in F[x]$, 能否构造一个扩域 K, 使得 $f(x)$ 在 K 中有零点? 当然, 不失一般性, 不妨假定 $f(x)$ 在 F 上是首一不可约多项式.

定理 6.3.3 *设 F 是域, $f(x)$ 是 $F[x]$ 中的首一不可约多项式, 则存在 F 的一个扩域, 包含 $f(x)$ 的一个零点, 此扩域可以具体地构造为 $K = F[x]/(f(x))$, 且 $[K : F] = n$, 这里 $n = \deg f(x)$.*

证明 因为 $f(x)$ 是不可约多项式, 由命题 5.2.1, 知 $(f(x))$ 是 $F[x]$ 的极大理想, 所以商环 $K = F[x]/(f(x))$ 是域. 对于任一 $g(x) \in F[x]$, 记 $\overline{g(x)} = g(x) + (f(x)) \in F[x]/(f(x))$.

记 $\overline{F} = \{\overline{a} \mid a \in F\}$. 由于 $F \subseteq F[x]$, 所以 $\overline{F} \subseteq K = F[x]/(f(x))$.

容易验证映射

$$\iota:\ F \to \overline{F},$$
$$a \mapsto \overline{a}$$

是环同构. 由于 F 是域, 而 $\overline{F}$ 与 F 环同构, 从而 $\overline{F}$ 也是域. 把 F 与 $\overline{F}$ 等同 (我们还将 $\overline{a} \in F[x]/(f(x))$ 写成 a), 则 $K = F[x]/(f(x))$ 是 F 的扩域.

设

$$f(x) = x^n + a_{n-1}x^{n-1} + \cdots + a_1 x + a_0, \quad a_i \in F.$$

在 K 中,

$$f(\overline{x}) = (\overline{x})^n + a_{n-1}(\overline{x})^{n-1} + \cdots + a_1\overline{x} + a_0 = \overline{f(x)} = \overline{0},$$

即 $\overline{x}$ 是 $f(x)$ 在扩域 $K = F[x]/(f(x))$ 中的一个零点.

最后, 我们看一下 $K = F[x]/(f(x))$ 中元素的表示法. 由例 4.3.3 有,

$$K = F[x]/(f(x)) = \{\overline{c_{n-1}x^{n-1} + \cdots + c_1 x + c_0}, | c_i \in F, 0 \leqslant i \leqslant n-1\},$$

且此表示法是唯一的. 将 $\overline{F}$ 与 F 等同看待, 则

$$K = \{c_{n-1}(\overline{x})^{n-1} + \cdots + c_1\overline{x} + c_0 \,\big|\, c_i \in F, 0 \leqslant i \leqslant n-1\},$$

容易证明 $\{1, \overline{x}, \cdots, (\overline{x})^{n-1}\}$ 是 K 的一组 F-基, 所以 $[K:F] = n$.

事实上, 由命题 6.2.1 (4), 知首一不可约化零多项式 $f(x)$ 是 $\overline{x}$ 在 F 上的极小多项式, $K = F(\overline{x})$ 是 $\overline{x}$ 在 F 上的单扩张. □

上述定理也可以叙述成:

定理 6.3.4 对于域 F 上任意给定的首一不可约多项式 $f(x)$, 存在单扩张 $F(\theta)$, 使得 θ 在 F 上的极小多项式为 $f(x)$.

例 6.3.4 令 $F = GF(2)$, 即只有两个元素的域, 可证 x^2+x+1 是 $F[x]$ 仅有的 2 次不可约多项式 (请读者自证), 则 $K = F[x]/(x^2+x+1)$

是 F 仅有的 2 次代数扩张. 设 α 是 x^2+x+1 在扩域 K 中的一个根, 则 $K=F(\alpha)=\{a+b\alpha \mid a,b\in F\}$ 是一个 4 元域, 而其运算是

$$\begin{aligned}(a+b\alpha)+(c+d\alpha)&=(a+c)+(b+d)\alpha,\\(a+b\alpha)(c+d\alpha)&=ac+(ad+bc)\alpha+bd\alpha^2\\&=ac+(ad+bc)\alpha+bd(\alpha+1)\\&=(ac+bd)+(ad+bc+bd)\alpha.\end{aligned}$$

注 为了方便, 在不会引起混淆的情况下, 我们总将 $GF(p)$ 中的元素 $\overline{a}$ 写成 $a(a\in\mathbb{Z})$.

习 题

6.3.1 设 K/F 是域扩张, $\alpha,\beta\in K$, 证明: 若 α 是 F 上的代数元, 则 α 也是 $F(\beta)$ 上的代数元, 且 $[F(\beta)(\alpha):F(\beta)]\leqslant[F(\alpha):F]$.

6.3.2 设 K/F 是域的有限扩张, $[K:F]$ 为素数, $\alpha\in K\setminus F$, 证明:

$$K=F(\alpha).$$

6.3.3 求下列域 K 作为 $\mathbb{Q}$ 上的线性空间的一组基:

(1) $K=\mathbb{Q}(\sqrt{3},\sqrt{5})$;

(2) $K=\mathbb{Q}(\sqrt{3}+\sqrt{5})$;

(3) $K=\mathbb{Q}(\sqrt{3},\sqrt{-1},\omega)$, 其中 $\omega=\dfrac{-1+\sqrt{-3}}{2}$;

(4) $K=\mathbb{Q}\left(\mathrm{e}^{\frac{2\pi\mathrm{i}}{p}}\right)$, 其中 p 为奇素数;

(5) $K=\mathbb{Q}(\sqrt[4]{3},\mathrm{i})$.

6.3.4 设 K/F 是域扩张, $\alpha,\beta\in K$ 分别是域 F 上的 m,n 次代数元, 证明:

(1) $[F(\alpha,\beta):F]\leqslant mn$;

(2) 若 m,n 互素, 则 $[F(\alpha,\beta):F]=mn$.

6.3.5 设 K/F 是域扩张, $\alpha\in K$, 证明:

$$\alpha \text{ 是 } F \text{ 上的代数元} \iff \alpha^2 \text{ 是 } F \text{ 上的代数元}.$$

6.3.6 设 p 是一个素数, 证明: $\mathbb{Q}(\sqrt{p},\sqrt[3]{p},\sqrt[4]{p},\cdots)/\mathbb{Q}$ 是无限扩张.

6.3.7 设 K/F 是域扩张, $\alpha\in K$ 是 F 上的一个奇数次代数元, 证明: $F(\alpha)=F(\alpha^2)$.

6.3.8 设 K/F 是域的代数扩张, L 是环, $F\subseteq L\subseteq K$, 证明: L 是域 (提示: 任意 $\alpha\in L$ 是 F 上的代数元, 所以 $F(\alpha)=F[\alpha]\subseteq L$).

6.3.9 设 $\mathbb{A}$ 是全体代数数组成的集合, 任意 $f(x)\in\mathbb{Q}[x]$, 证明: $f(x)$ 在 $\mathbb{A}$ 中可完全分解为一次因式的乘积.

6.3.10 设 $F(\alpha),F(\beta)$ 是域 F 上的两个单代数扩张, 证明:

(1) 若 α,β 在 F 上的极小多项式相同, 则存在 $F(\alpha)\to F(\beta)$ 的一个 F-同构 σ, 使得 $\sigma(\alpha)=\beta$, 且 $\sigma|_F=\mathrm{id}$.

(2) 若 $F(\alpha)$ 与 $F(\beta)$ 域同构, 问: α,β 在 F 上的极小多项式是否相同?

6.3.11 写出 $GF(2)$ 上全部 2 次、3 次和 4 次不可约多项式.

6.3.12 构造 8 个元素的有限域, 并写出其加法和乘法表 (参看例 6.3.4).

§6.4 多项式的分裂域

设 F 是域, $p(x)$ 是 $F[x]$ 中的不可约多项式, 则由定理 6.3.3, 存在 F 的一个扩域, 包含 $p(x)$ 的一个零点. 在本节中, 我们将证明对于 F 上的任意多项式 $f(x)$, 存在一个扩域, 使得 $f(x)$ 在其中能分解成一次因式的乘积, 即这个扩域包含 $f(x)$ 的所有零点.

定义 6.4.1 设 F 是域, $f(x)\in F[x],\deg f(x)=n\geqslant 1$. 域 F 的一个扩域 K 称作 $f(x)$ 在域 F 上的**分裂域**, 如果:

(1) $f(x)$ 在 $K[x]$ 中可分解为一次因式的乘积:

$$f(x)=a(x-a_1)(x-a_2)\cdots(x-a_n),$$

其中 $a\in F$ 是 $f(x)$ 的首项系数, $a_i\in K(i=1,\cdots,n)$ 是 $f(x)$ 在 K 中的全部 n 个根 (可有相同的);

(2) $K=F(a_1,\cdots,a_n)$.

定义 6.4.1 中的条件 (2) 说明分裂域是 F 添加上 $f(x)$ 的所有根生成的扩域, 是包含 $f(x)$ 的所有根的最小域.

下述命题证明了任一多项式都存在分裂域:

命题 6.4.1 设 F 是域, $f(x) \in F[x]$, $\deg f(x) = n \geqslant 1$, 则可构造 $f(x)$ 在 F 上的分裂域 E, 使得 $[E:F] \leqslant n!$.

证明 对 $\deg f(x)$ 做数学归纳法.

如果 $\deg f(x) = 1$, 则 F 就是 $f(x)$ 在 F 上的分裂域. 现在设对于次数低于 n 的多项式命题成立. 设 $f(x) \in F[x]$, $\deg f(x) = n$. 取 $f(x)$ 在 $F[x]$ 中的一个首一不可约因子 $f_1(x)$ (可以是 $f(x)$), 有 $\deg f_1(x) \geqslant 1$. 由定理 6.3.4, 存在扩域 E_1, 包含 $f_1(x)$ 的一个零点 α, 且 $E_1 = F(\alpha)$, $[E_1 : F] = \deg f_1(x) \leqslant n$. 于是, 在 $E_1[x]$ 中有分解 $f(x) = (x-\alpha)g(x)$, 其中 $g(x) \in E_1[x]$, $\deg g(x) = n-1$. 由归纳假设, 存在 $g(x)$ 在 E_1 上的分裂域 E, 使得 $[E : E_1] \leqslant (n-1)!$, 即 $g(x)$ 在 E 中可分解成一次因式的乘积:

$$g(x) = a(x-\alpha_2)(x-\alpha_3)\cdots(x-\alpha_n),$$

且 $E = E_1(\alpha_2, \cdots, \alpha_n)$, 其中 $\alpha_2, \cdots, \alpha_n$ 是 $g(x)$ 在 E 中的全部零点, a 是 $f(x)$ 也是 $g(x)$ 的首项系数. 于是

$$f(x) = (x-\alpha)g(x) = a(x-\alpha)(x-\alpha_2)(x-\alpha_3)\cdots(x-\alpha_n),$$

且 $E = F(\alpha, \alpha_2, \cdots, \alpha_n)$ 是 $f(x)$ 在 F 上的分裂域. 最后, 注意到

$$[E:F] = [E:E_1][E_1:F] \leqslant n!.$$ □

例 6.4.1 (1) 求多项式 $(x^2-2)(x^2-3)$ 在有理数域 $\mathbb{Q}$ 上的一个分裂域及其在 $\mathbb{Q}$ 上的次数;

(2) 求多项式 x^3-2 在 $\mathbb{Q}$ 上的分裂域及其在 $\mathbb{Q}$ 上的次数;

(3) 求多项式 x^p-1 在 $\mathbb{Q}$ 上的分裂域及其在 $\mathbb{Q}$ 上的次数;

(4) 令 $F = GF(2)$, 即 F 是只有两个元素的域, 求 $f(x) = x^2+x+1$ 在 F 上的分裂域.

解 (1) $(x^2-2)(x^2-3)$ 在 $\mathbb{C}$ 中的 4 个根是 $\pm\sqrt{2},\pm\sqrt{3}$, 所以 $(x^2-2)(x^2-3)$ 在 $\mathbb{Q}$ 上的分裂域是 $\mathbb{Q}(\pm\sqrt{2},\pm\sqrt{3})=\mathbb{Q}(\sqrt{2},\sqrt{3})$. 由例 6.3.1, 可知 $[\mathbb{Q}(\sqrt{2},\sqrt{3}):\mathbb{Q}]=4$.

(2) x^3-2 在 $\mathbb{C}$ 中的三个根是 $\sqrt[3]{2}$, $\sqrt[3]{2}\omega$, $\sqrt[3]{2}\omega^2$, 其中 $\omega=\dfrac{-1+\sqrt{-3}}{2}$ 是三次本原单位根, 故 x^3-2 在 $\mathbb{Q}$ 上的分裂域是 $\mathbb{Q}(\sqrt[3]{2},\sqrt[3]{2}\omega,\sqrt[3]{2}\omega^2)=\mathbb{Q}(\sqrt[3]{2},\omega)$. 由例 6.3.3, 有 $[\mathbb{Q}(\sqrt[3]{2},\omega):\mathbb{Q}]=6$.

(3) 首先注意到 $x^p-1=(x-1)(x^{p-1}+x^{p-2}+\cdots+x+1)$, 且 $p(x)=x^{p-1}+x^{p-2}+\cdots+x+1$ 是 $\mathbb{Q}$ 上的不可约多项式 (见例 5.3.1). 令 ζ 是 $p(x)$ 的一个复根, 于是 $\zeta^p=1$, 且 $\zeta,\zeta^2,\cdots,\zeta^{p-1},1$ 是 x^p-1 的所有 p 个复根. 故 x^p-1 在 $\mathbb{Q}$ 上的分裂域是 $\mathbb{Q}(\zeta)=\mathbb{Q}(1,\zeta,\cdots,\zeta^{p-1})$. 因为 $p(x)$ 是 ζ 在 $\mathbb{Q}$ 上的极小多项式, 所以 $[\mathbb{Q}(\zeta):\mathbb{Q}]=p-1$.

(4) 因为 F 中的两个元素 $0,1$ 都不是 $f(x)$ 的根, 所以 $f(x)$ 是 $F[x]$ 的二次不可约多项式. 设 α 是 x^2+x+1 在其分裂域中的一个根, 记 $K=F(\alpha)$, 我们要证明 K 就是 $f(x)=x^2+x+1$ 在 F 上的分裂域. 事实上, 在 $K[x]$ 中, 我们有 $(x-\alpha)|f(x)$. 这就意味着在 $K[x]$ 中 $f(x)=(x-\alpha)(x-\beta)$ 可分解成一次因式的乘积, 所以 $f(x)$ 的另一个根 $\beta\in K$, 从而 $K=F(\alpha,\beta)$ 是 $f(x)$ 在 F 上的分裂域.

最后, 因为 x^2+x+1 是 α 在 F 上的极小多项式, 所以 $[K:F]=2$. □

为了证明任意给定的多项式在域 F 上的分裂域是唯一的, 我们需要先对域嵌入做一些讨论.

例 6.4.2 (1) 给出域 $\mathbb{Q}(\mathrm{i})$ 到复数域 $\mathbb{C}$ 的全部域嵌入;

(2) 证明: 不存在 $\mathbb{Q}(\mathrm{i})$ 到 $\mathbb{Q}(\sqrt{2})$ 的域嵌入.

解 (1) 设 $\sigma:\mathbb{Q}(\mathrm{i})\to\mathbb{C}$ 是一个域嵌入, 于是

$$\sigma(1)=\sigma(1\cdot 1)=\sigma(1)\sigma(1).$$

故 $\sigma(1)=0$ 或 $\sigma(1)=1$. 由于 σ 是单射, 所以 $\sigma(1)\neq 0$, 即 $\sigma(1)=1$.

由于 $\mathbb{Z}$ 是 1 生成的加法循环群, σ 保持加法, 所以对于任意整数

$m\in\mathbb{Z}$, 有 $\sigma(m)=\sigma(m1)=m\sigma(1)=m$ (见命题 4.4.3 (2)). 又

$$1=\sigma(1)=\sigma\left(n\cdot\frac{1}{n}\right)=\sigma(n)\sigma\left(\frac{1}{n}\right)=n\sigma\left(\frac{1}{n}\right),\quad n\in\mathbb{Z},n\neq 0,$$

所以 $\sigma\left(\frac{1}{n}\right)=\frac{1}{n}$. 于是

$$\sigma\left(\frac{m}{n}\right)=\sigma(m)\sigma\left(\frac{1}{n}\right)=\frac{m}{n},\quad \forall m,n\in\mathbb{Z},n\neq 0.$$

这就证明了 $\sigma|_{\mathbb{Q}}$ 是 $\mathbb{Q}\to\mathbb{Q}$ 的恒等映射.

因为 $\mathrm{i}^2=-1$, 所以 $\sigma(\mathrm{i})^2=-1$, 即 $\sigma(\mathrm{i})$ 一定是多项式 $x^2=-1$ 的一个复根. 故 $\sigma(\mathrm{i})=\pm\mathrm{i}$. 若 $\sigma(\mathrm{i})=\mathrm{i}$, 则

$$\sigma(a+b\mathrm{i})=a+b\mathrm{i},\quad \forall a,b\in\mathbb{Q},$$

所以, 此时 $\sigma=\mathrm{id}$ 是恒等映射. 若 $\sigma(\mathrm{i})=-\mathrm{i}$, 则

$$\sigma(a+b\mathrm{i})=a-b\mathrm{i}\in\mathbb{Q}(\mathrm{i}),\quad \forall a,b\in\mathbb{Q}.$$

这样域 $\mathbb{Q}(\mathrm{i})$ 到复数域 $\mathbb{C}$ 有且只有两个域嵌入, 分别是恒等映射和共轭映射 $(a+b\mathrm{i}\mapsto a-b\mathrm{i})$, 它们都是 $\mathbb{Q}(\mathrm{i})$ 上的域同构. 我们也同时证明了 $\mathbb{Q}(\mathrm{i})$ 上的域自同构只有这两个.

(2) 由 (1) 立得. □

由例 6.4.2, 虽然 $\mathbb{Q}(\mathrm{i})$ 与 $\mathbb{Q}(\sqrt{2})$ 作为 $\mathbb{Q}$ 上的 2 次扩张, 都是 $\mathbb{Q}$ 上的 2 维线性空间, 作为线性空间是线性同构的, 但作为域, 它们不是域同构的.

设 $\sigma:\ F\to F'$ 是域同构, 则由定理 4.3.2, 知

$$\begin{gathered}\widetilde{\sigma}:\ F[x]\to F'[x],\\ a_nx^n+\cdots+a_1x+a_0\mapsto\sigma(a_n)x^n+\cdots+\sigma(a_1)x+\sigma(a_0),\\ a_i\in F,n\in\mathbb{Z}_{\geqslant 0}\end{gathered}$$

是环同构, 且 $\widetilde{\sigma}|_F=\sigma$. 为了书写方便, 我们仍然记 $\widetilde{\sigma}$ 为 $\sigma: F[x]\to F'[x]$, 即将 σ 扩充到 $F[x]\to F'[x]$, 并用 $f^{\sigma}(x)$ 来记 $\widetilde{\sigma}(f(x))$ (即 σ 作用

在 $f(x)$ 的各项系数上所得到的 $F'[x]$ 中的多项式). 由上述同构可推出一些简单的事实. 设 $f(x)$ 为 $F[x]$ 中的多项式, 则 $\deg f^{\sigma}(x) = \deg f(x)$, 且 $f(x)$ 在 $F[x]$ 中不可约当且仅当 $f^{\sigma}(x)$ 在 $F'[x]$ 中不可约 (见习题 6.4.3).

引理 6.4.1 设 $\sigma: F \to F'$ 是域同构, $f(x)$ 为 $F[x]$ 中的不可约多项式, $K = F(\alpha)$, α 为 $f(x)$ 的一个零点, 又设 $K' = F'(\alpha')$, 其中 α' 是 $f^{\sigma}(x)$ 的一个零点, 则映射

$$\begin{aligned} \sigma' : \ & F(\alpha) \to F'(\alpha') \\ & g(\alpha) \mapsto g^{\sigma}(\alpha'), \quad g(x) \in F[x] \end{aligned}$$

是域同构, 且 $\sigma'|_F = \sigma$. 这时我们称 σ' 是由 σ 提升得到的.

证明 由于 $f(x)$ 是 $F[x]$ 中的不可约多项式, 所以 $f^{\sigma}(x)$ 也是 $F'[x]$ 中的不可约多项式. 不妨设它们都是首一的, 从而 α 在 F 上的极小多项式为 $f(x)$, 而 α' 在 F' 上的极小多项式是 $f^{\sigma}(x)$. 由定理 6.2.1, 有 $F(\alpha) = F[\alpha], F'(\alpha') = F'[\alpha']$.

我们首先证明 σ' 是良定义的, 即对于 $g(x), h(x) \in F[x]$, 如果 $g(\alpha) = h(\alpha)$, 则应有 $\sigma'(g(\alpha)) = \sigma'(h(\alpha))$. 事实上, 由 $g(\alpha) = h(\alpha)$, 知 α 是 $g(x) - h(x) \in F[x]$ 的零点, 所以 $f(x) \,\big|\, g(x) - h(x)$, 即存在 $q(x) \in F[x]$, 使得 $g(x) - h(x) = f(x)q(x)$. 两端用 σ 作用 (定理 4.3.2 告诉我们, 这个作用是 $F[x] \to F'[x]$ 的环同构), 再令 $x = \alpha'$, 得到 $g^{\sigma}(\alpha') - h^{\sigma}(\alpha') = f^{\sigma}(\alpha')q^{\sigma}(\alpha') = 0$. 这就证明了 σ' 是良定义的.

可验证 σ' 保持加法、乘法运算, 是环同态 (请读者自证). 由于 F 是 $K = F(\alpha)$ 的子域, $\sigma'|_F = \sigma$ 是 $F \to F'$ 的同构, 所以域同态 σ' 是单射 (见例 4.4.2 (2)). 由于 $K' = F'(\alpha') = F'[a'] = \{g'(\alpha') \,\big|\, g'(x) \in F'[x]\}$, 对于任意 $g'(x) \in F'[x]$, 令 $g(x) = (g')^{\sigma^{-1}}(x)$, 即 $g(x)$ 是 σ^{-1} 作用在 $g'(x)$ 的各项系数上所得到的 $F[x]$ 中的多项式, 有 $g'(\alpha') = \sigma'(g(\alpha))$. 所以, σ' 是满射. 这就证明了 σ' 是 $K \to K'$ 的域同构. □

推论 6.4.1 设 F 是域, $p(x)$ 是 F 上的不可约多项式, 又设 α 是 $p(x)$ 在 F 的某个扩域 K_1 中的根, α' 是 $p(x)$ 在 F 的某个扩域 K_2 中的根, 则存在 F-同构 $\sigma' : F(\alpha) \to F(\alpha')$, 使得 $\sigma'(\alpha) = \alpha'$.

证明 在引理 6.4.1 中取 $F'=F,\sigma$ 为恒等映射, 即可由 σ 提升得到所要求的 σ'. □

为了证明分裂域的唯一性, 我们来证明一个更广泛的命题.

命题 6.4.2 设 $\sigma:\ F\to F'$ 是域同构, $f(x)\in F[x]$, E 为 $f(x)$ 在 F 上的一个分裂域, E' 为 $f^{\sigma}(x)$ 在 F' 上的一个分裂域, 则存在同构 $\tilde{\sigma}:\ E\to E'$, 满足 $\tilde{\sigma}|_F=\sigma$.

证明 对 $[E:F]$ 做数学归纳法.

若 $[E:F]=1$, 即 $f(x)=\prod\limits_{\text{有限}}(x-\alpha_i)$, 其中 $\alpha_i\in F$, 于是 $f^{\sigma}(x)=\prod\limits_{\text{有限}}(x-\sigma(\alpha_i))$, 其中 $\sigma(\alpha_i)\in F'$. 故 $E'=F'$. 取 $\tilde{\sigma}=\sigma$ 即可.

假设 $[E:F]<n$ 时命题为真. 下设 $[E:F]=n(n\geqslant 2)$, 故 $f(x)$ 存在次数高于或等于 2 的不可约因式. 设

$$f(x)=f_1(x)f_2(x),\quad f_1(x),f_2(x)\in F[x],\quad \deg f_1(x)\geqslant 2,$$

其中 $f_1(x)$ 是 $f(x)$ 在 $F[x]$ 中的一个次数高于或等于 2 的不可约因式. 又设 $\alpha\in E$ 是 $f_1(x)$ 的一个零点, $\alpha'\in E'$ 是 $f_1^{\sigma}(x)$ 的一个零点. 由引理 6.4.1, 知

$$\begin{aligned}\sigma':\ F(\alpha)&\to F'(\alpha')\\ g(\alpha)&\mapsto g^{\sigma}(\alpha'),\quad g(x)\in F[x]\end{aligned}$$

是域同构, 且 $\sigma'|_F=\sigma$. 由于 $[F(\alpha):F]=\deg f_1(x)\geqslant 2$, 所以 $[E:F(\alpha)]<n$. 显然, E 是 $f(x)$ 在 $F(\alpha)$ 上的分裂域, E' 是 $f^{\sigma}(x)=f^{\sigma'}(x)$ 在 $F'(\alpha')=\sigma'(F(\alpha))$ 上的分裂域 (见习题 6.4.2). 由归纳假设, 即知存在域同构 $\tilde{\sigma}:\ E\to E'$, 满足 $\tilde{\sigma}|_{F(\alpha)}=\sigma'$, 于是 $\tilde{\sigma}|_F=\sigma'|_F=\sigma$. 所以, $[E:F]=n$ 时命题成立. □

推论 6.4.2 设 F 是域, $f(x)\in F[x]$, 则 $f(x)$ 在 F 上的任何两个分裂域之间都存在一个 F-同构, 即 $f(x)$ 在 F 上的分裂域在 F-同构的意义下是唯一的.

证明 在命题 6.4.2 中取 $F'=F,\sigma=\mathrm{id}$ 即可. □

关于分裂域唯一性, 我们还有下述重要结论:

命题 6.4.3 设 F 是域, $f(x) \in F[x]$, L 为 $f(x)$ 在 F 上的某个分裂域的扩域, 则 $f(x)$ 在 F 上的分裂域在 L 中是唯一的, 并且此分裂域在 L 的任一 F-自同构下映到自身.

证明 由于 $L[x]$ 是唯一分解整环, 所以 $f(x)$ 在 $L[x]$ 中分解为 (不可约) 一次因式的乘积的方式 (不计次序的意义下) 是唯一的, 从而 $f(x)$ 在 L 中的零点集合是唯一确定的, 记为 $\{\alpha_1, \cdots, \alpha_n\}$. 而 L 中所包含的 $f(x)$ 在 F 上的分裂域就是 F 上由这个零点集合生成的扩域 $F(\alpha_1, \cdots, \alpha_n)$, 所以此分裂域唯一.

记此分裂域为 E, 即 $E = F(\alpha_1, \cdots, \alpha_n)$. 对于 L 的任一 F-自同构 $\sigma: L \to L$, 显然 $\sigma(E) = F(\sigma(\alpha_1), \cdots, \sigma(\alpha_n))$. 而 $\sigma(\alpha_1), \cdots, \sigma(\alpha_n)$ 是 $f^\sigma(x) = f(x)$ 的全部零点, 即 $\{\sigma(\alpha_1), \cdots, \sigma(\alpha_n)\} = \{\alpha_1, \cdots, \alpha_n\}$. 所以 $\sigma(E) = E$. □

多项式的分裂域是包含一个多项式全部根的扩域. 同样, 我们可以考虑具有代数基本定理所叙述的好的性质的域. 我们有如下定义:

定义 6.4.2 设 K 是域. 如果 K 上的任一次数高于 0 的多项式在 K 中都有零点 (等价地, $K[x]$ 中的任意多项式均可在 K 中分解为一次因式的乘积), 则称 K 为**代数封闭域**.

由代数基本定理, 复数域 $\mathbb{C}$ 是代数封闭域. 对于给定的域 F, 直观地想, 类似于分裂域的构造方式可以把 F 上所有多项式的零点添加到 F 上, 得到一个 (通常是无限生成的) 扩域 (即 F 上所有代数元组成的域). 但这里有一个含糊的问题: 由不同多项式的零点得到的扩域之间的关系如何? 这样的域是否唯一? 对此问题, 我们有下述定理, 其证明需要借助于集合论中的公理 (例如佐恩引理), 本书略去.

定理 6.4.1 任意域 F 都有一个代数扩张 K 是代数封闭域. 此时 K 称为域 F 的一个代数闭包. F 的代数闭包在 F-同构意义下是唯一的.

习 题

6.4.1 设 F 是域, $f(x) \in F[x]$, 又设 $\alpha \in F$, 则 $f(\alpha) = 0 \Longleftrightarrow (x-\alpha) \mid f(x)$ (提示: 利用带余除法).

6.4.2 设 F 是域, K 是多项式 $f(x) \in F[x]$ 在 F 上的分裂域. 设 E 是 K 的子域, 且 $E \supseteq F$, 证明: K 也是 $f(x)$ 在 E 上的分裂域.

6.4.3 设 $\sigma: F \to F'$ 是域同构, $f(x) \in F[x]$, 证明: $\deg f^\sigma(x) = \deg f(x)$, 且 $f(x)$ 在 $F[x]$ 中不可约当且仅当 $f^\sigma(x)$ 在 $F'[x]$ 中不可约.

6.4.4 求下列多项式在 $\mathbb{Q}$ 上的分裂域及其在 $\mathbb{Q}$ 上的次数:

(1) $(x^2-3)(x^2-5)$;

(2) $(x^2-2)(x^2+1)$;

(3) x^5-3;

(4) x^4-2;

(5) $x^4+x^2+1=(x^2+x+1)(x^2-x+1)$.

6.4.5 求 $f(x)=x^n-1 (n \geqslant 3)$ 在 $\mathbb{Q}$ 上的分裂域 E, 并对 $n=4,6,8$ 求 $[E:\mathbb{Q}]$.

6.4.6 求 $f(x)=x^3+x+1$ 在 $\mathbb{F}_2$ 上的分裂域 (提示: 设 α 是 $f(x)$ 在分裂域中一个根, 证明 α^2 也是 $f(x)$ 的根).

6.4.7 求 x^2+x+2 在 $\mathbb{F}_3$ 上的分裂域.

6.4.8 求 x^6+2x^3+2 在 $\mathbb{F}_3$ 上的分裂域.

6.4.9 求 $\sqrt{1+\sqrt{2}}$ 在 $\mathbb{Q}$ 上的极小多项式, 并求这个极小多项式在 $\mathbb{Q}$ 上的分裂域 (提示: 这个极小多项式的 4 个根是 $\pm\sqrt{1\pm\sqrt{2}}$).

6.4.10 设正整数 a 不是立方数, 证明: x^3-a 在 $\mathbb{Q}[x]$ 中不可约. 又设 α 是 x^3-a 的一个根, 证明: $\mathbb{Q}(\alpha)$ 不是 x^3-a 的分裂域.

6.4.11 设 K/F 是域扩张, $\alpha \in K$ 是 F 上的代数元, 并设 $p(x)$ 是 α 在 F 上的极小多项式, $\sigma: K \to K$ 是一个 F-自同构. 证明: $\sigma(\alpha)$ 也是 $p(x)$ 在 K 中的一个根; 特别地, 若取 K 为 $p(x)$ 在 F 上的分裂域, 则 F-自同构 σ 诱导出 $p(x)$ 在 K 中的全体根所组成的集合上的一个置换.

6.4.12 给出域 $\mathbb{Q}(\sqrt{2})$ 到复数域 $\mathbb{C}$ 的全部域嵌入.

6.4.13 给出域 $\mathbb{Q}(\sqrt[3]{2})$ 到复数域 $\mathbb{C}$ 的全部域嵌入.

6.4.14 设 K 是一个代数封闭域, F 是 K 的子域, 则 K 中全体 F 上的代数元构成子域 $\overline{F}$. 证明: $\overline{F}$ 是域 F 的代数闭包 (定义见定理 6.4.1).

§6.5 有 限 域

所谓有限域, 即包含有限多个元素的域, 例如我们已经熟知的素数 p 个元素的伽罗瓦域 (记作 $GF(p)$ 或 $\mathbb{F}_p$ 见例 2.3.2). 事实上, 任意有限域的阶都是某个素数的方幂. 设 K 是有限域, 则 K 的特征一定不为 0 (因为特征 0 的素域同构于 $\mathbb{Q}$, 已经包含无限多个元素). 因此可设 $\operatorname{char} K = p$, 这里 p 是一个素数. 由命题 6.1.3, K 包含一个同构于 $\mathbb{F}_p$ 的素域 F. 于是域扩张 K/F 是有限扩张. 设 $[K:F]=n$, 并设 $\alpha_1,\cdots,\alpha_n \in K$ 是 K 的一组 F-基, 则

$$K = \{k_1\alpha_1 + \cdots + k_n\alpha_n | k_1,\cdots,k_n \in F\}.$$

由于每个 k_i 可以有 p 个不同的取值, 所以 $|K| = p^n$. 于是, 我们证明了下述命题:

命题 6.5.1 设 K 是有限域, 则 K 的特征是一个素数 p, K 包含一个同构于 $\mathbb{F}_p$ 的素域 F, 且 $|K| = p^n$, 其中 $n = [K:F]$.

反过来, 对于任一素数 p 和任一正整数 n, 我们将要证明 p^n 阶的有限域存在且在同构意义下唯一. 为此, 我们首先研究一下域 F 上的多项式有无重根的问题.

设 $f(x) \in F[x]$, K 为 $f(x)$ 在 F 上的分裂域. 由于 $K[x]$ 是唯一分解整环, $f(x)$ 在 K 上可唯一 (不计次序的意义下) 分解为

$$f(x) = a\prod_{i=1}^{m}(x-\alpha_i)^{k_i},$$

其中首项系数 $a \in F, a \neq 0$, $\alpha_i \in K (i=1,\cdots,m)$ 是 $f(x)$ 在分裂域 K 中的根且两两不等. 设 K_1 是 $f(x)$ 在 F 上的另一个分裂域. 由推论 6.4.2, K 和 K_1 之间存在 F-同构 σ, 所以用 σ 作用后, 在 K_1 上得到唯一分解:

$$f(x) = a\prod_{i=1}^{m}(x-\sigma(\alpha_i))^{k_i},$$

其中 $\sigma(\alpha_i) \neq \sigma(\alpha_j)(i \neq j)$, 而且相应的指数 k_i 是相同的, 即这些指数与分裂域的选取是无关的.

上述说明还证明了下述命题:

命题 6.5.2 设 F 为域, $f(x) \in F[x]$ 且 $\deg f(x) = n$. 设 K 为 $f(x)$ 在 F 上的分裂域, 则 $f(x)$ 在 F 上至多有 n 个根, 而在分裂域 K 上恰有 n 个根 (重根按重数计算).

于是, 我们有下面的定义:

定义 6.5.1 设 F 是域, $f(x) \in F[x]$, K 为 $f(x)$ 在 F 上的一个分裂域. 如果 $f(x) = a\prod_{i=1}^{m}(x-\alpha_i)^{k_i}$, 其中 $a \neq 0, a \in F, \alpha_i \in K(1 \leqslant i \leqslant m)$ 两两不等, 则称 $x - \alpha_i$ 为 $f(x)$ 的 k_i **重因式**, α_i 称为 $f(x)$ 的 k_i **重根**. 一重因式也称为**单因式**, 一重根也称为**单根**. 特别地, 如果 $f(x)$ 在 K 中有重根 (或只有单根), 我们就说 $f(x)$ 有重根 (或只有单根).

先回忆一下 "高等代数" 课程中学过的一个结论: 数域 F 上的多项式 $f(x)$ 在复数域中没有重根的充要条件是 $(f(x), f'(x)) = 1$, 并且如果 $f(x)$ 不可约, 则 $f(x)$ 一定没有重根, 这里 $f'(x)$ 是 $f(x)$ 的形式导数, 即依求导法则由 $f(x)$ 算出的函数. 这个结果可推广到一般域上. 下面设 F 是任意的一个域, 我们可同样定义多项式的形式导数, 并得到相同的结果 (见命题 6.5.3). 设

$$f(x) = a_n x^n + \cdots + a_2 x^2 + a_1 x + a_0, \quad a_i \in F,\ i = 1, \cdots, n,$$

那么 $f(x)$ 的形式导数 $f'(x)$ 定义为

$$f'(x) = n a_n x^{n-1} + \cdots + 2a_2 x + a_1,$$

其中 $ia_i(i = 1, \cdots, n)$ 代表 a_i 的 i 倍. 所以 $f'(x) \in F[x]$. 而且, 容易证明形式导数与数学分析中的函数导数有同样的运算法则. 设 $f(x), g(x) \in F[x]$, 请读者自行验证下述法则成立:

(1) $(f(x) + g(x))' = f'(x) + g'(x)$;

(2) $(af(x))' = af'(x), \forall a \in F$;

(3) $(f(x)g(x))' = f'(x)g(x) + f(x)g'(x)$.

命题 6.5.3 设 F 是域, $f(x) \in F[x]$, K 为 $f(x)$ 在 F 上的分裂域, 则 $f(x)$ (在 K 中) 有重根当且仅当在 $F[x]$ 中 $(f(x), f'(x)) \neq 1$, 其中 $f'(x)$ 是 $f(x)$ 的形式导数.

证明 必要性 若 $\alpha \in K$ 为 $f(x)$ 的一个重根, 则在 $K[x]$ 中 $(x-\alpha)^2 | f(x)$. 令 $f(x) = (x-\alpha)^2 g(x)$, 其中 $g(x) \in K[x]$, 则有

$$f'(x) = 2(x-\alpha)g(x) + (x-\alpha)^2 g'(x) \in K[x].$$

于是, 在 $K[x]$ 中 $(x-\alpha) \,\big|\, (f(x), f'(x))$, 即在 $K[x]$ 中 $(f(x), f'(x)) \neq 1$. 注意到 $f(x), f'(x)$ 的系数都属于域 F, 且多项式的最大公因子与系数域的扩张无关 (见习题 5.2.14), 即 $f(x), f'(x)$ 在 $F[x]$ 中的最大公因式就是它们在 $K[x]$ 中的最大公因式, 所以在 $F[x]$ 中亦有

$$(f(x), f'(x)) \neq 1.$$

充分性 用反证法. 假若 $f(x)$ 无重根, 即在 $K[x]$ 中,

$$f(x) = a\prod_{i=1}^{n}(x-\alpha_i),$$

诸 α_i 互不相同, 则由直接计算得到在 $K[x]$ 中 $(f(x), f'(x)) = 1$, 从而在 $F[x]$ 中 $(f(x), f'(x)) = 1$, 与题设矛盾. □

例 6.5.1 设 $f(x) = x^n - 1 \in F[x]$, 则 $f'(x) = nx^{n-1}$. 若 $\mathrm{char}F \nmid n$ (这种情形包含了特征为 0 的情形), 则 0 是 $f'(x)$ 的唯一根, 而 0 不是 $f(x)$ 的根. 所以 $(f(x), f'(x)) = 1$, $f(x)$ 在分裂域上有 n 个不同的根. 若 $\mathrm{char}F \,\big|\, n$, 则 $f'(x) = 0$, $(f(x), f'(x)) = f(x) \neq 1$. 所以, 此时 $f(x)$ 有重根. 可见, 多项式是否有重根是依赖于系数域的特征的.

定理 6.5.1 设 F 是域, $f(x)$ 是 $F[x]$ 的一个不可约多项式.

(1) $f(x)$ 有重根当且仅当 $f'(x) = 0$;

(2) 若 $\mathrm{char}F = 0$, 则 $f(x)$ 无重根;

(3) 若 $\mathrm{char}F = p$, 则 $f(x)$ 有重根当且仅当存在 $g(y) \in F[y]$, 使得 $f(x) = g(x^p)$.

证明 由命题 6.5.3, $f(x)$ 有重根当且仅当 $(f(x), f'(x)) \neq 1$. 由于 $f(x)$ 不可约, 故 $f(x)$ 有重根当且仅当 $(f(x), f'(x)) = f(x)$, 但 $\deg f'(x) < \deg f(x)$, 此时必有 $f'(x) = 0$. 故结论 (1) 成立.

现在令

$$f(x) = a_n x^n + a_{n-1}x^{n-1} + \cdots + a_1 x + a_0, \quad a_i \in F, 0 \leqslant i \leqslant n,$$

则

$$f'(x) = na_n x^{n-1} + (n-1)a_{n-1}x^{n-2} + \cdots + a_1.$$

若 $\mathrm{char}F = 0$, 假设 $f(x)$ 有重根, 则由 $f'(x) = 0$, 可得 $a_n = a_{n-1} = \cdots = a_1 = 0$, 即 $f(x) = a_0$ 与 $f(x)$ 是次数高于或等于 1 的不可约多项式矛盾. 故结论 (2) 成立.

若 $\mathrm{char}F = p$, 则 $f'(x) = 0$ 当且仅当

$$na_n = (n-1)a_{n-1} = \cdots = a_1 = 0.$$

由命题 6.1.2 (1), 只要 $i \not\equiv 0 (\mathrm{mod}\, p)$, 就必有 $a_i = 0$. 因此, 存在正整数 $t \geqslant 1$, 使得

$$\begin{aligned} f(x) &= a_{tp}x^{tp} + \cdots + a_{2p}x^{2p} + a_p x^p + a_0 \\ &= a_{tp}(x^p)^t + \cdots + a_{2p}(x^p)^2 + a_p x^p + a_0. \end{aligned}$$

令

$$g(y) = a_{tp}y^t + \cdots + a_{2p}y^2 + a_p y + a_0 \in F[y],$$

则 $f(x) = g(x^p)$. 故结论 (3) 成立. □

下面回到有限域的讨论.

定理 6.5.2 对于任一素数 p 和任一正整数 n, 我们有:

(1) 多项式 $f(x) = x^{p^n} - x \in \mathbb{F}_p[x]$ 在 $\mathbb{F}_p$ 上的分裂域 K 是一个 p^n 阶有限域;

(2) 任意一个 p^n 阶有限域都是 $x^{p^n} - x$ 在其素域上的一个分裂域;

(3) 任意两个 p^n 阶有限域在同构意义下是唯一的.

证明 (1) 令 $f(x)$ 在 K 中的全部零点组成的集合为 S, 于是 $0, 1 \in S$. $\forall \alpha, \beta \in S$, 由命题 6.1.2 (2), 有

$$(\alpha - \beta)^{p^n} = \alpha^{p^n} - \beta^{p^n} = \alpha - \beta,$$

即 $\alpha - \beta \in S$; 又明显的, 若 $\beta \neq 0$, 则

$$\left(\frac{\alpha}{\beta}\right)^{p^n} = \frac{\alpha^{p^n}}{\beta^{p^n}} = \frac{\alpha}{\beta},$$

即 $\dfrac{\alpha}{\beta} \in S$. 所以, S 在域的运算下封闭, 即 S 是 K 的子域.

又因为 $f'(x) = p^n x^{p^n-1} - 1 = -1 \neq 0$, 所以 $(f(x), f'(x)) = 1$. 由命题 6.5.3, $f(x)$ 在 K 中无重因式, 即 $f(x)$ 在 K 中有 p^n 个不同的零点. 这样, S 就是一个含有 p^n 个元素的有限域. 由习题 6.1.6 可推出, $\forall \alpha \in \mathbb{F}_p$, 有 $\alpha^{p^n} = \alpha$, 所以 $\mathbb{F}_p \subseteq S$. 而 S 恰由 $f(x)$ 的 p^n 个不同的根组成, 故 $S = K$ 是 $f(x)$ 在 $\mathbb{F}_p$ 上的分裂域.

(2) 设 E 是任一 p^n 阶有限域, 于是 $\mathrm{char}E = p$, E 包含一个同构于 $\mathbb{F}_p$ 的素域 F. $E^* = E \setminus \{0\}$ 是阶为 $p^n - 1$ 的乘法群. 由拉格朗日定理, 任一 $\alpha \in E^*$ 满足 $\alpha^{p^n-1} = 1$, 从而 $\alpha^{p^n} = \alpha$, 即 α 是 $x^{p^n} - x \in F[x]$ 的零点. 又显然 0 也是 $x^{p^n} - x$ 的零点, 所以 E 由 $x^{p^n} - x$ 的零点组成, 即 E 是 $x^{p^n} - x$ 在素域 F 上的分裂域.

(3) 由命题 6.4.2, 可知所有由 p^n 个元素组成的有限域都同构. □

由 p^n 个元素组成的有限域记为 $\mathbb{F}_{p^n}$ 或 $GF(p^n)$. 由于 p^n 阶有限域 $\mathbb{F}_{p^n}$ 是素域 $\mathbb{F}_p$ 上的 n 维线性空间, 所以由例 3.8.2, 其加法群同构于 $\overbrace{C_p \times \cdots \times C_p}^{n\text{ 个}}$. 下面我们要证明其非零元组成的乘法群是循环群. 为此, 我们先证明一个引理. 设 G 是有限群, G 中所有元素的阶的最小公倍数 m 称为 G 的方次数, 记作 $\exp G = m$.

引理 6.5.1 设 G 是有限交换群, 则 G 是循环群 $\Longleftrightarrow$ 对于任一正整数 m, $x^m = e$ 在 G 中最多有 m 个解, 其中 e 是单位元.

证明 先设 G 是 n 阶循环群, $G = \langle a \rangle$, $|G| = o(a) = n$. 若 $x_0 = a^t$ 满足 $x^m = e$, 则可断言 $x_0^{(m,n)} = e$: 设 $u, v \in \mathbb{Z}$ 满足 $um + vn = (m, n)$, 则 $x_0^{(m,n)} = (x_0^m)^u (x_0^n)^v = ee = e$. 于是 $a^{t(m,n)} = e$. 所以 $n | t(m, n)$, 即 $\left.\dfrac{n}{(m,n)}\right| t$. 故 $x_0 = a^t \in \langle a^{\frac{n}{(m,n)}} \rangle$. 而 $|\langle a^{\frac{n}{(m,n)}} \rangle| = (m, n)$, 所以 $x^m = e$ 在 G 中解的个数 $\leqslant (m, n) \leqslant m$.

再设 G 是交换但非循环群, $\exp G = r$. 由引理 3.2.1, G 中存在元素 a, 满足 $o(a) = r$. 又因为 G 非循环, 所以 $|G| > r$. 由 $\exp G$ 的定义, G 中所有元素的 r 次幂为单位元 e, 即 $x^r = e$ 的解有 $|G|$ 个, 但 $|G| > r$, 矛盾. □

命题 6.5.4 $\mathbb{F}_{p^n}$ 的非零元组成的乘法单位群是循环群, 所以 $\mathbb{F}_{p^n}$ 是其素域 $\mathbb{F}_p$ 上的单扩张.

证明 由于 $\mathbb{F}_{p^n}$ 是域, 所以对于任意正整数 m, $x^m = 1$ 在乘法 (交换) 群 $\mathbb{F}_{p^n}^*$ 中至多有 m 个根. 由引理 6.5.1, 即知 $\mathbb{F}_{p^n}^*$ 是循环群.

令 $\alpha \in \mathbb{F}_{p^n}^*$ 是循环群 $\mathbb{F}_{p^n}^*$ 的生成元, 则 $\mathbb{F}_{p^n} = \mathbb{F}_p(\alpha)$ 是单扩张. □

推论 6.5.1 任意有限域的有限扩张是单扩张.

证明 因为任意有限域的有限扩张还是有限域, 所以由命题 6.5.4 立得结论. □

我们已知 p^n 阶有限域一定存在, 而且是素域上的单扩张. 这就使得我们可以如同例 6.3.4 那样来具体构造一个 p^n 阶有限域. 我们取 $\mathbb{F}_p$ 上的一个 n 次不可约多项式 $f(x) \in \mathbb{F}_p[x]$. 这样的多项式一定存在, 这是因为有限域 $\mathbb{F}_{p^n}$ 是 $\mathbb{F}_p$ 上的一个单扩张, 设这个单扩张的生成元是 α, 则 α 在 $\mathbb{F}_p$ 上的极小多项式就是 $\mathbb{F}_p$ 上的一个 n 次不可约多项式. 但这样的多项式有时并不好找. 由定理 6.3.3, 构造 $\mathbb{F}_p$ 上的扩域 $\mathbb{F}_p[x]/(f(x))$, 得到一个 p^n 阶有限域.

下面我们来决定有限域的子域. 由于有限域子域的乘法单位群也是有限域乘法单位群 (循环群) 的子群, 所以有限域子域的性质与循环群子群的性质类似.

命题 6.5.5 设 p 是素数, n 是正整数, 并设正整数 $m \,\big|\, n$, 则有限域 $\mathbb{F}_{p^n}$ 中存在唯一的 p^m 阶子域, 并且这些是 $\mathbb{F}_{p^n}$ 中仅有的子域.

证明 设 $\mathbb{F}_p$ 是有限域 $\mathbb{F}_{p^n}$ 中的素域.

先证存在性. 设 $m|n$, 于是 $p^m - 1 \,\big|\, p^n - 1$, 从而在 $\mathbb{F}_p[x]$ 中

$$x^{p^m-1} - 1 \,\big|\, x^{p^n-1} - 1$$

(见习题 6.5.4). 这就推出了

$$x^{p^m} - x \,\big|\, x^{p^n} - x.$$

由于 $\mathbb{F}_{p^n}$ 是 $x^{p^n} - x$ 在 $\mathbb{F}_p$ 上的分裂域, 所以也包含 $x^{p^m} - x$ 的所有根, 而 $x^{p^m} - x$ 的所有根恰组成一个 p^m 阶域. 这就证明了 p^m 阶子域的存在性.

再证唯一性. 注意到 $\mathbb{F}_{p^n}$ 的任意 p^m 阶子域 L 都是 $x^{p^m}-x$ 在其素域 $\mathbb{F}_p$ 上的分裂域 (见定理 6.5.2 (2)), 由命题 6.4.3, 这样的分裂域唯一, 故 p^m 阶子域唯一.

最后, 设 E 是 $\mathbb{F}_{p^n}$ 的一个子域, 其特征当然也是 p, 所以可设 $|E|=p^l$. 于是, 我们有域扩张链

$$\mathbb{F}_p \subseteq E \subseteq \mathbb{F}_{p^n},$$

得到 $[E:\mathbb{F}_p] \,\big|\, [\mathbb{F}_{p^n}:\mathbb{F}_p]=n$. 而 $[E:\mathbb{F}_p]=l$, 故 $l \,\big|\, n$. □

在本节最后, 我们介绍有限域的一个重要自同构.

命题 6.5.6 映射

$$\mathbb{F}_{p^n} \to \mathbb{F}_{p^n},$$
$$\alpha \mapsto \alpha^p$$

是 $\mathbb{F}_{p^n}$ 的自同构, 称之为**弗罗贝尼乌斯 (Frobenius) 自同构**, 记为 Frob_p.

证明 由命题 6.1.2 (2), 对于任意 $\alpha,\beta\in\mathbb{F}_{p^n}$, 有

$$(\alpha+\beta)^p=\alpha^p+\beta^p, \quad (\alpha\beta)^p=\alpha^p\beta^p,$$

即映射 Frob_p 保持加法、乘法运算, 所以 Frob_p 是 $\mathbb{F}_{p^n}$ 的自同态. 显然 $\mathbb{F}_{p^n}$ 不是零同态, 所以是单射. 又因为 $\mathbb{F}_{p^n}$ 是有限集合, 所以 Frob_p 也是满射. 这就证明了 Frob_p 是 $\mathbb{F}_{p^n}$ 的域自同构. □

这个命题告诉我们, 在 p^n 阶元素的有限域 K 中, 对任意元素 α, 都存在唯一元素 $\beta\in E$, 使得 $\beta^p=\alpha$, 即 α 可以开 p 次方, 并且 p 次方根在 E 中是唯一的.

安里西 · 韦伯

历史的注 域论的发展比群论要晚. 虽然伽罗瓦可以说是第一个将群论和域论联系起来的数学家, 但最早使用域这个词的是戴德金, 他在 1871 年把四则运算封闭

的实数集合或复数集合叫作“域”, 不过这并没有现代代数中域的概念. 直到 1893 年, 安里西 · 韦伯 (Heinrich Weber, 1842—1913) 才第一次给出抽象域的概念. 而域论最早的论文则是施泰尼茨 (Ernst Steinitz, 1871—1928) 在韦伯的工作影响下对抽象域进行综合研究后于 1911 年用德文发表的《域的代数理论》(*Algebraische Theorie der Körper*). 他在论文中以公理化的方式研究了域的性质, 并给出了多个有关域的术语, 比如素域、完全域和域扩张的超越次数等等.

安里西 · 韦伯是德国数学家, 1842 年 5 月 5 日生于德国海德堡, 1913 年 5 月 17 日卒于斯特拉斯堡 (现属法国). 他在 1863 年获海德堡大学博士学位. 曾历任柯尼斯堡、马尔堡、斯特拉斯堡等大学的校长, 培养了众多优秀学生, 其中包括闵科夫斯基和希尔伯特. 他是德国和其他一些国家科学院的院士, 也是德国数学会 (1890 年成立) 的创始人之一.

习 题

6.5.1 设 $f(x) \in F[x]$, 证明: $f(x)$ 有 $n(n \geqslant 2)$ 重根 α 的充要条件是 α 是 $f(x), f'(x)$ 的公共根.

6.5.2 设 $f(x)$ 是域 F 上的一个 n 次不可约多项式, 证明: 若 $\mathrm{char} F \nmid n$, 则 $f(x)$ 无重根.

6.5.3 设 $q = p^n$ 是一个素数方幂, 并设 F_q 是一个 q 阶有限域. 对于任意正整数 m, 证明: 存在 F_q 的一个 m 次扩张 E, 使得 $|E| = q^m$, 而且 F_q 的任意两个 m 次扩张都是域同构的 (提示: 考查 $x^{q^m} - x$ 在 F_q 上的分裂域).

6.5.4 在任一域 F 上, 证明: 多项式 $x^k - 1 \mid x^m - 1$ 当且仅当 $k \mid m$.

6.5.5 在 $\mathbb{F}_p[x]$ 中, 证明: $x^{p^m} - x \mid x^{p^n} - x$ 当且仅当 $m \mid n$, 这里 m, n 是正整数.

6.5.6 设 $f(x)$ 为 $\mathbb{F}_p[x]$ 中的 m 次不可约多项式, 证明: $f(x) \mid x^{p^n} - x$ 当且仅当 $m \mid n$.

6.5.7 证明: 有限域 $\mathbb{F}_{p^n}$ 中全体非零元的乘积是 $(-1)^{p^n}$. 由此证

明威尔逊 (Wilson) 定理: 设 p 是素数, 则 $(p-1)! \equiv -1 (\bmod p)$.

6.5.8 在 $\mathbb{F}_2$ 上将 $x^8-x, x^{16}-x$ 分解为不可约因式的乘积.

6.5.9 设 q 是一个素数方幂, 对于任意正整数 n, 证明: $F_q[x]$ 中存在 n 次不可约多项式 (提示: 利用 q^n 次有限域存在是单扩张).

§6.6 分 圆 域

作为域的有限扩张的例子, 我们来研究下面要用到的 “分圆域”.

定义 6.6.1 设 n 为正整数. 有理数域 $\mathbb{Q}$ 上多项式 x^n-1 的分裂域叫作 n 次**分圆域**.

多项式 x^n-1 的所有复根称为 n 次单位根. 在例 3.2.5 (4) 中, 我们知道, 所有 n 个 n 次单位根关于复数乘法组成一个 n 阶循环群, 称为 n 次单位根群, 记为 $\mu_n=\langle e^{i\frac{2\pi}{n}}\rangle$. 它的生成元叫作 n 次**本原单位根**. 由命题 3.2.8, μ_n 共有 $\varphi(n)$ 个生成元, 即共有 $\varphi(n)$ 个 n 次本原单位根, 这里 $\varphi(n)$ 是欧拉函数. 以 ζ 记一个确定的 n 次本原单位根, 则全部 n 次本原单位根的集合为

$$\Theta_n=\{\zeta^i \,\big|\, 1 \leqslant i<n,(i, n)=1\}.$$

令

$$\Phi_n(x)=\prod_{\zeta^i \in \Theta_n}(x-\zeta^i). \tag{6.2}$$

我们称 $\Phi_n(x)$ 为 n 次**分圆多项式**, 且有 $\deg \Phi_n(x)=\varphi(n)$.

由于 x^n-1 的任一零点都是某个 d 次本原单位根 $(d|n, d \geqslant 1)$, 容易证明

$$x^n-1=\prod_{d|n, d \geqslant 1} \Phi_d(x). \tag{6.3}$$

比较两端的次数, 我们得到 $n=\sum\limits_{d|n, d \geqslant 1} \varphi(d)$.

式 (6.3) 使得我们可以归纳地求出 $\Phi_n(x)$. 显然, $\Phi_1(x)=x-1$, $\Phi_2(x)=x+1$, 于是

$$x^3-1=\Phi_1(x) \Phi_3(x)=(x-1) \Phi_3(x),$$

由此推出

$$\Phi_3(x) = x^2 + x + 1.$$

类似地, 由

$$x^4 - 1 = \Phi_1(x)\Phi_2(x)\Phi_4(x) = (x-1)(x+1)\Phi_4(x),$$

可推出

$$\Phi_4(x) = x^2 + 1.$$

当 p 是素数时,

$$x^p - 1 = \Phi_1(x)\Phi_p(x) = (x-1)\Phi_p(x),$$

故

$$\Phi_p(x) = x^{p-1} + x^{p-2} + \cdots + x + 1,$$

由例 5.3.1, $\Phi_p(x)$ 是 $\mathbb{Q}$ 上的不可约多项式. 上面的例子中 $\Phi_n(x)(n = 1,2,3,4,p)$ 都是首一整系数多项式, 且都是 $\mathbb{Q}$ 上的不可约多项式. 下面我们要证明这个结论对任意 n 都是正确的.

引理 6.6.1 n 次分圆多项式 $\Phi_n(x) \in \mathbb{Z}[x]$ 是首一整系数多项式, 且 $\deg \Phi_n(x) = \varphi(n)$.

证明 由式 (6.2), 可知 $\Phi_n(x) \in \mathbb{C}[x]$ 是首一的, 且 $\deg \Phi_n(x) = \varphi(n)$, 只要再证明其系数都属于 $\mathbb{Z}$ 即可. 为此, 对 n 做数学归纳法.

当 $n = 1$ 时, $\Phi_1(x) = x - 1$ 是首一整系数多项式. 下设 $\Phi_d(x)(1 \leqslant d < n)$, 全是首一整系数多项式. 由于

$$x^n - 1 = f(x)\Phi_n(x),$$

其中

$$f(x) = \prod_{d|n, 1 \leqslant d < n} \Phi_d(x),$$

由归纳假设, 可推出 $f(x) \in \mathbb{Z}[x]$ 也是首一整系数的多项式. 注意到在 $\mathbb{C}$ 上 $f(x) \,\big|\, x^n - 1$, 即在 $\mathbb{C}$ 上可用带余除法计算出 $\Phi_n(x)$ 的各项系数. 但事实上, $f(x), x^n - 1 \in \mathbb{Q}[x]$, 用带余除法计算时只用到四则运算, 所

以得到的商式的系数也属于数域 $\mathbb{Q}$. 这就说明了 $\Phi_n(x)$ 事实上是 $\mathbb{Q}$ 上的多项式. 最后, 由引理 5.3.3 (3), 有 $\Phi_n(x) \in \mathbb{Z}[x]$. $\square$

因为 $\Phi_n(x)$ 是首一整系数多项式, 由推论 5.3.2 (2), 证明 $\Phi_n(x)$ 在 $\mathbb{Q}$ 上不可约等价于证明 $\Phi_n(x)$ 在 $\mathbb{Z}$ 上不可约.

命题 6.6.1 *$\Phi_n(x)$ 是 $\mathbb{Z}[x]$ 中的不可约多项式, 从而是 $\mathbb{Q}[x]$ 中的不可约多项式.*

证明 用反证法. 设 $\Phi_n(x)$ 在 $\mathbb{Z}[x]$ 中有真分解, 由推论 5.3.2, 存在首一且次数高于或等于 1 的整系数多项式 $g(x), h(x) \in \mathbb{Z}[x]$, 使得

$$\Phi_n(x) = g(x)h(x),$$

且我们可设 $g(x)$ 是 $\mathbb{Z}[x]$ 中的首一不可约多项式 (当然也是 $\mathbb{Q}[x]$ 中的不可约多项式, 见推论 5.3.2 (2)). 设 ζ 是 $g(x)$ 的一个零点, 则 ζ 是一个 n 次本原单位根, 且 $g(x)$ 是 ζ 在 $\mathbb{Q}$ 上的极小多项式. 我们断言: 对于每一满足 $p \nmid n$ 的素数 p, ζ^p 仍是 $g(x)$ 的零点.

假设断言不成立. 由于 ζ^p 仍是 n 次本原单位根, 故也是 $\Phi_n(x)$ 的零点, 所以 ζ^p 是 $h(x)$ 的零点, 即 $g(x)$ 与 $h(x^p)$ 有公共零点 $x = \zeta$. 由于 $g(x)$ 是 ζ 在 $\mathbb{Q}$ 上的极小多项式, 所以存在 $m(x) \in \mathbb{Q}[x]$, 使得 $h(x^p) = g(x)m(x)$. 由引理 5.3.3 (3), 有 $m(x) \in \mathbb{Z}[x]$. 考虑映射

$$\begin{aligned} \pi:\ \mathbb{Z}[x] &\to \mathbb{F}_p[x], \\ f(x) &\mapsto \overline{f}(x), \end{aligned}$$

其中 $\mathbb{F}_p = \mathbb{Z}/p\mathbb{Z}$ 为模 p 剩余类环, $\overline{f}(x)$ 表示 $f(x)$ 的各项系数都模 p 所得到的 $\mathbb{F}_p$ 上的多项式. 显然 π 是环同态. 于是, 在 $\mathbb{F}_p[x]$ 中有

$$\overline{h}(x^p) = \overline{g}(x)\overline{m}(x).$$

由习题 6.1.7, 有

$$\overline{h}(x^p) = (\overline{h}(x))^p = \overline{g}(x)\overline{m}(x).$$

因为 $\mathbb{F}_p[x]$ 是唯一分解整环, $\overline{g}(x)$ 与 $\overline{h}(x)$ 至少有一个公共不可约因子, 所以在 $\mathbb{F}_p[x]$ 中不互素.

由于在 $\mathbb{Z}[x]$ 中 $g(x)h(x)|(x^n-1)$, 所以在 $\mathbb{F}_p[x]$ 中 $\overline{g}(x)\overline{h}(x)|\overline{(x^n-1)}$. 由于 $\overline{g}(x)$ 与 $\overline{h}(x)$ 至少有一个公共不可约因子, 所以 $\overline{x^n-1}\in\mathbb{F}_p[x]$ 有重根. 在 $\mathbb{F}_p[x]$ 中, 我们仍然记 $\overline{x^n-1}$ 为 x^n-1. 由于 $(x^n-1)'=nx^{n-1}\neq 0$, 并且 $(x^n-1,nx^{n-1})=1$, 由命题 6.5.3, $x^n-1\in\mathbb{F}_p[x]$ 无重因子, 矛盾. 这就证明了我们的断言.

现在设 $\zeta^i\in\Theta_n$, 则 $(i,n)=1$. 设 $i=p_1\cdots p_t$ 为 i 的素因子分解式, 则 $p_j\nmid n, 1\leqslant j\leqslant t$. 反复应用我们的断言, 即知 ζ^i 是 $g(x)$ 的零点. 于是 $g(x)=\Phi_n(x)$. 故 $\Phi_n(x)$ 在 $\mathbb{Z}$ 上是不可约的, 从而也在 $\mathbb{Q}$ 上是不可约多项式. □

由命题 6.6.1, 我们知道 $\Phi_n(x)$ 是 n 次本原单位根 ζ 在有理数域 $\mathbb{Q}$ 上的极小多项式. 而 n 次分圆域是 $\mathbb{Q}$ 上添加 ζ 得到的域 $\mathbb{Q}(\zeta)$, 所以 $[\mathbb{Q}(\zeta):\mathbb{Q}]=\varphi(n)$.

最后, 我们简单地介绍一下 $\Phi_n(x)$ 的一个有用的计算公式. 为此, 我们引入默比乌斯 (Möbious) 函数. 对于任意正整数 n, 定义默比乌斯函数:

$$\mu(n)=\begin{cases}1, & n=1,\\ (-1)^r, & n=p_1p_2\cdots p_r, p_1,\cdots,p_r \text{ 是两两不同的素数},\\ 0, & \text{存在素数 } p, \text{ 使得 } p^2|n.\end{cases}$$

设正整数 $n=p_1^{a_1}\cdots p_r^{a_r}$ 是 n 的标准素因子分解式, 这里 $n\geqslant 2$. 则

$$\begin{aligned}\sum_{d|n}\mu(d)&=\sum_{d|p_1\cdots p_r}\mu(d)\\&=\mu(1)+\sum_{i=1}^{r}\mu(p_i)+\sum_{1\leqslant i<j\leqslant r}\mu(p_ip_j)\\&\quad+\cdots+\mu(p_1\cdots p_r)\\&=1-\mathrm{C}_r^1+\mathrm{C}_r^2-\cdots+(-1)^rC_r^r\\&=(1-1)^r=0.\end{aligned}$$

于是, 我们得到了默比乌斯函数的一条重要性质:

$$\sum_{d|n}\mu(d)=\begin{cases}1, & n=1,\\ 0, & n>1.\end{cases} \tag{6.4}$$

我们还可以证明下面的公式:

$$\Phi_n(x)=\prod_{d|n}(x^d-1)^{\mu(\frac{n}{d})}. \tag{6.5}$$

证明可参见文献 [1] 中第七章 §6, 本书略去.

上面这个公式可以帮助我们计算分圆多项式.

例 6.6.1 $\Phi_{12}(x)=(x^{12}-1)(x^6-1)^{-1}(x^4-1)^{-1}(x^2-1)$

$$=(x^6+1)(x^2+1)^{-1}$$
$$=x^4-x^2+1.$$

习　　题

6.6.1 设 p 是一个素数, 利用式 (6.5) 计算 $\Phi_{p^r}(x)$.

6.6.2 计算 $\Phi_8(x), \Phi_{18}(x)$.

6.6.3 设 m,n 是正整数, l 是 m 与 n 的最小公倍数, 证明:

$$\mathbb{Q}(\zeta_m,\zeta_n)=\mathbb{Q}(\zeta_l),$$

其中 ζ_k 是一个 k 次本原单位根.

*§6.7 几何作图不能问题

学习"中学几何"课程时, 大家都学过"尺规作图". 严格地说, 尺规作图问题就是应用无刻度任意长度的直尺和可张开任意宽度的圆规, 根据给定的有限多个已知量, 通过以下手法来作出若干满足一定条件的未知量的问题, 所允许的作图手法是:

(1) 通过两个已知点可作一条直线;

(2) 已知圆心和半径可作一个圆;

(3) 若两条已知直线相交, 可求其交点;

(4) 若已知直线和一个已知圆相交, 可求其交点;

(5) 若两个已知圆相交, 可求其交点.

我们知道, 有些问题是能用上述方法作出的, 比如我们可以用尺规作过一个已知点并和一条已知直线平行 (或垂直) 的直线, 将一条已知线段 n 等分, 作一条已知角的分角线. 在学习作正多边形时, 我们还能作出正五边形, 但没有办法作出正七边形.

数学史上著名的三大几何作图不能问题 约公元前 6–4 世纪, 古希腊数学家提出下列三大几何作图问题:

(1) 倍立方体问题: 作一个正立方体, 使它的体积是已给正立方体体积的 2 倍;

(2) 三等分角问题: 三等分一个已知角;

(3) 化圆为方问题: 作一个正方形, 使它的面积等于已给圆的面积.

尽管存在着不少的传说, 但这些问题到底是怎样提出来的, 目前已不可考, 感兴趣的读者可以参考一些相关的专门著作. 这些传说不是我们关注的重点. 我们在本节要达到的目的是分析能用尺规作图解决的问题有哪些特征, 从而严格证明上述三个问题是不能用尺规作图来解决的.

初步的分析

(1) 尺规作图问题的已知量和所求量均可用实数来描述.

我们首先引入平面的直角坐标系. 取点 P_1, P_2 分别作为坐标原点 O 和 x 轴上的单位点 E, 建立 x 轴. 在中学时, 我们已经知道, 用尺规可作出过点 O 与 x 轴垂直的直线及其上的单位点, 于是建立了 y 轴. 这样就建立了平面上的一个直角坐标系, 可以赋予平面上每个点 P_i 以坐标 (a_i, b_i), 其中 $a_i, b_i \in \mathbb{R}$. 这里线段 P_1P_2 给出了这个直角坐标系的单位长度 1, 而 P_1 给出了原点. 从这个给定的单位长度 1 出发, 我们建立了直角坐标系, 于是某个点 P_i 能否用尺规作出就等价于其坐标 a_i, b_i 能否用尺规作出, 或更一般地, 等价于一个作为长度的实数量 (例如坐标) 能否用尺规作出.

下面我们给出尺规作图的严格定义:

在欧氏平面上给定一个有限点集合 $S=\{P_1,P_2,\cdots,P_n\}(n\geqslant 2)$，只允许用无刻度的直尺和圆规作如下图形:

(i) 过 S 的任意两点作直线;

(ii) 以 S 的任一点为圆心, 以 S 的任意两点之间的距离为半径作圆.

如果平面上一点 Q 是 (i) 中两条直线的交点, 或 (i) 中一条直线和 (ii) 中一个圆的交点, 或 (ii) 中两个圆的交点, 我们称 Q **可用尺规直接从 S 作出**. 如果对点 Q 存在一串 (有限个) 点 $Q'_1,\cdots,Q'_r=Q$, 使得 Q'_1 可用尺规直接从 S 作出, 而且 Q'_{i+1} 可用尺规从点集 $S\cup\{Q'_1,\cdots,Q'_i\}(i=1,\cdots,r-1)$ 直接作出, 则称 Q **可用尺规从 S 作出**.

由于上面的解释, 我们也可以在上述定义中把点 P_i 更改成代表这些点的坐标的实数. 由于总是要建立一个直角坐标系来将几何语言转化为代数语言, 我们总假定: $0,1\in S$, 这两个量分别代表了原点和 $(1,0),(0,1)$ 两个表示单位长度的点; 若实数 $a\in S$, 则点 $(a,0),(0,a)\in S$. 尺规作图问题就变成由一些已知实数 (总假设包含 0,1) 出发, 如何用上述圆规和直尺的使用法则来构造未知实数的问题.

(2) 在中学几何课程中学过, 任意已知实数的和、差、积、商 (除数不为 0) 以及一个正实数开平方根都可用尺规作图得到. 具体说来, 我们有下述引理:

引理 6.7.1 设 a,b 为非零实数, 则 $a\pm b,ab,a/b$ 和 $\sqrt{a}(a>0)$ 可用尺规从数集 $S=\{0,1,a,b\}$ 作出.

证明 如果 $a<0$, 那么 $-a$ 可用尺规直接从 S 中作出. 不妨设 $a>0,b>0$. 显然 $a\pm b$ 可用尺规直接从 S 作出. 由于尺规作图可过给定直线外一点作这条直线的平行线, 于是我们可用尺规从 S 作出 $ab,a/b$, 见图 6.1.

现在作 $\sqrt{a}$. 先作点 $(1+a,0)$, 并在 x 轴上取原点 O 与 $(1+a,0)$ 的中点 $(m,0),m=\dfrac{1+a}{2}$, 然后以 $(m,0)$ 为圆心, m 为半径作圆, 最后作过 $(1,0)$ 且与 x 轴垂直的直线, 交圆于 $(1,r)$, 于是 $r=\sqrt{a}$. □

回到平面上的直角坐标系, $O=(0,0)$ 为原点, $E=(1,0)$. 令 $S=\{O,E\}$ 或等价地令 $S=\{0,1\}$, 则由引理 6.7.1, 从 1 出发, 做可能

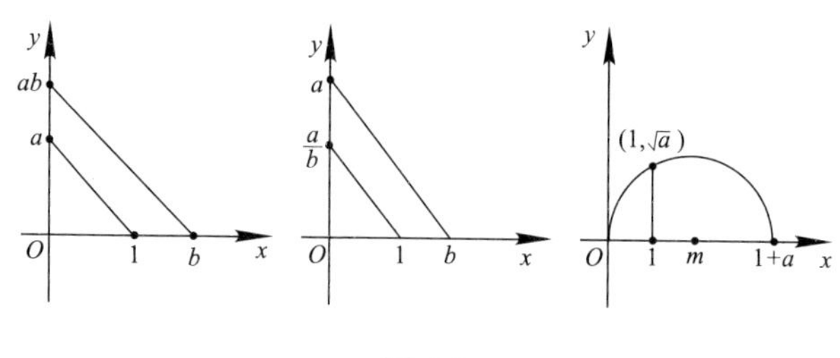

图 6.1

的和、差, 可得到整数集合, 即全部坐标为整数的点 $(m,n), m,n\in\mathbb{Z}$. 再做可能的商, 可得到 $\mathbb{Q}$, 即坐标为有理数的全部点. 我们还可以通过开平方根, 得到更多的实数. 注意到尺规作图可得到的数对四则运算封闭, 所以可用尺规作图从 $S=\{0,1\}$ 作出的数组成一个数域 K, 而有理数域 $\mathbb{Q}\subseteq K$.

(3) 从一个已知的数域 $F\subseteq\mathbb{R}$ 出发, 看看应用允许的圆规和直尺的使用法则能得出什么样的新数.

首先, 新数是作为直线、圆和另外的直线、圆的交点坐标而产生的. 在解析几何里, 这些交点坐标有三种类型: 一是直线与直线的交点, 二是直线与圆的交点, 三是两个圆的交点. 而直线的方程是

$$ax+by+c=0,\quad a,b,c\in F;$$

圆的方程是

$$(x-a)^2+(y-b)^2=r^2,\quad a,b,r\in F.$$

直线与直线的交点, 即方程组

$$\begin{cases} ax+by+c=0,\\ dx+ey+f=0 \end{cases}$$

的解. 明显地, 直线与直线的交点坐标可由此方程组的系数做四则运算得到, 所以仍在 F 中, 不产生新数.

直线与圆的交点, 即方程组

$$\begin{cases} ax+by+c=0,\\ (x-d)^2+(y-e)^2=s^2 \end{cases}$$

的解. 不妨设 $b \neq 0$, 利用第一个方程将 y 表示成 x 的函数, 代入第二个方程, 我们得到一个关于 x 的至多二次的方程, 所以直线与圆的交点的 x 坐标 $\alpha \in F(\alpha)$, 而 α 在 F 上的极小多项式的次数低于或等于 2, 所以 $[F(\alpha):F]=2$ 或 $F(\alpha)=F$. 易知, 此时这个交点的 y 坐标 $\beta \in F(\alpha)$. 所以, 这个过程至多给出 F 的一个 2 次扩张.

两个圆的交点, 即方程组

$$\begin{cases}(x-a)^2+(y-b)^2=r^2,\\(x-c)^2+(y-d)^2=s^2\end{cases}$$

的解. 将两个方程相减 (事实上是连接两个交点的直线), 解上述方程组转化为解下述方程组:

$$\begin{cases}(x-a)^2+(y-b)^2=r^2,\\2(c-a)x+2(d-b)y=r^2-a^2-b^2-s^2+c^2+d^2.\end{cases}$$

这样转化为上一种情形, 其交点坐标含在 F 的一个至多 2 次扩张中.

从以上分析我们很容易得到下述命题:

命题 6.7.1 设 $\alpha \in \mathbb{R}$ 可从实数子域 F 出发由尺规作图得到, 则 $[F(\alpha):F]=2^t$, 其中 t 是非负整数.

三大几何作图不能问题的分析

(1) 倍立方体问题: 设已给立方体边长为 1, 则所求立方体边长为 $\sqrt[3]{2}$. 所以, 问题是否能从 $S=\{0,1\}$ 出发由尺规作图得到 $\sqrt[3]{2}$. 如果 $\sqrt[3]{2}$ 可用圆规和直尺作出, 则 $\sqrt[3]{2}$ 应该在 $\mathbb{Q}$ 的一个 2^t 次扩张中. 这将推出 $3|2^t$, 矛盾.

(2) 三等分角问题: 我们以 60° 角为例证明一般来说三等分角不能用圆规和直尺作出.

根据三角学中的三倍角公式 $\cos 3\theta = 4cos^3\theta - 3\cos\theta$, 以 $\theta = 20^\circ$ 代入, 得到 $\dfrac{1}{2}=4\cos^3 20^\circ - 3\cos 20^\circ$, 即 $\cos 20^\circ$ 满足方程 $4x^3-3x=\dfrac{1}{2}$. 令 $x=\dfrac{y+1}{2}$, 代入化简后得到 $y^3+3y^2-3=0$. 由艾森斯坦判别法, 知 y^3+3y^2-3 在 $\mathbb{Q}[y]$ 中不可约, 所以 $4x^3-3x-\dfrac{1}{2}$ 在 $\mathbb{Q}[x]$ 中不可

约. 于是 $[\mathbb{Q}(\cos 20^\circ):\mathbb{Q}]=3$. 同样的道理, $3\nmid 2^t$, 知 20° 不能用尺规作图得到.

(3) 化圆为方问题: 设已知圆的圆心在原点, 并设其半径为单位长 1, 要求从 $S=\{0,1\}$ 出发用尺规作图方法作出边长为 $\sqrt{\pi}$ 的正方形. 但 1882 年, 德国数学家林德曼 (Lindemann) 证明了 π 的超越性, 自然 $\sqrt{\pi}$ 不能含于 $\mathbb{Q}$ 的一个 2^t 次扩张中.

*§6.8 数学故事 —— 我国最早从事抽象代数研究的数学家曾炯

曾炯, 字炯之, 1897 年 4 月 3 日出生于江西新建县生米乡斗门村. 父亲以捕鱼为业, 家境贫寒. 童年时的曾炯聪颖好学, 先在家乡读私塾, 后到南昌市高桥小学就读, 期间因家庭经济困难, 曾辍学到煤矿做工.

曾炯于 1917 年以同等学力考取江西省立第一师范学校, 1922 年入武昌高等师范学校就读, 是陈建功教授的得意门生, 1926 年毕业于武昌大学数学系.

曾炯

1926 年毕业时, 曾炯参加了欧美公费留学考试, 成绩名列前茅, 被录取为赴美留学生. 按照规定, 师范毕业要到中学执教两年才能去留学. 1928 年, 曾炯办出国手续时, 提出了去德国的要求. 为什么曾炯要求去德国留学呢? 原因是曾炯的老师陈建功教授在课堂上曾对学生们说: “我本人是个日本博士, 但德国数学博士最难得! 现在德国哥廷根大学是世界数学的中心!” 在老师的影响下, 曾炯于 1928 年赴德国柏林大学数学系留学, 1929 年春即转入当时的世界数学中心德国哥廷根大学, 师从著名的女数学家艾米 · 诺特, 攻读抽象代数. 他在 1933 年就发表了重要论文

《论函数域上可除代数》.

1933 年, 因纳粹排犹, 诺特被迫移居美国, 行前嘱咐曾炯一定要完成学业. 曾炯改换指导老师为施密特, 并于 1934 年完成博士论文《论函数域上的代数》, 获博士学位. 1934 年下半年, 他又得到中华文化教育基金会研究资助, 到德国汉堡大学进修, 期间著名数学家阿廷对他指导颇多. 由于他的出色工作, 哥廷根大学曾挽留他留校工作, 但他怀着一颗报效祖国之心, 于 1935 年 7 月返回了中国. 经陈建功教授推荐, 他受聘于浙江大学数学系, 任副教授, 讲授包括 "抽象代数" 在内的代数方面的课程.

1937 年暑假后, 曾炯应聘为北洋大学教授. 但因抗日战争爆发, 北洋大学、北平大学和北平师范大学迁至西安, 组成西北联合大学. 后来三校又各自独立, 北洋大学迁至城固 (在陕西省西南部), 改名西北工学院, 曾炯随校迁移.

1939 年, 曾炯受原北洋大学校长、著名水利专家李书田之邀, 加入了新创立的国立西康技艺专科学校. 该校位于西康省西昌市郊区, 教学与生活条件十分艰苦. 长年的奔波与医疗条件的恶劣, 曾炯胃病加重,1940 年 11 月因胃穿孔出血不幸在西昌逝世, 享年 43 岁.

曾炯因英年早逝, 留世之作仅 3 篇论文, 但水平都很高. 他的好几项工作都被称为曾定理而写进教科书. 比如, 他在第一篇论文中证明了: 设 Ω 为代数闭域, $\Omega(x)$ 是 Ω 上关于未定元 x 的有理函数域, K 是 $\Omega(x)$ 上 n 次代数扩张, 则 K 上所有以 K 为中心的可除代数只有 K 自己. 这个定理就被称为曾定理. 再如, 曾炯在 1936 年用德文撰写发表的第三篇论文中提出来的定理, 长期不为国外同行所知, 埋没了 16 年之久, 直到 1951 年, 美国数学家兰在他的老师指导下, 对曾炯的定理做了一些改进并发表, 国际数学界才广为知道了兰定理. 之后到 1972 年, 世界数学会才把该定理正名为 "曾–兰定理", "层次论" 也命名为 "曾层次".

为了支持国内数学杂志的发展, 1936 年曾炯在《中国数学会学报》首卷发表了论文《关于拟代数封闭层次论》.

曾炯为人诚恳、豁达, 对学生的学业尤其关心. 在浙江大学教书时, 因他讲课带较重的家乡口音, 而学生又不习惯看德文教本, 他便将学生中的同乡熊全治先生的课堂笔记加以修改补充, 印成讲义发给学生.

曾炯自学生时代起就疾恶如仇, “五四” 运动时期, 他在南昌第一师范读书时就参加了学生的爱国行动. 他上街演说, 反对军阀战争, 反对日本帝国主义强加给中国人民的 “二十一条”. 他身穿的粗布大褂被反动势力的爪牙撕成了碎片. 1927 年, 第一次国共合作时期, 曾炯和一些爱国师生, 走上九江街头, 要求团结, 反对分裂; 要求统一, 反对割据. 曾炯在街头上登高一站, 用嘶哑的乡音大声讲演, 市民们一边听讲, 一边鼓掌. 不料, 一些身份不明的人跳上前, 围攻毒打曾炯. 他被打得头破血流, 师生们很快将他抬到医院急救. 当时在北伐国民革命军担任政治部主任的郭沫若, 听说被毒打的人中有一个考取官费留学的年轻人, 还专程跑到医院去探望.

1940 年上半年曾炯在国立西康技艺专科学校任教时, 还抱病支持学生的爱国行为, 反对开除学生. 曾炯留学回国后曾对人说过: “人生在世, 对国家要尽忠, 对父母要尽孝, 我就是为了尽忠、尽孝才回国的!”

名词索引

参 考 文 献

[1] 聂灵沼, 丁石孙. 代数学引论. 2 版. 北京: 高等教育出版社, 2000.

[2] 赵春来, 徐明曜. 抽象代数 I. 北京: 北京大学出版社, 2008.

[3] 徐明曜, 赵春来. 抽象代数 II. 北京: 北京大学出版社, 2007.

[4] 闵嗣鹤, 严世健. 初等数论. 3 版. 北京: 高等教育出版社, 2003.

[5] JACOBSON N. Basic Algebra I. San Fransisco: W. H. Freeman and Company, 1974.